Norbert Schuster

Leadmanagement

Norbert Schuster

Leadmanagement

Mit modernem Leadmanagement mehr qualifizierte Interessenten generieren und sie bis zum Abschluss entwickeln

Vogel Business Media

NORBERT SCHUSTER
Leadmanagement-Coach
berät und unterstützt Unternehmen bei der Strategieentwicklung
und Umsetzung von Leadmanagement, Marketing-Automation,
der Wasserloch-Strategie® und Inbound-Marketing.

«Über 80% aller B2B-Geschäfte werden in der Anbahnungs-
phase durch eine Website beeinflusst. Das veränderte Verhalten
von potenziellen Interessenten bei der Suche und Auswahl von Produkten und Dienstleistungen
stellt hohe Anforderungen an das Marketing und den Vertrieb. Ich helfe Unternehmen, sich
darauf einzustellen, und sorge dafür, dass ihre Produkte und Dienstleistungen bekannt werden,
gefunden werden und sich Kunden dafür entscheiden. Neben den klassischen Vertriebs- und
Marketing-Wegen lege ich besonderen Schwerpunkt auf die Nutzung der «neuen Internetme-
dien», der «business-relevanten» Social-Media-Kanäle und Inbound Marketing für die Erreichung von Unternehmenszielen. Für meine Kunden generiere ich Marktpräsenz, Bekanntheit,
Leads, Neukunden und Kundenbindung.»

Leistungsportfolio:
– Vorträge, Webinare, Workshops und Seminare
– Beratung, Strategie- und Konzeptentwicklung
– Umsetzungsunterstützung
– Buyer-Persona-Definition und -Profile
– Konzeption und Erstellung von Inhalten und Mehrwerten
– Social-Media-Präsenzen und Community Management (z.B. XING-Gruppen)
– Kampagnen und Aktionen
– Coaching und Sparringspartner
– Tools und Plattformen

In seinen Workshops und Vorträgen hat er mehrere Hundert Teilnehmer für die Themen Leadmanagement, Inbound-Marketing und das Buyer-Persona-Konzept begeistert. Er ist Autor von
diversen Fachbüchern, wie z.B. «Die Inbound-Marketing-Methode» und «Twittern für Manager».

Als Leadmanagement-Consultant bei der UDG (United Digital Group) hilft er Smart Brands,
mit Leadmanagement, Inbound-Marketing und Marketing-Automation ihre Marktpräsenz zu
optimieren und mehr qualifizierte Interessenten (Leads) zu generieren.

ISBN: 978-3-8343-3349-0
1. Auflage. 2015

Printed in Germany
Copyright 2015 by Vogel Business Media GmbH & Co. KG, Würzburg
Bilder: Quelle: © Jeanette Dietl – Fotolia.com,
Illustrationen: www.illouise.de
Bibliografische Information der Deutschen Bibliothek
Die Deutsche Bibliothek verzeichnet diese Publikation in der Deutschen Nationalbibliografie;
detaillierte bibliografische Daten sind im Internet über http://dnb.ddb.de abrufbar.
Hinweis: Das Buch ist sorgfältig erarbeitet worden. Dennoch erfolgen alle Angaben ohne
Gewähr. Weder Autor noch Verlag können für eventuelle Nachteile oder Schäden, die aus den
im Buch gemachten Hinweisen resultieren, eine Haftung übernehmen.

Im Buch erwähnte Markennamen sind eingetragene Warenzeichen ihrer Eigentümer.
«Wasserloch-Strategie®» ist eine eingetragene Wortmarke von Norbert Schuster.
Printed in Germany.

Geleitwort

JULIAN ARCHER, SiriusDecisions

In der heutigen Informationsgesellschaft haben Entscheidungsträger dank des Internets in allen Phasen des Kaufprozesses unmittelbaren Zugriff auf Informationen. Dies hat dazu geführt, dass Kaufentscheidungen inzwischen stärker vom Käufer als vom Verkäufer beeinflusst werden. Marketers müssen sich auf diesen Trend einstellen und ihre Ansätze und Taktiken zur Steigerung der Nachfrage und Leadgenerierung entsprechend überprüfen und anpassen. Auch wenn dieses Phänomen ein globales ist, müssen spezifische Kriterien wie Größe des lokalen Marktes, verfügbares Budget sowie kulturelle und gesetzgeberische Einflussfaktoren je nach Region und Land berücksichtigt werden. Somit sind auch unterschiedliche Anpassungen in Taktik, gemeinsamen Prozessen, Performance-Messung und Gewichtung der Prioritäten bei Marketing-Technologien in unterschiedlichem Maß notwendig. Norbert Schuster hat das vorliegende Buch aus eben diesem Grund geschrieben. Es hilft Unternehmen, diese Herausforderungen zu meistern, und gibt ihnen frische Impulse für ihr Leadmanagement.

SiriusDecisions berät Hunderte von B2B-Unternehmen, stellt Benchmarks auf und führt Studien durch, um die Mechanismen der Bedarfsgenerierung in Westeuropa zu erforschen, so z.B. die «EMEA Demand Creation Survey» (Studie zur Bedarfsgenerierung in EMEA-Ländern) aus dem Jahr 2013. Unter den zahlreichen Bereichen mit Verbesserungspotenzial konnten wir vier Schwerpunkte für B2B-Marketer identifizieren:

❑ **Auswahl des Taktik-Mix**
Auf welche Taktiken zur Bedarfsgenerierung verwenden Marketers ihr Budget und welche dieser Taktiken werden als die effektivsten eingeschätzt? Wie sollte die Effektivität von Maßnahmen am besten gemessen werden?

❑ **Verfolgung von Leads und Geschäftschancen**
Wie häufig und wie präzise verfolgen Marketers in Europa den Erfolg ihrer Maßnahmen zur Bedarfsgenerierung?

❑ **Anwendung von Marketing-Technologien**
Wie verbreitet ist die Anwendung von automatisierten Marketing-Maßnahmen, und wie sollten Marketers den Investitionsbedarf in Zukunftstechnologien ermitteln?

❑ **Qualität von Leads**
Werden hinreichend effektive Schritte unternommen, um die Weiterleitung von hochwertigen Leads an den Vertrieb sicherzustellen? Falls nicht, welche Korrekturmaßnahmen können ergriffen werden?

Auswahl des Maßnahmen-Mix

Nach unseren Erkenntnissen werden 35% des gesamten Marketing-Budgets in den EMEA-Ländern (Europa, Naher Osten und Afrika) für Programme zur Bedarfsgenerierung ausgegeben. Davon entfallen 51,2% auf lediglich fünf Maßnahmen: Werbung über Online-Banner, E-Mail-Kampagnen, Messen von Drittanbietern, Veranstaltungen und Direkt-Marketing-Aktionen. Alle anderen Maßnahmen werden nur jeweils mit einem kleinen

Anteil des verbleibenden Budgets bedacht. Die immer noch starke Betonung der wohl bekanntesten Maßnahmen auf Kosten von eher «eingangsorientierten» Ansätzen (Inbound-Marketing) verrät mehr über ein vorherrschendes Sicherheitsdenken und einem Verlangen nach Messbarkeit des Erfolges als über die tatsächliche Abstimmung der Maßnahmen auf die Käufer und eine möglicherweise auf Erkenntnissen basierende Auswahl der Maßnahmen. Inbound-Marketing Maßnahmen – insbesondere Social-Media-Aktivitäten – erfordern eine kontinuierliche und langfristige Betreuung. Unsere Studie legt nahe, dass sie gegenüber ausgangsorientierten Outbound-Marketing-Maßnahmen immer noch deutlich unterbewertet sind. Dass überhaupt Budgetanteile für Inbound-Maßnahmen aufgewendet werden, kann aber als gewisses Verständnis der Bedeutung dieser Taktiken gewertet werden. Dennoch deuten unsere Daten nicht darauf hin, dass hier die Einschätzung unter allen europäischen Marketers einheitlich ist. Neben der Betrachtung der Budgetverwendung haben wir unter den Befragten ermittelt, welche Maßnahmen ihrer Meinung nach die effektivsten zur Förderung von Erstanfragen sind.

Alle Marketers in Europa bewerten hier E-Mail-Kampagnen, Messen und Veranstaltungen als die effektivsten Maßnahmen. Jenseits dessen zeigt sich ein weniger einheitliches Bild in der Beurteilung der restlichen Maßnahmen, auch wenn die Meinungsunterschiede eher gering ausfallen. So rangieren Anwenderkonferenzen zum Beispiel in einigen Ländern unter den fünf beliebtesten Maßnahmen, werden in anderen aber besser bewertet bzw. tauchen in wieder anderen Ländern in der Top-Gruppe gar nicht mehr auf. Ganz offensichtlich vertrauen Marketers in Westeuropa auf nur einige wenige ausgangsorientierte Maßnahmen zur Bedarfsgenerierung. Das Buch von Norbert Schuster gibt dem Leser hierzu einen sehr guten Überblick über die Möglichkeiten und Maßnahmen zur Leadgenerierung.

Die Ergebnisse unserer Umfrage werfen Fragen auf:

a) Wie messen die Befragten die Effektivität der Maßnahmen, und
b) sind diese Maßnahmen auch an der Art und Weise ausgerichtet, wie Käufer heutzutage Informationen während des Kaufprozesses sammeln?

Wie oben beschrieben, setzen Händler in Europa immer noch häufig auf Outbound-Marketing-Maßnahmen wie E-Mails, Direct-Marketing, Veranstaltungen, Anwenderkonferenzen und Newsletter. Dies steht in direktem Gegensatz zu einem zentralen Käuferprofil, das wir in einer andere Studie charakterisiert haben: dem C-Level, also der Geschäftsführer- bzw. Entscheider-Ebene. Die Studie «The 2013 SiriusDecisions CXO Buyer Persona» legt offen, dass Entscheider in EMEA-Ländern meist Kollegen befragen oder über Suchmaschinen recherchieren, um sich in den diversen Phasen des Kaufprozesses die notwendigen Informationen zu beschaffen.

Um sich auf das Verhalten ihrer Käufer einstellen zu können, müssen Unternehmen ein differenziertes Bild ihrer Zielgruppe gewinnen. Es reicht also nicht nur zu wissen, dass die Käufer online recherchieren, sondern das «Wie» ist entscheidend. Welche Lösungen oder Probleme liegen der Suche zugrunde? Wir stellen fest, dass Unternehmen viel Zeit und Energie auf die Entwicklung von Käuferprofilen verwenden, auf die sie dann ihre Maßnahmen zur Bedarfsgenerierung, das Design und die Durchführung von Kampagnen und sogar die Produktentwicklung ausrichten. Die Inhalte dieser Maßnahmen müssen aber auch auf die Informationsbedürfnisse dieser Käufertypen in den jeweiligen Phasen des Kaufprozesses abgestimmt sein. In jedem Fall ist es kontraproduktiv, Maßnahmen nach dem Gießkannen-Prinzip unsegmentiert einfach auf alle Phasen des Kaufprozesses anzuwenden. Neben der Auswahl einer oder mehrerer adäquater Maßnahmen müssen auch deren Zielgruppe, Botschaft, Frequenz und Ziel sorgfältig bedacht werden. Norbert Schuster hat langjährige Erfahrung in der Profilierung von Buyer-Personas, der Definition von Kaufprozessen (Customer-Journey/Touchpoints) und der Erstellung von entsprechend relevantem Content. Im vorliegenden Buch gibt er dem Leser zu diesen Themen einen profunden Einblick in die Methodik und Tipps aus der Praxis für die Umsetzung im Unternehmen.

Verfolgung von Leads und Geschäftschancen

Ganz oben auf der Prioritätenliste eines jeden Marketing-Entscheiders sollte der Beitrag der Marketing-Funktion zum Geschäftserfolg stehen. Dessen Bewertung stellt aber für viele Unternehmen in Westeuropa noch immer eine große Herausforderung dar. 54,3% der Befragten gaben an, dass sie die Effektivität ihrer Maßnahmen zur Bedarfsgenerierung nicht konkret in ihrer Auswirkung auf den Gewinn messen können. Diese Tatsache schwächt die Position von Marketing-Verantwortlichen, da sie Kosten und Wert ihrer Arbeit schwer verteidigen bzw. positiv darstellen können.

Zu Beginn des Verkaufstrichters (Top of the funnel) sieht das noch anders aus: Hier sind gute, wenn auch keine herausragenden Mechanismen erkennbar, mit denen die Lead-Herkunft (Marketing, Telesales oder Vertrieb) verfolgt werden kann. Im weiteren Verlauf des Leadprozesses von «Cold to close» (Leadgenerierung bis zum Abschluss) nimmt diese Transparenz aber kontinuierlich ab und weicht einer beunruhigenden Unfähigkeit zur Messung und Verfolgung von Leads.

Anhand von fünf Schlüsselkennzahlen haben wir ermittelt, inwieweit Marketers zur Messung der eigenen Performance imstande sind. Betrachtet wurden folgende Phasen, deren Kriterien von Marketing und Vertrieb gemeinsam definiert werden sollten:

- ❑ «Inquiry» – Anfrage
- ❑ «MQL»– **M**arketing **q**ualified **L**ead
- ❑ «SAL» – **S**ales **a**ccepted **L**ead
- ❑ «SQL» – **S**ales **q**ualified **L**ead
- ❑ «Closed Business» – Abschluss/Kauf

Weniger als 22% der Befragten waren in der Lage, Leads über den gesamten Prozess von der Geschäftschance bis zum Abschluss zu verfolgen. Bei vielen Unternehmen fehlen hierfür die entsprechenden Prozesse oder Systeme und die meisten konzentrieren sich auf die Verfolgung von qualifizierten Leads (45,6%). Die Erkenntnisse zeigen, dass westeuropäische Unternehmen keine systematische und wiederholbare Performance-Messung zur Gewinnung von Informationen durchführen. Die resultierende Unkenntnis der Konversionsraten in allen Phasen der Leadentwicklung führt dazu, dass das Marketing die Effektivität von Aktivitäten nicht beurteilen, sie nicht an die Verkaufsprozesse anpassen und vor allem deren Auswirkungen auf die Planung und den Gewinn des Unternehmens nicht einschätzen kann. Ganz offensichtlich ist das Marketing wegen mangelnder Umsetzung von Prozessen oder auch fehlender konkreter Daten nicht dafür gerüstet, den eigenen Beitrag zum Geschäftserfolg positiv darzustellen.

Global operierende Unternehmen betrachten die EMEA-Länder für Auswertungszwecke – ganz ähnlich wie Nordamerika – als einen Gesamtmarkt. Das scheint zwar praktisch zu sein, kann aber durch zu starke Vereinfachung zu Frustration und unzureichender

Analyse von Methoden zur Bedarfsgenerierung führen. In Nordamerika haben die USA eine so dominante Stellung, dass diese Region auch tatsächlich wie ein einziges Land behandelt werden kann. Innerhalb der Europäischen Union jedoch ist Westeuropa immer noch eine geografische Ansammlung von vielen unterschiedlichen Einzelmärkten.

Dennoch müssen europäische Unternehmen je nach Erfordernis auf Landes-, regionaler oder globaler Ebene gemeinsame Prozesse festlegen und befolgen. Daher muss auch eine allgemein gültige Definition für die Qualität von Leads gefunden werden. Darüber hinaus ist es unerlässlich, **S**ervice **L**evel **A**greements (SLAs) zu implementieren, die gemeinsame Prozesse und Zuständigkeiten für Marketing, Vertrieb und Teleprospecting klar definieren. Ohne diese Voraussetzungen ist es unmöglich, effektive Maßnahmen zur Bedarfsgenerierung oder zur Messung von Aktivitäten zu implementieren.

Nachdem sie Details wie Bedarfstyp und Lösungsreife innerhalb der jeweiligen Einzelmärkte beurteilt haben, müssen europäische Unternehmen nun noch die Leads anhand von SLA-Kriterien qualifizieren und dabei eine möglichst hohe Leadqualität anstreben. Erst auf dieser Basis kann der lokale Vertrieb seine Anstrengungen darauf konzentrieren, Leads mit hohem Potenzial weiter zu qualifizieren und die eigene Effizienz steigern. Dies wiederum stärkt die Glaubwürdigkeit des Marketings als zentralen Faktor für den Unternehmenserfolg. Wenn der Vertrieb Leads vom Marketing erhält, die realistische Abschlusschancen bergen, anstatt unkoordinierte Verkaufsversuche zu starten, wird sich auch die Umsatzerwartung des Unternehmens verbessern.

Anwendung von Marketing-Technologien

Plattformen für die Marketing-Automatisierung (MAP) unterstützen die Initiierung, Generierung, Pflege und Steigerung des Bedarfs innerhalb einer neuen oder bestehenden Kundengruppe. MAP-Systeme sichern die Datenqualität, unterstützen die Integration und Analyse von Daten, bieten automatisierte Workflows, helfen bei der Entwicklung von Maßnahmen wie E-Mails, Landing Pages und Web-Formularen und haben integrierte Funktionen für das Leadmanagement und die Berichterstellung. Die erfolgreichsten Unternehmen schaufeln längst nicht mehr Massen von Leads in den Verkaufstrichter, sondern konzentrieren sich auf weniger, aber hochqualitative Leads, die sie an ihren Vertrieb weitergeben. Die effektive Implementierung und Messung von integrierten Marketingprogrammen über mehrere Kanäle und Kontaktpunkte (Customer-Journey) hinweg ist ohne Marketing-Automatisierung nicht machbar. 22% der Befragten gaben an, dass sie über ein MAP-System verfügen. Weitere 27% wollten ein solches System in den nächsten 12 Monaten implementieren. Im Umkehrschluss bedeutet dies aber leider auch, dass weniger als die Hälfte der Befragten innerhalb des kommenden Jahres überhaupt über ein MAP-System verfügen werden.

Von den Befragten, die bereits ein MAP-System verwenden, wollten wir wissen, wie sie es in ihrem Unternehmen einsetzen. Als Hauptbereiche wurden die Entwicklung von Leads (Lead-Nurturing) (37,93%) und die Bereitstellung von personalisierten Inhalten (Content-Marketing) (34,48%) genannt. Das ist zwar ermutigend, jedoch liegen diese Quoten immer noch nur bei einem Drittel der gesamten Stichprobe. Der aktuelle und kurzfristig geplante Einsatz von MAP-Systemen steckt also noch in den Anfängen. Dies und die eingeschränkte Nutzung der potenziellen Bandbreite an Aktivitäten zeigt deutliches Steigerungspotenzial im Bereich Marketing-Automatisierung und wohl auch bei anderen Technologien, die die Interaktion und effiziente Betreuung von Interessenten und Kunden unterstützen.

Durch den Einsatz von Technologien können Marketers den informierten Käufer in allen Phasen des Kaufprozesses unterstützen und eine gezieltere Personalisierung ihrer Maßnahmen erreichen. In ihren jeweiligen Erscheinungsformen stellen Marketing-Technologien also die Infrastruktur für ein effektives Marketing dar und bilden damit die Grundlage für einen maximalen Geschäftserfolg.

MAP-Systeme sind für das Marketing somit eine wichtige Technologie im Leadmanagement. Leider enthüllt unsere Studie aber, dass solche Systeme in Westeuropa nur schleppend eingeführt werden. Um die Investitionen in MAP-Systeme abbilden zu können, müssen Unternehmen modernes Leadmanagement verstehen und eine Vision von deren Nutzen entwickeln, die weit über traditionelles E-Mail-Marketing hinausgeht und als Roadmap für die gesamte Marketingorganisation dienen kann. Nach der Lektüre dieses Buch haben Sie das notwendige Verständnis und das entsprechende Rüstzeug.

Zur Ausschöpfung des vollen Potenzials der Bedarfsgenerierung muss dies im Zusammenspiel mit der Weiterentwicklung und Integration anderer Technologien wie Vertriebsautomation und Content-Management-Systemen für Web-Inhalte erfolgen. Unternehmen müssen das Anwendungsgebiet von MAP-Systemen über die anfängliche Bedarfsgenerierung hinaus begreifen, um alle Phasen des Kaufprozesses zu unterstützen. Gemeint sind Kunden-Marketing, Cross- und Upselling-Aktivitäten und der Einsatz von Web- und Social-Media-Taktiken. Neben allgemeinen Vorteilen wie dem Management von Nurturing-Kampagnen und der Bewertung von Leads (Lead-Scoring) sollten europäische Unternehmen spezifische Anwendungsbereiche für MAP-Systeme erwägen. Sie können als Katalysator für die Umsetzung länderübergreifender Prozesse dienen und eine einheitliche Sicht auf das Verhalten internationaler Käuferorganisationen liefern. Ebenso lassen sich damit konsistente Inhalte international verbreiten, z.B. indem standardisierte E-Mail-Vorlagen verwendet werden.

Die meisten Marketinganwendungen sind SaaS-basiert (**S**oftware **as a S**ervice), so dass das Marketing eine eigene Technologie-Roadmap entwickeln und verfolgen kann, ohne zuvor eine entsprechende IT-Infrastruktur aufbauen zu müssen. Damit liegt allerdings auch die Verantwortung bei der Marketingorganisation, die entsprechende technologische Vision zu entwerfen und eine Roadmap für deren Implementierung entwickeln, um vorhandene Technologien nutzen und neue integrieren zu können.

Qualität von Leads

Unsere Studie zeigte alarmierende Defizite in der Qualität der Leads, die von den Befragten im Unternehmen weitergegeben werden. Über 27% der Befragten gaben an, dass sie einen Lead schon weitergeben, wenn dieser nur ein «vages Interesse» am Produkt oder der Dienstleistung zeigt. Mit anderen Worten: Fast 30% nehmen wenig oder gar keine weitere Qualifizierung der Interessenten vor. Am anderen Ende des Spektrums stellten wir fest, dass fast 80% der Befragten gar nicht festhalten, ob der potenzielle Käufer überhaupt einen Bedarf oder gar konkrete Vorstellungen zu Budget und Anschaffungszeitpunkt für das Produkt oder den Service hat. Das wäre kein Problem, wenn die Studienteilnehmer alle ein völlig neues Produkt auf den Markt bringen würden, das diesen in den Grundfesten erschüttern würde. Natürlich hätte dann niemand ein Budget für etwas, von dessen Existenz er zuvor nichts wusste. Hier kommt das Konzept des «Demand Types» (Bedarfstyps) ins Spiel.

Es ist einer der wesentlichen Bausteine einer erfolgversprechenden Methode zur Bedarfs- bzw. Leadgenerierung. Vertrieb, Marketing und Produktmanagement müssen sich darüber einig sein, in welcher Beziehung der Markt und das Produkt bzw. der Service zueinander stehen. Handelt es sich um

a) eine Innovation («New Concept»),
b) die Weiterentwicklung eines bestehenden Konzepts («New Paradigm»),
c) eine notwendige Anschaffung («Established Market»)?

Neben weiteren Kriterien ist die Festlegung auf einen dieser drei Bedarfstypen die aussagefähigste Richtlinie für die Beurteilung, welche Ebene von Leadinformationen realistischerweise erfasst werden muss, bevor der Lead weitergeleitet werden kann.

Das Problem ist hier, dass über 40% der Befragten in einem etablierten Markt operieren. Damit fällt sofort eine eklatante Abweichung zwischen Bedarfstyp und der erreichten Leadqualität ins Auge. Man sollte eigentlich erwarten, dass in diesem Umfeld deutlich mehr Informationen über die Absichten der Käufer ermittelt werden können. In der Realität ist dies aber nicht der Fall. Die Studienergebnisse zeigen, dass Marketing-Entscheider hier großes Potenzial für die Implementierung von Prozessen und Programmen haben, die zur Qualitätsverbesserung der weitergeleiteten Leads beitragen.

Fazit:

Unsere Arbeit bei SiriusDecisions bietet hierfür eine solide Datengrundlage und wichtige Hintergrundinformationen. Die Studie wirft ein Schlaglicht darauf, dass die Budgetverwendung leider nicht notwendigerweise auf die erwartete Effektivität von Maßnahmen abgestimmt ist. Darüber hinaus haben wir eine grundlegende Diskrepanz zwischen den von Verkäufern eingesetzten und den von Käufern tatsächlich bevorzugt verwendeten Taktiken ermittelt. Dieser Mangel an effektiver Ausrichtung und Messung von Maßnahmen zeigt, dass die Wahrnehmung der Marketers kaum auf soliden und verwertbaren Daten beruhen kann. Die Folge ist eine möglicherweise falsche Auswahl von Maßnahmen, deren Effektivität sich vermeintlich einfach messen und darstellen lässt. In Wahrheit aber resultiert diese Auswahl vor allem in der Benachteiligung von Inbound-Marketing-Maßnahmen in der Budgetzuteilung. Es liegt auf der Hand, dass europäische Unternehmen ein enormes Verbesserungspotenzial in ihren Messverfahren haben – sowohl hinsichtlich der zu messenden Aktivitäten als auch der Art der Messung. Allem Anschein nach machen das Fehlen von Prozessen und/oder deren Verfolgung es Marketing-Entscheidern sehr schwer, den effektiven Beitrag ihres Teams zum Unternehmenserfolg und zur Bedarfsgenerierung glaubhaft darzustellen. Unter allen Studienteilnehmern ist eine geringe Nutzung von Technologien erkennbar, was europäische Unternehmen folglich auch daran hindert, von diesen zu profitieren. Im Gegensatz zu einer punktuellen Implementierung einzelner Lösungen bietet eine systematische Investition in Technologien den Vorteil, dass sie zu einem schlüssigen Gesamtkonzept zusammengefasst werden können. Erst so wird es möglich, den Beitrag des Marketings zum Unternehmenserfolg und seine Rolle im Kaufprozess als Ganzes sichtbar zu machen, zu überwachen und zu messen.

Es wird deutlich, dass der Druck, möglichst viele Leads zu generieren, zu Lasten von deren Qualität geht. Dem jeweiligen Bedarfstyp wird zu wenig Beachtung geschenkt, und weitere Optionen zur Leadqualifizierung, wie z.B. die Integration des Teleprospecting in den Prozess zur Bedarfsgenerierung, werden nur unzureichend genutzt.

Die Themen Leadmanagement, Inbound-Marketing und Marketing-Automation finden in Europa immer mehr Beachtung. Wir freuen uns, dass Norbert Schuster mit seinem Buch dazu jetzt einen umfassenden Überblick über die Möglichkeiten und Potenziale des modernen Leadmanagements – from cold to close – niedergeschrieben hat: ein Buch, das Unternehmen, insbesondere dem C-Level und Marketingverantwortlichen, eine wertvolle Hilfestellung bei der Erstellung einer leistungsfähigen Leadmanagement-Strategie und erfolgreichen Umsetzung für ihr Unternehmen an die Hand gibt. Nutzen Sie die frischen Impulse und die Praxistipps des Leadmanagement-Coachs, um auf die Veränderungen im Kaufverhalten zu reagieren und Ihr Unternehmen für die Herausforderungen der Zukunft zu rüsten.

SiriusDecisions
julian.archer@siriusdecisions.com Julian Archer

Management Summary – Warum Sie sich mit Leadmanagement beschäftigen sollten

Lage

Fast jedes Unternehmen ist darauf angewiesen, stetig neue Interessenten zu generieren und diese zu Kunden zu entwickeln. Viele Unternehmen scheitern aber daran, weil sie Leadmanagement nicht als abteilungsübergreifenden, unternehmenskritischen Prozess aufgesetzt haben, eine passende Strategie fehlt und Marketing und Vertrieb nicht an einem Strang ziehen. Das Marketing beschäftigt sich überwiegend mit «dekorativem» Marketing und der Vertrieb fokussiert sich auf Bestandskunden. Über Leadgenerierung wird oft erst nachgedacht, wenn absehbar ist, dass zum Quartalsende noch ganz viel Umsatzziel übrig ist. Dann setzen Unternehmen meist nur auf die klassischen Leadgenerierungsmaßnahmen (telefonische Kaltakquise usw.) und erhöhen den Druck auf die Vertriebsmannschaft. Der «schwarze Peter» wird zwischen Marketing («Die Leads, die Marketing generiert, taugen nix.») und Vertrieb («Der Vertrieb kümmert sich nicht um die Leads, die wir ihm übergeben.») hin und her geschoben. Erschwerend kommt hinzu, dass sich das Kaufverhalten verändert hat und potenzielle Kunden andere Anforderungen an Unternehmen stellen. Viele der mit Mühe, hohen Streuverlusten und großem Budgeteinsatz generierten Leads werden zu früh und ohne Bewertungsschema an den Vertrieb übergeben und dort nicht oder nur unzureichend bearbeitet. Der Vertrieb ist unzufrieden mit der Qualität der Leads und bearbeitet sie mit niedriger Priorität. Der Marketingleiter spricht überwiegend über Maßnahmen und Kosten.

Beurteilung

Für Unternehmen, die sich im Markt behaupten und wachsen möchten, ist modernes Leadmanagement ein essentielles Thema, das in seiner Struktur, Funktion und Wirkung von der Geschäftsleitung verstanden werden muss. Die Veränderungen im Suchverhalten und Kaufprozesse der zukünftigen Kunden sind drastischer, als viele Unternehmen es überblicken bzw. wahrhaben wollen. Sie betreffen den B2C- **und** den B2B-Bereich. Unternehmen, die sich auf diese Veränderungen nicht einstellen, keine passende Strategie entwickeln und die entsprechenden Prozesse nicht implementieren, werden in Zukunft von potenziellen Kunden nicht gefunden und bei deren Entscheidungsprozessen immer seltener berücksichtigt. Die «alten» Grabenkämpfe zwischen Marketing und Vertrieb sind nicht zielführend und helfen Unternehmen nicht, ihre Ziele zu erreichen. Mit den klassischen Leadgenerierungsmaßnamen im «Ego-Posting»-Modus, werden sie in Zukunft nicht genug qualifizierte Leads für ihren Vertrieb generieren. Leads, die zu früh und ohne adäquate Bewertung an den Vertrieb übergeben werden, führen oft nicht zum erhofften Vertriebserfolg und demotivieren den Vertrieb. Modernes Marketing muss mess- und skalierbar zum Unternehmenserfolg beitragen.

Handlungsempfehlung

Die Implementierung von Leadmanagement sollte von Ihrer Geschäftsleitung mit entsprechender Priorisierung und Ressourcen unterstützt werden. Ihr Marketing und Ihr Vertrieb müssen an einem Strang, in eine Richtung ziehen und einen gemeinsamen Leadprozess aufsetzen. Essenziell für den Erfolg Ihres Leadmanagements ist die Definition und Profilierung Ihrer Wunschkunden (Buyer-Persona-Konzept) und die Erstellung von relevanten Inhalten und Mehrwerten. Nutzen Sie Inbound- und Outbound-Marketing und die «Wunschkunden-relevanten» Kanäle, um Ihre potenziellen Neukunden anzusprechen bzw. von ihnen gefunden zu werden. Entwickeln Sie Ihre Interessenten entsprechend ihres Stadiums im Kaufprozess mit den passenden Inhalten (Content-Marketing und Lead-Nurturing) bis zur Vertriebsreife. Definieren Sie den Prozess und die Parameter für die Übergabe der Leads vom Marketing an den Vertrieb. Messen und optimieren Sie Ihre Leadmanagement-Aktivitäten stetig und bauen Sie ein Closed-Loop-Reporting auf, um den Einfluss Ihrer Marketingaktivitäten auf die Erreichung der Unternehmensziele darstellen zu können.

Leadmanagement auf einen Blick

LEAD-MANAGEMENT – **SUMMIT**

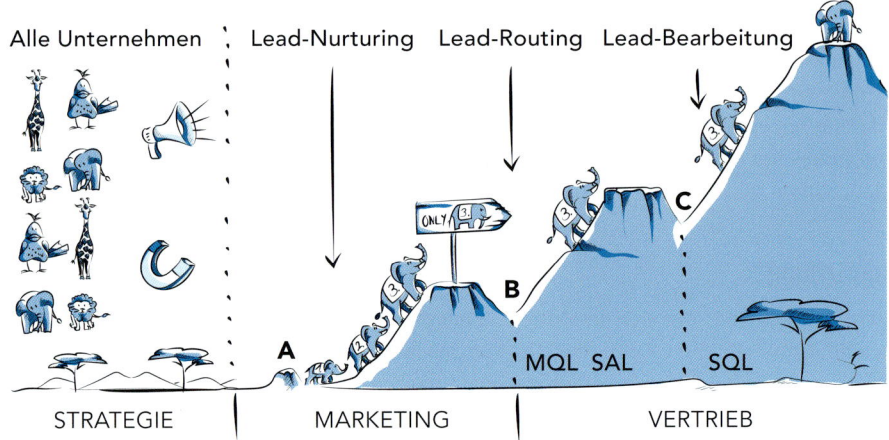

LEGENDE

A – Konvertierung
B – Selektion
C – Qualifizierung (B.A.N.T.)

MQL – Marketing Qualified Lead
SAL – Sales Accepted Lead
SQL – Sales Qualified Lead

 OUTBOUND-MARKETING
Buyer-Persona relevante
Ansprache, Relevanter Content

 INBOUND-MARKETING
Buyer-Persona
Content-Marketing

Auf der linken Seite sehen Sie alle Unternehmen, die prinzipiell als Kunde in Frage kommen könnten – dargestellt durch die verschiedenen Tierarten. Mit der Profilierung Ihrer Wunschkunden (dargestellt durch die Elefanten) mit dem Buyer-Persona-Konzept und der Erstellung der entsprechenden Inhalte (Content-Marketing) schaffen Sie die Grundlage für ein erfolgreiches Leadmanagement. Mit der Distribution dieser Inhalte in den adäquaten Kanälen sprechen Sie Ihre Wunschkunden mit Outbound-Marketing (Megafon) erfolgreich an und sorgen mit Ihren Inbound-Marketing-Maßnahmen (Magnet) dafür, dass Sie von Ihren Wunschkunden gefunden werden.

Die nächste Herausforderung, in diesem Bild durch die Hürde A dargestellt, ist die erfolgreiche Konvertierung Ihrer Interessenten. Dabei konvertieren Sie «anonyme» Webseitenbesucher zu «bekannten» Interessenten. Diese Interessenten entwickeln Sie mit Lead-Nurturing bis zum Graben B – der Vertriebsreife. Alle Interessenten, die diesen Parametern nicht entsprechen (Elefanten 1 und 2), werden nicht an den Vertrieb übergeben, sondern bleiben in der Marketingbetreuung. An den Vertrieb werden nur die «reifen» Interessenten – dargestellt durch die «3er-Elefanten» – übergeben (Lead-Routing). Die nächste Herausforderung ist die Qualifizierung der Interessenten durch den Vertrieb – der Graben C. Nach erfolgreicher Qualifizierung wird der Interessent durch den Vertrieb bis zum Kauf bzw. Abschluss – symbolisiert durch den Gipfel – betreut bzw. entwickelt.

Hat ein Interessent die Vertriebsreife noch nicht erreicht oder wird vom Vertrieb an das Marketing zurückgegeben, wird er mit entsprechenden Lead-Nurturing-Maßnahmen weiter betreut, bis er evtl. nach erfolgter «Reife» wieder an den Vertrieb übergeben wird. Auch Kunden können wieder an das Marketing übergeben werden, um wieder als Interessent für ein weiteres oder höherwertiges Produkt bzw. Dienstleistung bearbeitet zu werden. So beginnt für Bestandskunden der Leadprozess von vorn.

Inhaltsverzeichnis

1   Einleitung

Der Umgang mit Leads (Interessenten) ist – gelinde gesagt – nicht ganz spannungsfrei. Er ist es nicht und er war es noch nie.

«Put that coffee down. Coffee is for closers only.» sagte z.B. schon ALEC BALDWIN als Topmanager Blake im Film «Glengarry Glen Ross» zu einem Immobilienverkäufer – gespielt von JACK LEMMON. Er verweigert ihm den Kaffee, weil er aus den übergebenen Leads nicht genug Umsatz realisiert hat. JACK LEMMON antwortet mit einem mittlerweile ebenso legendären Satz: *«The leads are weak!»* (Die Leads taugen nichts!) Blake droht den Verkäufern daraufhin, dass nur die besten Verkäufer Leads aus der Zentrale des Immobilienunternehmens bekommen – nicht unbedingt ein harmonischer Umgang mit Leads und den Beteiligten.

Ganz so dramatisch und filmreif ist der Umgang mit Leads sicher nicht überall. Aber für viele Unternehmen ist Leadmanagement immer noch eine große Herausforderung.

Warum ich über das Thema Leadmanagement schreibe? Ich habe 1991 begonnen, Softwareprodukte zu vermarkten. Mein Einstieg in den Vertrieb war die Vermarktung eines **C**ustomer-**R**elationship-**M**anagement(CRM)-Produktes. Damals basierten die Systeme noch auf MS-DOS, dBase und Clipper und wurden noch CAS (**C**omputer **A**ided **S**elling) genannt. Zu dieser Zeit haben wir auch schon über Leads gesprochen, aber Leadmanagement war noch kein großes Thema. Viele Unternehmen bewegten sich damals noch in einem Verkäufermarkt.

Verkäufermarkt (seller's market)

Die Nachfrage war größer als das Angebot. In dieser «guten alten Zeit» waren die Anbieter in einer komfortablen Situation. Die Kunden fragten «von selbst» beim Anbieter an. Teilweise mussten die Kunden sogar auf die Lieferung der bestellten Ware lange warten. In meiner Kindheit hat sich unsere Nachbarin einen neuen Mercedes bestellt und musste über ein Jahr warten, bis ihr neues Auto endlich geliefert wurde.

In so einer Situation ist der Kunde froh, wenn er das gewünschte Produkt überhaupt bekommt oder nicht allzu lange darauf warten muss. Eine denkbar schlechte Voraussetzung für den Kunden, um Anbieter zu vergleichen oder einen guten Preis zu verhandeln. Das war vielmehr ein Verteilen. Von aktivem Vertrieb konnte man zu dieser Zeit nicht unbedingt reden. «Aggressives Warten am Telefon» witzeln die alten «Vertriebshasen» über die Vertriebsarbeit zu dieser Zeit. Marketing war daher quasi auch noch nicht vonnöten und fand auch kaum statt. Wenn überhaupt, gab es «Werbung» in Form von Anzeigen, Plakaten, TV-Spots usw.

Käufermarkt (buyer's market)

Irgendwann wandelte sich das für die meisten Branchen zu einem Käufermarkt. In dieser Marktsituation übersteigt das Angebot die Nachfrage. Die Grundbedürfnisse waren gestillt, es gab Produkte im Überfluss und das auch noch von vielen verschiedenen Anbietern. Bei den Kunden konnten kaum noch «Erst-Ausstattungen» platziert werden, man musste also den Wettbewerb verdrängen. Das Überangebot führte sehr oft auch zu Preiskämpfen.

Die Folge: Der Vertrieb musste jetzt wirklich verkaufen. Es begann die Ära der Vertriebsoptimierung und Verkaufstrainer. Vertriebler wurden in Kalt-Akquise, Einwandbehandlung und Nutzenargumentation gedrillt. In der extremen Ausprägung hatte man fast das Gefühl, dass sie auf einen Kampf vorbereitet wurden. In einigen Vertriebsorganisationen werden heute noch «War Rooms» vom Vertriebsleiter einberufen, um kurz vor dem Monats- oder Quartalsende noch den Abschluss beim Kunden zu forcieren bzw. zu «erzwingen».

Marketing

Wie gestaltete sich das Marketing in dieser Phase? In meinen Zeiten als Vertriebsleiter hat sich das Marketing in meinen Unternehmen schwerpunktmäßig mit diesen Themen beschäftigt:

- ❑ Design und Produktion (Flyer, Dekoratives & Co.)
- ❑ Organisation (Messen, Mailings & Co.)
- ❑ Kommunikation (Marke, CD/CI-Leitfaden, Style-Guide & Co.)
usw.

Vor einiger Zeit durfte ich dem Gespräch zwischen zwei Frauen aus meinem Bekanntenkreis lauschen. Sie sprachen über einen möglichen Jobwechsel von der IT-Branche in die «Schönheits-Branche» und die Produktbereiche des Kosmetikherstellers. In dieser Branche gibt es dekorative und pflegende Kosmetik. In diesem Sinne würde ich das oben beschriebene Marketing als «dekoratives Marketing» bezeichnen.

Die Beschäftigung mit Kunden, Leads und Leadgenerierung stand nicht weit oben auf der Wunschliste der Marketingaufgaben. Alle Fragen rund um die Themen:

- ❑ Wer sind meine Kunden?
- ❑ Welchen Schmerz haben meine Kunden?
- ❑ Wie sprechen meine Kunden und wie spreche ich Sie an?
- ❑ Welche Motive und Treiber bewegen meine Kunden?
- ❑ Wie entwickelt man Interessenten zur Vertriebsreife?
- ❑ Wie «pflege» ich eine Kundenbeziehung?
- ❑ Wie nutzt man neue Wege, um sich bekannt zu machen und Interessenten zu gewinnen?
- ❑ Und natürlich: Wie unterstütze ich den Vertrieb mess- und skalierbar mit neuen qualifizierten Leads?

waren nicht sehr beliebt. Das lag wohl auch an der Messbarkeit der Aufgabenstellung.

Leadgenerierung ist messbar! Im oben beschriebenen Sinn nenne ich das Marketing, das sich mit mess- und skalierbarem Leadmanagement beschäftigt, auch «pflegendes» oder «Nurturing-Marketing». Über Nurturing erfahren Sie später im Buch noch mehr.

Der Druck, immer mehr Neukunden und Umsatz generieren zu müssen, machte aber auch vor den Marketingabteilungen nicht halt. Immer mehr Zeit und Budget wurden daraufhin in Maßnahmen für die Neukundengewinnung investiert. Schließlich kann es sich ja kaum ein Unternehmen leisten, nicht regelmäßig neue Interessenten zu generieren und diese zu Neukunden zu entwickeln. Das war schon immer eine große Herausforderung für Unternehmen. In Zeiten von globalem Wettbewerb, Internet und Social Media ist diese Aufgabe nicht gerade einfacher geworden. Wie gehen Unternehmen mit dieser Herausforderung um? Teilweise hilflos, teilweise mit Ignoranz. Nur wenige gehen diese Herausforderung mit Strategie und Plan an. Sie haben den wichtigen Prozess des Leadmanagements noch nicht oder nur unzureichend definiert und entsprechende Maßnahmen eingeleitet. Sie betreiben keine gezielte Interessentengenerierung oder nutzen nur die klassischen Wege zur Neukundengewinnung.

1.1   Klassische Neukundengewinnung

Die klassischen Wege zur Neukundengewinnung wie telefonische Kaltakquise, Anzeigen usw. funktionieren aber durch die Veränderungen im Kaufverhalten immer weniger und liefern selten mit adäquatem Aufwand die gewünschten Ergebnisse. Zu den Veränderungen im Kaufverhalten erfahren Sie im nächsten Kapitel mehr.

Die gesetzlichen Rahmenparameter für die Ansprache eines potenziellen Neukunden werden auch immer restriktiver. Wen darf man überhaupt noch wie ansprechen? Darf man «kalt» anrufen, eine E-Mail oder einen Werbebrief senden? Welche Unterschiede gibt es im B2C- (Unternehmen verkauft an «Endkunden») und B2B-Bereich (Kunde des Unternehmens ist auch ein Unternehmen). Mal ganz abgesehen von den rechtlichen Aspekten ist es aber viel entscheidender, ob der adressierte Empfänger Ihre Nachricht überhaupt zur Kenntnis nimmt und darauf reagieren möchte. Wann haben Sie denn zuletzt gesagt oder gedacht: «Das ist ja klasse, dass ich jetzt diese Werbung oder diesen unaufgeforderten Anruf bekommen habe. Genau das brauche ich gerade und kaufe es jetzt auch sofort.»? Oder wann haben Sie sich zuletzt gefreut, dass der spannende Film durch eine «tolle Werbung» unterbrochen wurde? Was tun wir in der Regel, wenn wir «angeworben» werden? Wir legen auf, wir schalten um oder wir nutzen die erzwungene Filmpause, um die Chips-Schale aufzufüllen. Warum sollen unsere Wunschkunden anders reagieren, wenn wir versuchen sie zu erreichen? Die direkte Ansprache über unaufgeforderte Telefonanrufe, Serienbriefe, Anzeigen, TV-Werbung & Co. nennt man auch «Outbound-Marketing».

Outbound-Marketing

Outbound-Marketing versucht über – mehr oder weniger segmentierte, zielgruppenspezifische – Aktivitäten wie Kalt-Akquise, Messen, Anzeigen, Serienbriefe usw. potenzielle Neukunden anzusprechen und möglichst viele der Empfänger zur nächsten Kontaktstufe (Termin, Angebot usw.) oder zum Kauf zu führen.

Allen Outbound-Aktivitäten ist gemeinsam,

❑ dass sie den Empfänger unterbrechen und meist auch stören;
❑ der Empfänger in der Regel gerade keinen Bedarf für das Angebot hat;
❑ die Empfänger diese Nachrichten immer öfter und wirkungsvoller ausblenden;
❑ die Nachrichten meistens «Absender-zentriert» sind: «Wir sind ..., Wir haben ..., Wir können ... – Kaufen Sie, kaufen Sie jetzt!!! BITTE KAUFEN SIE!!!» → «Ego-Posting» (mehr zum Thema «Ego-Posting» erfahren Sie gleich);
❑ sie nicht segmentiert sind: «Alles geht an Alle»;
❑ sie selten etwas anbieten, das für den Empfänger im Moment der Sendung relevant oder hilfreich ist;
❑ die Konvertierungs- bzw. Erfolgsraten selten zufriedenstellend sind.

Diese Punkte waren schon immer große Herausforderungen in der Interessentengenerierung bzw. Neukundengewinnung. Durch das Internet und die Social-Media-Plattformen hat sich das Kaufverhalten in den letzten Jahren aber auch noch drastisch verändert. Das stellt Marketing- und Vertriebsverantwortliche vor große Herausforderungen. Das heißt nicht, dass diese Aktivitäten überhaupt nicht mehr für die Interessentengenerierung zu empfehlen sind. Sie liefern aber bessere Ergebnisse, wenn man sie in eine für das Unternehmen sinnvolle Leadmanagement-Strategie integriert und mit entsprechenden Inbound-Marketing-Aktivitäten kombiniert.

Old school Leadgenerierung – Interessentengewinnung auf klassische Weise

Wie wurden bzw. werden Interessenten klassisch generiert? Wie oben schon beschrieben, basieren die klassischen Leadgenerierungsmaßnahmen überwiegend auf dem Outbound-Marketing-Prinzip. In der Hoffnung, eine schnelle Umsatzsteigerung zu erreichen, werden im Outbound-Marketing (mehr oder weniger segmentierte) «Verkaufsnachrichten» gesendet. Wenn sich das gewünschte Ergebnis nicht einstellt, wird dann gerne die Intensität gesteigert oder der Druck auf Verkäufer und Kunden erhöht. Das war noch nie eine gute Strategie, in Zeiten von Internet und Social Media ist dieses Verhalten aber noch sehr viel weniger zielführend. Bitte verstehen Sie mich nicht falsch. Viele dieser Maßnahmen haben auch heute noch ihre Berechtigung, aber eben nicht im – wie ich es nenne – «Ego-Posting-Modus» und ohne Berücksichtigung der «neuen» Begebenheiten.

DEFINITION

Ego-Posting
ist das Verhalten vieler Unternehmen auf der Firmenwebseite und in ihren Outbound-Aktivitäten. Der Ego-Poster schreibt und postet nur aus der Ego-Perspektive = Ego-Posting. Abgeleitet ist der Begriff von «Ego-Shooter». Das sind Computer bzw. Internet-Spiele, bei denen sich der Spieler aus der Egoperspektive in einer frei begehbaren Spielwelt bewegt. Ich nutze den Begriff, um zu beschreiben, wie Unternehmen auf ihrer Firmenwebseite und ihren Marketing- bzw. Vertriebsmedien ohne Bezug zu Wunschkunden (Buyer-Personas) nur über sich und ihre Produkte, Vorzüge und Angebote schreiben. Aus der Ego-Perspektive werden Angebot (Produkt / Dienstleistung) und Verkaufsnachrichten platziert bzw. versendet.
Ego-Posting ist gekennzeichnet durch den intensiven Gebrauch der Wörter ICH, WIR, UNSERE usw. und der ausgiebigen Auflistung von Features und Kaufaufforderungen.
Das Gegenteil von Ego-Posting im Marketing und Vertrieb ist *Empathie* – Empathie für den potenziellen Kunden (Wunschkunden) und das Verständnis, welche Schmerzpunkte er hat und was ihn bewegt. Mehr dazu erfahren Sie in Abschnitt 2.3 «Buyer-Persona-Konzept».

Die klassischen Leadgenerierungsmaßnahmen im Überblick

Telefonische Kaltakquise

Das ist der Klassiker der Leadgenerierung. Die allseits gefürchtete Kaltakquise wird immer wieder gerne bemüht, um neue Leads zu generieren. Wenn am Ende des Quartals noch ganz viel Umsatzziel übrig ist, verfährt man nach dem Prinzip aus der Werbung eines bekannten Finanzinstituts: «Dann machen wir das wieder mit den Fähnchen. Bringt zwar nicht viel, aber machen wir ja schon immer so und wir haben wenigstens überhaupt etwas getan.» Ich finde es immer wieder erschütternd, wie viele Marketing- und Vertriebsverantwortliche heute immer noch auf die klassische Kaltakquisition setzen und hoffen, ausreichend Druck und Schlagzahl werden es schon richten. Da sollen dann eben noch mehr Leute telefonieren und die sollen dann gefälligst auch noch mehr Anrufe pro Tag machen. Natürlich findet man so den ein oder anderen Kunden. Das Gesetz der Wahrscheinlichkeit sagt: Je mehr Anrufe getätigt werden, desto wahrscheinlicher ist es, dass man damit einen Kunden gewinnt – irgendwann, nach unzähligen Anrufen. Über die Effizienz dieses Vorgehens kann man natürlich geflissentlich streiten.

Herausforderungen bei der telefonischen Kaltakquise:

INTERNET

Dürfen Sie überhaupt anrufen? Habe Sie die schriftliche Erlaubnis (Opt-in)? Wie sollen Sie einen Opt-in bekommen, wenn Sie nicht anrufen und darum bitten dürfen? Auch wenn es hier im B2B-Bereich «rechtliche Grauzonen» gibt und u.U. nicht sofort eine Abmahnung droht, sollten Sie den Einfluss dieses Vorgehens auf die Reputation Ihres Unternehmens nicht vernachlässigen.

❑ Kommen Sie am «Vorzimmer» vorbei? Erreichen Sie die richtige Person?

❑ Rufen Sie zum richtigen Zeitpunkt an? Die meisten Angebote im B2B werden nicht mal so einfach gekauft, nur weil gerade jemand anruft.

❑ Besteht überhaupt Bedarf? Kann das angerufene Unternehmen mit Ihrem Angebot etwas anfangen?

❑ Kaltakquise ist nicht jedermanns Sache. Haben Sie die passenden Menschen im Team, die gerne und mit voller Motivation Kaltakquise betreiben? In meinem Umfeld kenne ich nur ganz wenige Menschen, die telefonische Kaltakquise mit Freude, Kompetenz und Motivation betreiben.

❑ Und selbst wenn Sie Mitarbeiter haben, die gerne mit (potenziellen) Kunden telefonieren: Ist es effizient, dass Sie 300 Anrufversuche machen, um mit einem potenziellen Kunden zu sprechen?
Interessanten Lesestoff zu diesem Thema finden Sie u.a. hier:
«Has Cold Calling Gone Cold?» **http://www.baylor.edu/business/kellercenter/**

Es geht nicht darum, den telefonischen Kundenkontakt zu verdammen. Die Frage ist aber, wann dieses «Werkzeug» zum Einsatz kommt. Gute Vertriebsmitarbeiter sind wertvoll und sollten sich «in der schönsten aller Welten» mit qualifizierten Interessenten oder Kunden beschäftigen. Es wäre also doch viel effizienter, wenn Ihr Vertrieb mit Menschen sprechen würden, die

❑ jetzt gerade aktiv nach einer Lösung suchen,

❑ eine Lösung gesucht und Sie gefunden haben,

❑ wahrscheinlich Budget haben und auch wenn sie nicht alleine entscheiden, zumindest Einfluss auf die Entscheidung haben.

Wie Sie das Telefon auch aktiv für die Leadgenerierung einsetzen und Outbound- mit Inbound-Marketing kombinieren können, erfahren Sie weiter unten.

Empfehlungsmarketing

Es ist natürlich super, wenn Sie von bestehenden Kunden empfohlen werden. Das sollten Sie auch unbedingt fördern und aktiv um Empfehlungen bitten. Leider ist diese Form der Leadgenerierung aber nur sehr schwierig zu steuern und zu skalieren. Empfehlungsmarketing alleine kann nicht die Basis für Ihre Leadgenerierungsstrategie sein. Empfehlungen, Referenzen und Anwenderbericht spielen aber eine wichtige Rolle im Entwicklungsprozess Ihrer Interessenten. Besonders zum Ende des Kaufprozesses (Bottom-of-the-funnel) helfen diese Elemente bei der Frage: «Warum soll ich bei diesem Anbieter kaufen?»

Messen und Events

Messen sind ein guter Treffpunkt zur Kundenpflege und für Gespräche mit Partnern und Händlern. Neue Interessenten aus dem «Laufpublikum» werden dort aber mittlerweile immer seltener generiert. Das liegt aber auch daran, dass Firmen die Aktivitäten und Prozesse rund um Messen meist nicht auf das Ziel «Interessentengenerierung» auslegen und die entsprechenden Maßnahmen starten.

Hand aufs Herz:

❑ Nutzen Sie Messebögen zur Kontakterfassung?

❑ Nutzen Sie die gleichen Formulare für Kunden, Partner und Interessenten (Leads)?

❑ Was tun Sie, um gezielt potenzielle Neukunden auf Ihren Messestand zu bringen?

❑ Definieren Sie vor der Messe, was ein guter Messe-Lead für Ihr Unternehmen ist, wie er qualifiziert und erfasst werden soll?

❑ Haben Sie Ihr Messe-Team für die Interessentengenerierung und das Leadmanagement auf und nach der Messe geschult und eingestimmt?
Haben Sie für die Messe-Leads spezielle Inhalte / Angebote erstellt und auf speziellen Seiten zum Abholen bereitgestellt?

❑ Haben Sie definiert, was mit den Leads nach der Messe passieren soll?

❑ Haben Sie definiert, was Sie nach der Messe messen möchten, um den Beitrag der Messe zur Neukundengewinnung beurteilen zu können?

❑ ...

Trivial? Ich habe kaum ein Unternehmen erlebt, das sich so gezielt für die Leadgenerierung auf einer Messe vorbereitet hat, und Sie würden sich wundern, wie oft Leads auf Messen aufwendig (monetär und personell) generiert werden und dann in einem Ordner auf dem Regal irgendeines Büros unbearbeitet ihr Dasein fristen, bis sie nach wenigen Tagen «kalt» sind. Messen können bei der Interessentengenerierung ein hilfreiches Element sein – aber eben nur, wenn man sich gezielt darauf einstellt. Betrachten Sie Messen als einen Teil Ihres Leadmanagement-Prozesses und planen Sie die entsprechenden Aktivitäten. Neben der Möglichkeit, als Aussteller oder Besucher Leads auf einer Messe zu generieren, gibt es auch noch andere Optionen, um Messen für die Leadgenerierung zu nutzen. Es gibt Anbieter, die bieten spezielle Online-Services für die Leadgenerierung an. Dort kann man in z.B. einer Datenbank mit mehr als 3 Mio. Messebesuchern seine Wunschkunden selektieren und direkt per «Stand-alone»-E-Mail ansprechen. Mehr dazu erfahren Sie später in diesem Buch.

Anzeigen, Werbung, Mailings & Co.

Natürlich sollten Sie diese Medien nicht völlig aus Ihrer Aktivitätenplanung verbannen. Prüfen Sie Ihre Anzeigen, Mailings & Co. aber bitte auf «Wunschkunden-Relevanz»:

- ❏ eine Ansprache, die Ihre Wunschkunden im wahrsten Sinne des Wortes «anspricht». Siehe dazu Abschnitt 2.3;
- ❏ Angebote, die für Ihre Wunschkunden wirklich relevant, hilfreich und/oder attraktiv sind. Siehe dazu Abschnitt 2.5 «Inhalte und Mehrwerte – Content-Marketing».

E-Mail-Marketing – klassisches Newsletter-Marketing

Mit Ihrem Newsetter erreichen Sie nur Menschen, die Sie schon kennen und die Ihre Nachrichten bereits abonniert haben. Ein sinnvolles und leistungsfähiges Element für die Kundenkommunikation und um den Kontakt zu Kunden und Interessenten zu halten, aber nicht prädestiniert für die Interessentengenerierung.

Es gibt aber auch noch andere Einsatzszenarien von E-Mail-Marketing – Next-level-E-Mail-Marketing. Wenn Sie von einem potenziellen Kunden gefunden wurden und Sie ihn vom anonymen Besucher zu einem «bekannten» Interessenten konvertiert haben, können Sie ihn mit einem E-Mail-Marketing- oder Marketing-Automation-Tool und Lead-Nurturing-Mails bis zur «Vertriebsreife» entwickeln.

SEM – Suchmaschinen-Marketing

Suchmaschinen-Marketing ist prinzipiell ein genialer und leistungsfähiger Weg, um neue Interessenten zu generieren. Je nach Thema, Zielgruppe und Wettbewerb ist dieser Weg aber auch nicht immer bezahl- und/oder skalierbar.

Herausforderungen:

- ❏ Ihre Suchbegriffe sind hart umkämpft und damit teuer.
- ❏ Sie haben den «Sättigungsgrad» erreicht und können selbst mit höherem Budget nicht mehr Besucher für Ihre Webseite bzw. Landing Page generieren.
- ❏ Die Anzeigen funktionieren, die potenziellen Interessenten besuchen Ihre Webseite, konvertieren aber nicht vom anonymen Webseitenbesuchern zum «bekannten» Lead.

Sehr oft werden SEM-Anzeigen auch im «Ego-Posting-Modus» betrieben. Sie bieten keinen relevanten Mehrwert für potenzielle Kunden und leiten den Kunden nur zur Startseite des Anbieters. Wie schon bei der telefonischen Kaltakquisition beschrieben, können Sie mit der Definition Ihrer idealen Interessenten bzw. Wunschkunden (Buyer-Persona-Profil) und einer entsprechenden Content-Strategie bessere Ergebnisse erzielen. Dazu lesen Sie gleich mehr.

Webseite / SEO & Co.

Die Unternehmenswebseite ist der zentrale Punkt für die Leadgenerierung. Leider vergeben aber die meisten Unternehmen gerade hier viele Chancen. Ich sage nur: «Ego-Posting».

Werfen Sie doch einmal einen Blick auf Ihre eigene Webseite und prüfen Sie, ob

- ❏ und wie stark Sie dort Ego-Posting betreiben,
- ❏ sich ein potenzieller Kunden dort abgeholt und willkommen fühlt,
- ❏ Sie Ihrem Wunschkunden gute Gründe bieten, dort zu bleiben und den Kontakt zu Ihnen aufzubauen.

Wie nutzen die meisten Unternehmen ihre Webseite?

Bild 1.1

Sie platzieren dort statische Information wie bei einer Visitenkarte (Bild 1.1) oder einer Firmenbroschüre und versäumen dabei, die Möglichkeiten der neuen Medien zu nutzen. Noch schlimmer: Sie betreiben die Webseite im Ego-Posting-Modus.

Wie Sie das besser machen können, erfahren Sie in den nächsten Kapiteln.

1.2 Änderungen im Kaufprozess

Verstärkt werden diese Herausforderungen in der Leadgenerierung noch durch die Änderungen im Kaufprozess. Marktforschungsunternehmen sprechen davon, dass mittlerweile 80 bis 90% aller Käufe durch eine Webseite beeinflusst werden. Diese Zahlen zeigen sehr drastisch, welchen Stellenwert das Internet für die Leadgenerierung hat. Wer weiß über diesen Bereich besser Bescheid als ein Suchmaschinen-Anbieter?

INTERNET

Im kostenlosen eBook «Zero Moment of Truth» (ZMOT) (**http://www.thinkwith-google.com**/collections/zero-moment-truth.html) wird beschrieben, dass ca. 70% der US-Amerikaner im Internet nach einer Bewertung suchen, bevor sie etwas kaufen – ein Trend, der auch bei uns schon angekommen ist. In der «guten alten Welt» von Prospekten und Regalen wurde der «**First** Moment of Truth» (FMOT), der sogenannte «erste Moment der Wahrheit», definiert (Bild 1.2).

DAS **TRADITIONELLE** MARKETING MODELL

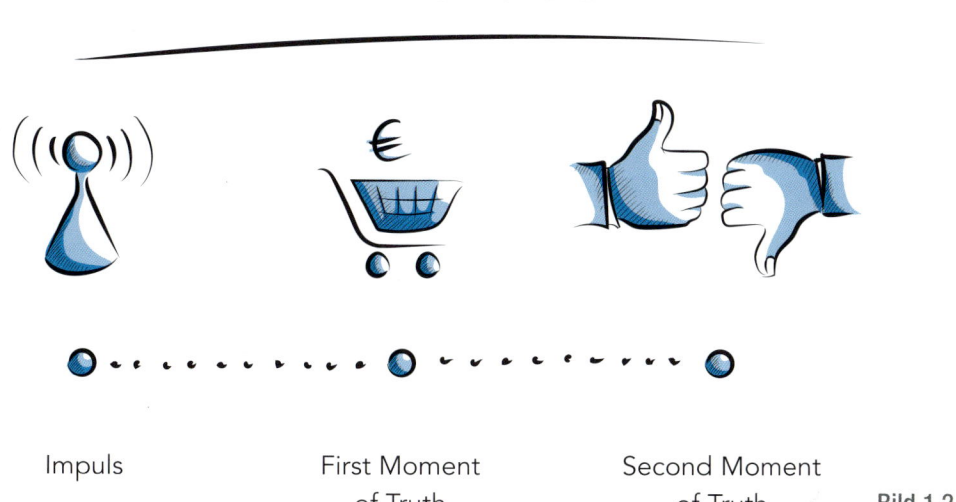

Impuls   First Moment   Second Moment
                    of Truth   of Truth   Bild 1.2

[Quelle: Google: http://www.thinkwithgoogle.com/collections/zero-moment-truth.html]

Das ist der Zeitpunkt, in dem ein Käufer vor dem Supermarktregal steht und sich z.B. für die eine oder andere Zahncreme entscheidet. Der nächste, der zweite Moment der Wahrheit, ist gekommen, wenn der Konsument die Zahncreme benutzt und sich eine Meinung zum Produkt bildet: «Ist die gut? Kaufe ich die wieder?»

Vermarkter müssen weiterhin Impulse senden, um die potenziellen Kunden auf die Idee zu bringen, eine neue Zahncreme oder Pizza auszuprobieren. Diese Impulse sind z.B. Anzeigenwerbung, «Stand alone»-Newsletter, Wurfsendungen, TV- und Radio-Spots usw.

Mit dem Internet sind die meisten Informationen mittlerweile nur noch einen Mausklick entfernt. Es gibt zwar immer noch Impulse, die uns über Zahncreme, Pizza, ein neues Auto oder eine neue Hydraulikpumpe nachdenken lassen. Kunden gehen damit aber anders um. Zwischen dem ersten Impuls bzw. der Werbebotschaft und dem Regal oder Verkaufsraum gibt es eine neue Stufe: die Suche im Internet! Im B2C- **und** im B2B-Umfeld! Mit dieser Suche möchte sich der potenzielle Kunde in der Regel erst einmal «nur umschauen». Er weiß wahrscheinlich noch gar nicht, ob er wirklich z.B. ein neues Auto oder eine Hydraulikpumpe haben möchte und schon gar nicht, welches Modell. Er möchte erst einmal «nur schauen», nur Informationen sammeln, um sich ein Bild zu machen. Research- und Beratungsunternehmen postulieren, dass mittlerweile 84% aller Kaufentscheidungen im B2B-Bereich durch eine Webseite beeinflusst werden. Das heißt natürlich nicht unbedingt, dass z.B. Hydraulikpumpen oder -anlagen direkt im Internet gekauft werden, die Suche und die Recherche findet aber immer öfter dort statt – auch wenn viele B2B-Unternehmen das noch nicht wahrhaben wollen. Viele Kaufentscheidungen im B2B beginnen heute mit dem Eintippen eines Suchwortes in eine Suchmaschine. Wie läuft das ab? Ganz einfach: Der Interessent startet einen Internet-Browser, ruft eine Suchmaschine (in der Regel Google) auf und gibt den Suchbegriff ein. An dieser Stelle gibt es jetzt einen neuen Moment der Wahrheit! Google nennt diesen Moment den «Zero Moment of Truth» (Bild 1.3).

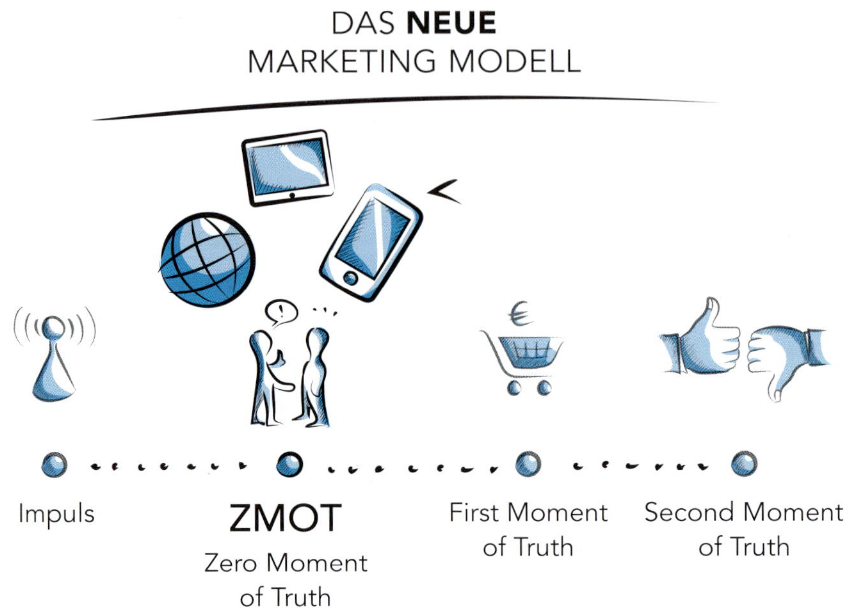

DAS **NEUE** MARKETING MODELL

Impuls	**ZMOT**	First Moment	Second Moment
	Zero Moment	of Truth	of Truth
	of Truth		

Bild 1.3

[Quelle: Google – http://www.thinkwithgoogle.com/collections/zero-moment-truth.html]

Für Unternehmen ist es wichtig, in diesem Moment der Wahrheit in den Ergebnislisten der Suchmaschinen zu erscheinen und gute Bewertungen in den Social-Media-Plattformen vorweisen zu können. Erscheinen Sie nicht in den Suchergebnislisten, werden Sie nicht gefunden und in der Auswahl von potenziellen Kunden nicht berücksichtigt. Haben Sie Ihre Reputation in den Social-Media-Plattformen nicht gepflegt, werden Sie vielleicht gefunden, fallen aber evtl. wegen ungünstiger Bewertungen zu einem sehr frühen Zeitpunkt aus der Auswahl.

Was bedeuten diese Veränderungen für Sie und Ihr Unternehmen?

❑ Unterschätzen Sie die Bedeutung des Internets für die Leadgenerierung nicht!
❑ Bestehen Sie im «Zero Moment of Truth». Sorgen Sie dafür, dass Sie von potenziellen Kunden gefunden werden.
❑ Der Kaufprozess beginnt lange, bevor Sie davon wissen und reagieren können. B2B-Unternehmen müssen davon ausgehen, dass Interessenten ca. 60% ihres Kaufprozesses schon absolviert haben, bevor der Kontakt zum Vertrieb des Anbieters zustande kommt.
❑ Sie haben wahrscheinlich heute schon die Informationshoheit verloren. Interessenten wissen über Ihre Produkte und die Produkte Ihres Wettbewerbs unter Umständen mehr als Ihre Verkäufer / Vertriebsmitarbeiter.

Wie Sie auf die Veränderungen im Kaufprozess reagieren können, erfahren Sie in den nächsten Kapiteln.

1.3   Themen- und Begriffsdefinitionen

Womit beschäftigt sich dieses Buch? Im weitesten Sinne dreht sich alles um die Generierung von neuen Interessenten bzw. die Gewinnung von Neukunden und die Entwicklung der Interessenten bis zum Kauf bzw. Abschluss. Das Thema hat viele Facetten und vor allem viele Fachbegriffe.

Begriffsdefinitionen

In meinen Workshops über meine Wasserloch-Strategie®, Inbound-Marketing und Leadmanagement frage ich die Teilnehmer zu Beginn oft, wie sie den Begriff «Lead» definieren. Bei 12 Teilnehmern höre ich da oft 12 verschiedene Definitionen. Hier finden Sie die «offizielle» Definition von Wikipedia und meinen Favoriten:

Lead
Wikipedia definiert den Begriff «Lead» als eine erfolgreiche Kontaktanbahnung eines Produkt- oder Dienstleistungsanbieters zu einem potenziellen Interessenten.
[Quelle: http://de.wikipedia.org/wiki/Lead]
Oder auch: *«Ein Lead ist ein qualifizierter Interessent, der sich für ein Unternehmen bzw. ein Produkt interessiert und der dem Werbungtreibenden aus eigenem Antrieb seine Adresse und ähnliche Kontaktdaten (Lead = Datensatz) für einen weiteren Dialogaufbau überlässt und daher mit hoher Wahrscheinlichkeit zum Kunden wird.»*
[Quelle: http://de.wikipedia.org/wiki/Leadgenerierung]

Manche Unternehmen beschreiben mit dem Begriff Lead auch schon eine Adresse, die potenziell angesprochen werden könnte. Ich unterstütze aber die Definition von Wikipedia.

Leadmanagement
Leadmanagement umfasst alle Maßnahmen von der Zielsetzung und Strategie über die Leadgenerierung bis zur Entwicklung der Interessenten zum Kauf bzw. Abschluss. Wurde ein Interessent zum Kunden entwickelt, kann der Prozess auch wieder von Neuem beginnen. Hat der Kunde Potenzial für ein hochwertigeres (Up-Selling)- oder anderes (Cross-Selling)-Angebot, wird er wieder zum Lead für einen neuen Kaufprozess. Der Begriff Leadmanagement, also das Management der Interessenten von der Generierung bis zum Abschluss, ist nicht neu. Aber erst seit wenigen Jahren gewinnt er durch die Veränderungen im Kaufverhalten und die Möglichkeiten, die die «neuen» Medien bieten, eine ganz andere Bedeutung. Produkte bzw. Plattformen für Leadmanagement, Inbound-Marketing oder Marketing-Automation bieten Unternehmen sehr gute Möglichkeiten, den Leadprozess zu optimieren und zu automatisieren. Um diese Möglichkeiten zu nutzen, müssen sich Unternehmen aber mit der Leadmanagement-Methode beschäftigen, sie für ihre Anforderungen adaptieren und den Prozess in der eigenen Organisation implementieren.

DEFINITION

Leadmanagement
Eine gelebte Leadmanagement-Strategie ist eine der wichtigsten Stellschrauben, damit Marketing und Vertrieb miteinander erfolgreich agieren. Aufeinander abgestimmte Marketing- und Vertriebsprozesse sowie die Verzahnung beider Bereiche

sind ein wichtiger Wettbewerbsvorteil im Kampf um Kunden und Marktanteile.
Mit dem jährlich stattfindenden Leadmanagement Summit vermitteln wir das
Handwerkszeug, damit Unternehmen ihre Prozesse optimieren und den Markter-
folg messbar steigern können. Beleuchtet wird der komplette Prozess von der
Leadgenerierung über das Anreichern, der Bewertung, die CRM-Integration sowie
die sinnvolle Übergabe der Leads an den Vertrieb und wichtige rechtliche Aspekte.

Die Leadmanagement-Community wird stetig größer und ich freue mich, wenn Sie
ein Teil davon werden:
www.leadmanagmentsummit.com
www.marconomy.de/lead_management

Christian Schmitt, *marconomy*, Vogel Business Media

2 Strategie

2.1 Der Leadmanagement-Prozess

Generell gliedert sich der Leadmanagement-Prozess in vier Hauptelemente bzw. -phasen (Bild 2.1):

❑ Strategie / Konzeption,
❑ Lead-Generierung,
❑ Lead-Entwicklung,
❑ Abschluss – Kauf / Bestellung.

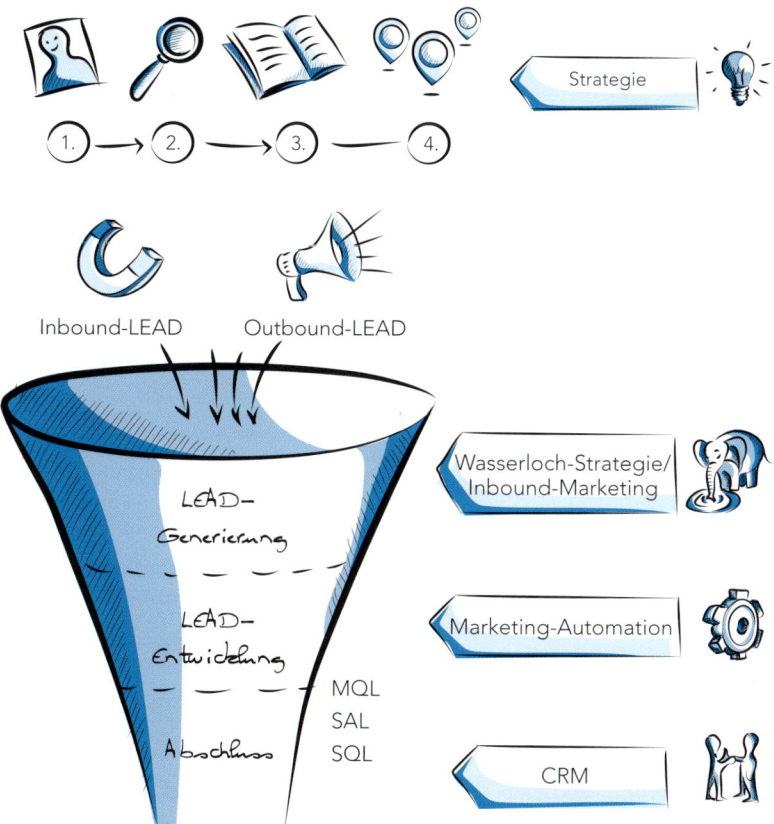

Bild 2.1   Leadmanagement im Überblick
[Quelle: strike2, NORBERT SCHUSTER]

Strategie / Konzept

Die Strategie- bzw. Konzeptionsphase ist wichtig, um die Ziele, das Umfeld und die Herausforderungen Ihres Unternehmens zu erfassen. Darauf basierend sollten Sie Ihre Wunschkunden definieren, Ideen für «Wunschkunden-relevante» Inhalte und Mehrwerte sammeln und recherchieren, wo und wie Ihre Wunschkunden erreicht werden können. Leider erlebe ich oft, dass Unternehmen diese Phase überspringen und keinen Wert auf eine Strategie oder ein klares Konzept legen. Sie beginnen mit der Recherche nach Tools und Plattformen, entscheiden sich aus «irgendwelchen» Gründen für «irgendeinen» Anbieter und wundern sich nach der Implementierung, dass die gewünschten Erfolge ausbleiben.

Bitte bedenken Sie: Unser Fußballbundestrainer hat auch nicht einfach nur die besten Spieler zusammengesammelt und sie mit der Ansage «Werdet Weltmeister!» auf den Platz geschickt. Die besten Spieler auf einem Haufen bewegen wenig, wenn sie nicht richtig platziert und eingestimmt sind. Sie benötigen die «richtige» Strategie für den «Meistertitel».

Leadgenerierung

Der Begriff Leadgenerierung beschreibt die Aktivitäten bzw. Maßnahmen zur Generierung von Interessenten bzw. potenziellen Kunden. Alternativ werden oft auch die Begriffe Neukundengewinnung und Interessentengenerierung verwendet. Neue Kunden und Leads benötigen fast alle Unternehmen. Daher ist Leadgenerierung auch für Unternehmen jeder Größe, vom DAX-Unternehmen bis zum Einzelunternehmer, ein wichtiges Thema. Am besten kombinieren Sie Inbound- mit Outbound-Marketing-Maßnahmen, um mehr und bessere Leads zu generieren.

Das weitere Vorgehen nach der Leadgenerierung ist abhängig von der

- ❏ Größe des Unternehmens,
- ❏ Anzahl der generierten Leads,
- ❏ Struktur der Marketing- und Vertriebsabteilung,
- ❏ den Zielen des Unternehmens,
- ❏ ...

Bei kleineren und mittleren Unternehmen mit einer überschaubaren Anzahl von generierten Leads wird nach der Leadgenerierung der Interessent relativ schnell an den Vertrieb übergeben werden. Je größer das Unternehmen, je mehr Leads in der Pipeline sind und je größer die Vertriebsstruktur ist, desto mehr kommen Themen wie *Marketing-Automation* (Automatisierung der individuellen Interessentenansprache), *Lead-Nurturing* (Entwicklung von Interessenten bis zur «Vertriebsreife»), *Lead-Scoring* (Bewertung von Interessenten) und *Lead-Routing* (Übergabeprozess der Leads vom Marketing an den Vertrieb) zum Tragen.

Interessenten-Entwicklung

Nach der Generierung von Leads geht es in dieser Phase darum, dass das Marketing den Interessenten so lange qualifiziert, bis er «reif» für die Übergabe an den Vertrieb ist, also den Zustand «MQL*» (**M**arketing **Q**ualified **L**ead) erreicht. Die Parameter für diesen Zustand sollten Marketing und Vertrieb gemeinsam definieren und in einem **S**ervice-**L**evel-**A**greement (SLA) fixieren. Spätestens ab dieser Phase ist der Einsatz eines Leadmanagement- bzw. Marketing-Automation-Tools zu empfehlen.

Leadbearbeitung / Abschluss / Verkauf / Bestellung

Wurde der Interessent an den Vertrieb übergeben und hat der Vertrieb den Lead akzeptiert, erhält er den Status des «SAL*» (**S**ales **A**ccepted **L**ead) und wird nun durch den Vertrieb qualifiziert

(SQL* – **S**ales **Q**ualified **L**ead) und bis zum Abschluss entwickelt. In dieser Phase erscheint der Interessent in der Liste der Verkaufschancen (Opportunity) des Vertriebsmitarbeiters. (*Begriffe aus dem Lead-Waterfall-Modell von SiriusDecisions)

INTERNET

Bevor wir in den nächsten Kapiteln tiefer ins Thema einsteigen, haben Sie an dieser Stelle die Wahl. Am Ende des Buches finden Sie eine Liste von Fragen (Checklisten), die Ihnen helfen sollen, Ihre aktuelle Situation zu beleuchten und eine Bestandsaufnahme zu erstellen. Sie können jetzt entweder direkt weiterlesen und sich diesen Checklisten später widmen oder Sie werfen vorher einen Blick auf die Liste. Beide Wege funktionieren. Wenn Sie möchten, können Sie diese Liste auch unter **www.leadmanagement-download.de** als Datei laden und z.B. von mehreren Beteiligten in Ihrem Unternehmen ausfüllen lassen.

Noch ein Hinweis zur Struktur des Buches. Das Thema Leadmanagement ist sehr vielfältig. Nicht jedes Unternehmen benötigt sofort die volle Bandbreite der Themen und Möglichkeiten. Sehen Sie dieses Buch bitte wie ein Buffet.

Von einem Buffet nehmen Sie sich auch nur die Speisen, die Ihnen schmecken oder die Sie einmal ausprobieren möchten. In diesem Buch finden Sie das «ganze Buffet» des Leadmanagements und können die Teile herausnehmen, die für Sie und Ihre aktuelle Lead-Situation relevant sind. Unternehmen, die erst beginnen, sich mit dem Thema zu beschäftigen oder noch relativ wenige Leads generieren, müssen sich z.B. noch keine Gedanken über ein ausgefeiltes Lead-Scoring-System machen. Ich möchte Ihnen einen Überblick über das Thema Leadmanagement geben und Sie in die Lage versetzen, die für Sie passenden Maßnahmen in Angriff zu nehmen. Das werden Sie vielleicht teilweise alleine können, teilweise werden Sie Hilfe von einem Coach benötigen.

Meine Motivation, mich als Autor und Leadmanagement-Coach mit dem Thema zu beschäftigen? Ich liebe es, neue Themen in den Markt zu tragen und sie so aufzubereiten, dass man sie verstehen kann. Das Thema Leads begleitet mich schon sehr lange. Ich habe mich ausgiebig mit der Theorie beschäftigt, viele Erfahrungen in der praktischen Umsetzung mit meinen Kunden sammeln können und liebe es, das immer wieder für die Anforderungen und Herausforderungen bei neuen Kunden oder Workshop-Teilnehmern umzusetzen. Und natürlich lebe ich, was ich predige. Der Amerikaner nennt das: «Eat your own dog food». Ich bereite mein Wissen und meine Erfahrungen für meine Buyer-Persona(s) auf. Dazu biete ich Whitepaper, eBooks, Checklisten, Bücher und mein Leadmanagement-Workbook an. So platziere ich mich als «Leadmanagement-Coach» und baue so mein Interessenten-Wasserloch auf, das meine Wunschkunden anziehen soll. Vielleicht ist das ja auch ein Weg, der Ihnen helfen kann, mehr und qualifiziertere Leads zu generieren.

Um Ihnen einen breiteren Überblick und ein reichhaltigeres «Leadmanagement-Buffet» zu bieten, habe ich einige Menschen eingeladen, einen Gastbeitrag zum Buch beizusteuern:

❑ Experten für spezielle Teilaspekte des Themas,

❑ Anwender, die schon erste Erfahrungen mit Leadmanagement gemacht haben,

❑ Hersteller von Lösungen für Leadmanagement und Marketing-Automation.

Wenn Sie Anmerkungen oder Fragen zu den vorgestellten Themen haben, freue ich mich über Ihr Feedback. Auch über Ihre Erfahrungen bei der Umsetzung würde ich mich sehr freuen. Senden Sie mir in beiden Fällen bitte eine E-Mail an: Leadmanagement-Coach@strike2.de.

2.2 Marketing / Vertriebs-Alignment

Als Mitinitiator und Dozent für die Weiterbildung zum Leadmanagement Consultant mit TÜV-Zertifikat und Referent für das Leadmanagement-Seminar bei Vogel Business Media / *marconomy* frage ich die Teilnehmer in diesen Kursen, worin für sie die größte Herausforderung in der Umsetzung von Leadmanagement besteht. Neben der fehlenden strategischen Grundlage und der Content-Erstellung wird sehr oft die Zusammenarbeit zwischen Marketing und Vertrieb als kritischster Aspekt genannt. Basis für ein erfolgreiches Leadmanagement ist die enge Zusammenarbeit von Marketing und Vertrieb und eine entsprechende Leadmanagement-Strategie.

Die alten «Kämpfe» zwischen Marketing und Vertrieb:

Vertrieb über Marketing	Marketing über Vertrieb
«Marketing malt doch nur bunte Bilder und organisiert Feiern.»	«Der Vertrieb fährt doch nur in der Gegend herum.»
«Marketing liefert uns keine oder nur schlechte Leads.»	«Die kümmern sich nicht um unsere Leads, die wir mit viel Mühe generiert haben.»
«Marketing weiß doch nicht, was wir im Vertrieb benötigen.»	«Der Vertrieb pickt sich doch nur die Perlen heraus.»

sind kontraproduktiv und helfen Unternehmen nicht, ihre gesetzten Ziele zu erreichen. Marketing und Vertrieb müssen an einem Strang, in eine Richtung ziehen.

Gerade hier erlebe ich aber immer wieder die seltsamsten Konstellationen:

❑ Das Marketing kümmert sich überhaupt nicht um Leadgenerierung, sondern betreibt ausschließlich «dekoratives Marketing».
❑ Ich werde vom Marketingleiter zu einem Erstgespräch eingeladen und bin herzlich willkommen, aber der Vertriebsleiter empfängt mich mit einem Blick, der sagt: «Was will der denn hier? Wir haben hier doch alles im Griff.»
❑ Das Marketing implementiert Leadmanagement und generiert neue Leads. Aber der Vertrieb weigert sich aus völlig unerfindlichen Gründen, diese Leads zu kontaktieren.
usw. usw.

Eine seltsame Situation. In einem Produktionsprozess diskutiert doch auch niemand darüber, ob er jetzt Lust verspürt, den Motor in die nächste Karosserie einzubauen. Solche Kuriositäten erlebe ich nur in der Marketing-Vertriebs-Konstellation. Manchmal fühlt sich das fast wie Sabotage an. Ich vermute, dass hier sehr oft Besitzstandswahrung und/oder Ängste im Spiel sind. Wenn sich Marketeers weigern, sich mit Leadmanagement zu beschäftigen, ist die Messbarkeit meist die Ursache. Über Design und Grafik kann man streiten, die Leadanzahl ist aber ein «recht» absoluter Wert. Verweigert sich der Vertrieb, wird es aus meiner Sicht noch kurioser. Man könnte doch meinen, der Vertrieb müsste sich über jede Hilfe bei der Erreichung seiner Umsatzziele freuen. Mehr Umsatz bedeutet ja meist nicht nur die Erreichung von Vertriebszielen, sondern auch mehr Bonus bzw. Provision. Es gibt aber wohl viele Vertriebler, die sich lieber mit Bestandskunden beschäftigen als neue Menschen zu kontaktieren. Die Ignoranz bzw. Verweigerung, neue Leads aus dem Marketing zu kontaktieren, kann ich mir nur so erklären.

Ich höre die Vertriebler jetzt schon sagen: «Der hat ja keine Ahnung, welchen Schrott wir von unserem Marketing geliefert bekommen.»

Das ist aber eine andere Ebene. Zum erfolgreichen Leadmanagement-Prozess gehört es auch, dass sich Marketing und Vertrieb auf einige wichtige Punkte einigen. Das sind z.B. die Wunschkunden des Unternehmens. Die können nur Marketing und Vertrieb zusammen definieren und profilieren. Mehr dazu finden Sie in Abschnitt 2.3.

Wenn sich beide Abteilungen dann auch noch über folgende Parameter geeinigt und diese Parameter in einem «**S**ervice **L**evel **A**greement» (SLA) definiert haben:

- ❑ wie sich der Kaufprozess der Wunschkunden gestaltet,
- ❑ wie die Interessenten bewertet werden,
- ❑ wann der Lead «vertriebsreif» ist und an den Vertrieb übergeben wird

usw.,

hat die Aussage «The Leads are weak – Die Leads taugen nix!» aus meiner Sicht keine Berechtigung mehr. Man kann dann zwar darüber reden – und das muss man am Anfang auch meist –, wie man die gemeinsam definierten Parameter ändern muss, um den Prozess zu optimieren. Aber eine pauschale Verweigerung ist dann nicht mehr zu tolerieren. In der letzten Konsequenz ist hier natürlich auch die Geschäftsleitung gefragt.

Die wichtigsten Voraussetzung für ein erfolgreiches Leadmanagement:

1. Das C-Level / die Geschäftsleitung sollte Leadmanagement verstehen und das Zusammenspiel von Marketing und Vertrieb fördern und einfordern.
2. Das C-Level / die Geschäftsleitung sollte eine entsprechende Vision definieren und die entsprechende Infrastruktur und Ressourcen bereitstellen.
3. Marketing und Vertrieb müssen an einem Strang, in eine Richtung ziehen. Sie müssen gemeinsam einen durchgängigen Leadprozess definieren.
   Der gemeinsamen Definition und Profilierung von Wunschkunden kommt dabei eine große Bedeutung zu. Wichtig sind aber auch die Vereinbarungen über die Stufen des Verkaufsprozesses und die Parameter für die Übergabe der Leads vom Marketing an Teleprospecting und/oder den Vertrieb.
4. Das Marketing sollte den Vertrieb mit «Sales ready»-Leads unterstützen.
5. Das Marketing muss messbar zum Unternehmenserfolg beitragen.
6. Der Vertrieb sollte Vertrieb machen und sich um «vertriebsreife» Leads kümmern.
7. Der Vertrieb sollte dem Marketing «Kunden-Kompetenz» zugestehen und ihm möglichst viele Informationen aus den Kundenkontakten zukommen lassen.
8. Der Vertrieb muss sich zum Leadprozess «committen» und die gemeinsamen definierten Service Level Agreements einhalten.

MERKSATZ

«Besonders wichtig ist der gemeinsame Blick von Marketing und Vertrieb auf den Prozess vom «Cold to Close» und wie das Unternehmen einen Lead und die Abstufungen des Leadprozesses (Lead-Level) definiert.»
Julian Archer, julian.archer@siriusdecisions.com)

INTERNET

Hilfreich kann hier auch der «SiriusDecisions Demand Waterfall» (**www.SiriusDecisions.com**) und die Profilierung des «idealen Interessenten» bzw. Wunschkunden sein.

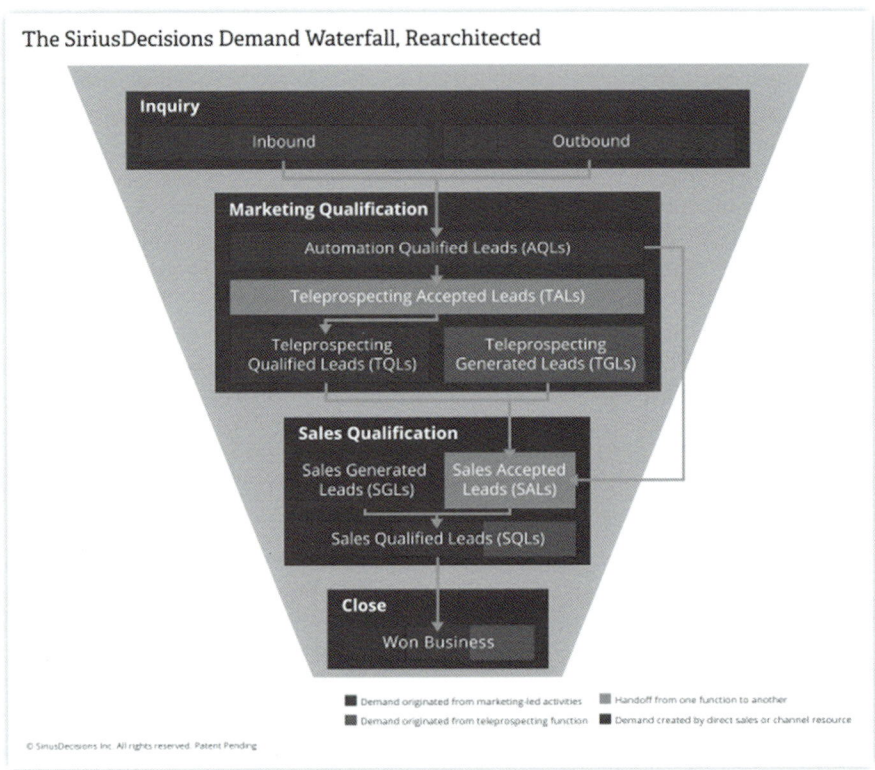

Bild 2.2   Das Waterfall-Modell von SiriusDecisions
[Quelle: http://www.siriusdecisions.com]

Die Stufen des Demand-Waterfalls:

☐ Inquiry
  Der Lead wird durch Inbound- oder Outbound-Aktivitäten generiert. Er zeigt Interesse, ist aber noch nicht qualifiziert.
☐ MQL – Marketing Qualified Lead
  Der Lead wird durch das Marketing oder Teleprospecting qualifiziert bzw. weiterentwickelt, bis er den MQL-Status erreicht hat und an den Vertrieb übergeben wird.
☐ SAL – Sales Accepted Lead
  Ein Lead, der als MQL vom Marketing an den Vertrieb übergeben wurde, kann durch den Vertrieb abgelehnt oder akzeptiert werden. Dieses Akzeptieren bedeutet, dass der Lead den Kriterien der SLAs (Service Level Agreements) entspricht, die Marketing und Vertrieb gemeinsam definiert haben. In diesem Stadium ist der Lead noch nicht durch den Vertrieb qualifiziert.

❑ SQL – Sales Qualified Lead
Der «Sales Accepted Lead» (SAL) wird durch den Vertrieb qualifiziert. Dann wird der Lead zur «Opportunity» konvertiert, erscheint in der Sales-Pipeline des Vertriebsmitarbeiters und wird zum Kauf / Abschluss entwickelt.

❑ Close
Abschluss/Verkauf

Vereinfacht ausgedrückt, zeigt die Darstellung des «Demand Waterfalls», wie das Marketing eine Anfrage (**Inquiry**) so lange qualifiziert, bis der Lead die Stufe (**MQL** = **M**arketing **Q**ualified **L**ead) erreicht und an den Vertrieb zur Vertriebsqualifizierung bzw. zum Abschluss (**Close**) übergeben wird. Die Parameter für diesen Prozess müssen Marketing und Vertrieb gemeinsam definieren.

MERKSATZ

«Marketing sollte schon immer die Kunden verstehen. In Zeiten von Internet und Social Media reicht es aber nicht mehr aus, nur Empathie und Einfühlungsvermögen für den Kunden aufzubringen. Marketing muss für den Prozess vom «Cold to Close» profundes Wissen über die potenziellen Kunden und ihr Stadium im Kaufprozess aufbauen.»
(Julian Archer, julian.archer@siriusdecisions.com)

2.3　Buyer-Persona-Konzept – Welche Kunden hätten Sie denn gerne?

Oft höre ich von meinen Neukunden die Frage bzw. die Anforderung. «Können Sie uns helfen, mehr Leads zu generieren?» Wenn ich dann zurück frage: «Welche Leads hätten Sie denn gerne? Wer wäre Ihr idealer Lead? Haben Sie diesen idealen Lead schon schriftlich gemeinsam mit Marketing und Vertrieb definiert?», erhalte ich selten – eigentlich bisher noch nie – eine klare Definition bzw. ein klares Ja.

Haben Sie schon einmal darüber nachgedacht, für wen Ihr Angebot besonders gut geeignet ist, und ein Profil dieser Wunschkunden erstellt? «Mein Produkt kann **eigentlich** jeder gebrauchen!», höre ich jetzt schon viele sagen. Das Problem ist nur, «Jeden» kann man nur sehr schwer erreichen. Wie kommuniziert man mit «Jedem» und welche Inhalte bzw. Mehrwerte bietet man «Jedem» an? In diesem Zusammenhang sollte Sie das Wort «**eigentlich**» stutzig machen. Denn oft kann man es mit «**nicht**» ersetzen: «Der Kampagnen-Report ist **eigentlich** fertig.» heißt im Klartext: «Der Report ist **nicht** fertig.» «Heute wäre ich **eigentlich** ins Fitnessstudio gegangen.» heißt «Heute war ich **nicht** im Fitnessstudios.» Auf das Thema Vermarktung übertragen: «Mein Produkt kann **eigentlich** jeder gebrauchen.» hieße dann, dass das Produkt zwar theoretisch fast jeder Kunde gebrauchen könnte, in der «richtigen Welt» aber dann doch bevorzugt von einer bestimmten Gruppe von Firmen bzw. Menschen gekauft wird. Mal ganz abgesehen davon, dass es keinen Sinn macht, «Jeden» mit dem gleichen Angebot und der gleichen Ansprache anzusprechen, lassen es auch die in der Regel immer limitierten Budgets und Ressourcen nicht zu, alle potenziell in Frage kommenden Kunden auf einmal anzusprechen. Die Fragen sind doch:

- ❑ Welcher Kundentypus kauft am wahrscheinlichsten?
- ❑ Wer kauft am schnellsten und mit dem geringsten Aufwand?
- ❑ Wo haben Sie den höchsten Deckungsbeitrag oder den größten Image- bzw. Referenz-Effekt?
- ❑ Wer sind die typischen Kunden, die bisher bei Ihnen gekauft haben?
- ❑ Was sind Wunschkunden, die Sie gerne erreichen möchten, aber bisher vielleicht «übersehen» bzw. noch nicht erreicht haben?

Vor dem Start von Leadmanagement-Aktivitäten sollte man genau das definieren. Eine reine Zielgruppendefinition reicht aus meiner Sicht nicht aus, um Leadmanagement erfolgreich einzusetzen und mehr und bessere Interessenten zu generieren.

Zielgruppen suchen und kaufen nicht. Menschen kaufen! Und das gilt natürlich auch für den B2B-Bereich. So technisch ausgefeilt eine Lösung oder eine Dienstleistung auch sein mag, letztendlich suchen, entscheiden und kaufen Menschen. Besser und zielführender als die reine Zielgruppenbeschreibung ist die Definition und Profilierung von Wunschkunden mit dem Buyer-Persona-Konzept. Das Buyer-Persona-Konzept ist ein Käufer-Modell. Eine Buyer-Persona-Definition charakterisiert einen typischen Käufer von Produkten bzw. Dienstleistungen. Welche Art von Kunden würde am wahrscheinlichsten, am schnellsten oder am reibungslosesten bei Ihnen kaufen? Welcher Kunden-Typus war bisher von Ihrem Angebot am meisten begeistert? Wer hat Sie bisher aktiv weiter empfohlen? Können Sie einen typischen Vertreter nennen? Es lohnt sich, diese Kundengruppe näher zu beleuchten und ein Buyer-Persona-Profil zu erstellen.

In meinen Workshops frage ich meine Teilnehmer an dieser Stelle immer: Stellen Sie sich vor, ich könnte Ihnen 50 Menschen in Ihren Meeting-Raum «beamen». Welche Menschen hätten Sie gerne? Wer sind Ihre Wunschkunden? «Ja, aber mein Produkt kann ja fast jeder gebrauchen» kommt dann oft als Antwort. Aber wollen Sie wirklich 50 x-beliebige Menschen, die gerade vor Ihrem Firmengebäude vorbei laufen, in Ihrem Meeting-Raum haben oder gibt es nicht doch Menschen, die prädestinierter für diesen «Zaubertrick» und den Kauf Ihrer Produkte bzw. die Bestellung Ihrer Dienstleistung sind?

Wenn es Ihnen immer noch schwerfällt, Ihren Wunschkunden zu definieren, hilft Ihnen vielleicht eine Liste Ihrer bestehenden Kunden. Bewerten Sie in dieser Liste jeden einzelnen Kunden nach beispielsweise diesen Kriterien:

- ❑ Umsatz
- ❑ Profitabilität
- ❑ «Komplikationsfaktor»
- ❑ Dauer des Kaufprozesses
- ❑ Branche
- ❑ Anzahl Mitarbeiter / Firmengröße
- ❑ Sitz des Unternehmens
- ❑ Unternehmensform
- ❑ «Business-Situation»
- ❑ Kontaktlevel Ihrer Ansprechpartner
- ❑ Firmenkultur

Vielleicht geben Ihnen diese Parameter ja ein Gefühl dafür, wer Ihre Wunschkunden sein könnten.

Sie können das Buyer-Persona-Konzept aber natürlich auch für einen bisher noch nicht adressierten Kundentypus anwenden. Kunden von mir haben bei der Anwendung des Buyer-Persona-Konzeptes beispielsweise entdeckt, dass sie eine bestimmte Personengruppe bisher völlig übersehen und vernachlässigt haben. Nach der Definition dieser «Hidden Buyer-Persona» wurde eine neue Business-Unit (Marketing und Vertrieb) aufgebaut, die sich nur noch um diesen Kundentypus kümmert.

C.S.I-Wunschkunden

Was hat das Buyer-Persona-Konzept mit C.S.I zu tun? Sicher haben Sie in einem Krimi oder einer amerikanischen Crime-Serie schon einmal einen Profiler bei der Arbeit beobachtet. Diese Profiler (Fallanalytiker) betreiben operative Fallanalysen und versuchen aus den Umständen einer Straftat, von Indizien und Spuren am Tatort Schlüsse auf die Motivation und das Verhalten des Täters zu schließen. Diese Fallanalysen können Entscheidungshilfen für die weiteren Ermittlungen und das Verhalten der Ermittlungsbehörden geben. So ähnlich kann man sich das Vorgehen mit dem Buyer-Persona-Konzept für die Profilierung von Wunschkunden vorstellen.

Wie sieht so ein Buyer-Persona-Profil aus? Welche Fragen sollten Sie beantworten?

Setzen Sie sich am besten mit Marketing, Vertrieb und Ihrem Service / Support zusammen und überlegen Sie, wer Ihr Wunschkunde bzw. Ihre Wunschkunden sein könnten. Das ist auch ein sehr guter Anlass, um Marketing und Vertrieb auf den Leadmanagement-Prozess einzustimmen und die Weichen für die erfolgreiche Implementierung zu stellen.

So sollten Sie vorgehen:

❏ Wählen Sie als Platzhalter für Ihre Buyer-Persona z.B. eine Person von einem bestehenden Kunden aus. (Klaus Wagner, XY Software AG)
❏ Oder nutzen Sie eine «Kunstfigur» als Platzhalter: á la Kurt Konstrukteur, Ingo Ingenieur oder Monika Marketing.
❏ Nutzen Sie einen konkreten Namen und ein Bild für Ihre Buyer-Persona.
❏ Welche Ausbildung hat Ihre Buyer-Persona?
❏ Welche Positionen hat diese Buyer-Persona typischerweise inne? Was steht auf seiner/ihrer Visitenkarte?
❏ Wie würden Sie Ihre Buyer-Persona in diesem Schema einordnen? Wie ist das «Strickmuster» Ihrer Buyer-Persona?
   – Dominanz: Konkurrenz, Verdrängung, Macht usw.
   – Stimulanz: Exploration, Entdeckung, Neugier usw.
   – Balance: Sicherheit, Stabilität usw.
   – ZDF: **Z**ahlen, **D**aten, **F**akten
❏ Was verantwortet die Buyer-Persona?
❏ Welchen «Schmerz» hat Ihre Buyer-Persona? Was treibt sie an?
❏ Was ist für Ihre Buyer-Persona Erfolg und was wäre ein Desaster?
❏ Wo und wie informiert sich die Buyer-Persona?
❏ Wo und wie sucht sie nach Produkten und Dienstleistungen?
❏ Wie gestaltet sich der Kaufprozess der Buyer-Persona für Ihr Angebot?
❏ Wer hat Einfluss auf die Entscheidung der Buyer-Persona?
usw.

INTERNET

Für viele Käufer bzw. Kunden wiegt die Furcht vor einem möglichen Verlust schwerer als die Erwartung eines möglichen Vorteils. Mehr Informationen über diesen Effekt finden sie u.a. hier: **http://de.wikipedia.org/wiki/Prospect_Theory**
Beachten Sie dieses Verhalten auch bei Ihren Wunschkunden und ergründen Sie, welche Befürchtungen Ihre Wunschkunden haben könnten. Diese Befürchtungen müssen – auch im B2B-Bereich, dem ja leider so oft die emotionale Komponente abgesprochen wird – nicht immer rational sein. Mit den passenden Inhalten können Sie diese Befürchtungen von vornherein entkräften und Ihren Wunschkunden das gute Gefühl geben, bei Ihnen richtig aufgehoben zu sein. Eine weitere wichtige Frage ist aus meiner Sicht auch der Nutzen, den Sie Ihrer Buyer-Persona bieten. Die Frage nach dem Nutzen ist in meinen Workshops immer ein heikles Thema. Wenn Sie die Bestandsaufnahme ausgefüllt haben, werden Sie vielleicht auch einen Nutzen notiert haben. Sehr oft höre und lese ich bei der Frage nach dem Nutzen:

❏ «Uns gibt es schon 50 Jahre»
❏ «Wir liefern Qualität»
❏ «Wir haben einzigartiges Know-how»
❏ «Wir sind Marktführer»

usw. usw.

All das ist kein Nutzen. Daraus kann man vielleicht einen Nutzen ableiten, aber die Tatsache, dass es Ihr Unternehmen schon 50 Jahre gibt, ist alleine noch kein Nutzen. Auch die Themen Qualität und Know-how sind so eine Sache. Welches Unternehmen behauptet das nicht von sich? Und spätestens, wenn Sie Ihre Buyer-Persona(s) definiert haben, werden Sie sicher feststellen, dass der Nutzen von Persona zu Persona auch sehr unterschiedlich sein kann. Überlegen Sie sich daher genau, was für Ihre jeweilige Buyer-Persona einen Nutzen darstellt. Evtl. hilft Ihnen diese Tabelle ja, Ihr Angebot bzw. die Funktionen Ihrer Produkte in einen Nutzen für Ihre Buyer-Persona(s) zu «übersetzen».

Nutzen für Ihre Buyer-Persona

Ihr Angebot/Funktion	Aufgabe/Antwort	Nutzen für Ihre Buyer-Persona
Angebot A	Damit sparen Sie ...	
Angebot B	Damit erreichen Sie ...	
Funktion A	Das optimiert Ihr ...	
Funktion B	Damit gewinnen Sie ...	
...	Das versetzt Sie in die Lage, ...	
	Das bedeutet für Sie ...	
	Das ergänzt Ihre ...	

Kano-Modell

Ein spannender Aspekt Ihrer Wunschkundenbetrachtung kann auch ihre Erwartungshaltung sein. Was erwarten Ihre Wunschkunden von Ihnen, wenn sie sich für Sie entscheiden? Das Kano-Modell spricht hier z.B. von Basis-, Leistungs- und Begeisterungsmerkmalen. Fragen Sie sich:

❑ Basismerkmale
   Was sind die Basismerkmale Ihrer Wunschkunden, die für sie so selbstverständlich sind, dass sie sie nicht einmal explizit formulieren? Was ist so grundlegend, dass es Ihren Wunschkunden erst auffällt, wenn Sie diese Kriterien nicht erfüllen? Wer würde z.B. beim Autokauf schon erwähnen, dass er eine Bremse erwartet?

❑ Leistungsmerkmale
   Das erwarten Ihre Kunden bewusst und bewerten sie – je nachdem, wie Sie diese Erwartungen erfüllen. Von einem Softwarehersteller erwarten Kunden Support. Je nachdem, wie der Support angeboten (Preis- bzw. Kostenmodell) und umgesetzt (Erreichbarkeit, Kompetenz usw.) wird, wird der Kunde den Hersteller bewerten.

❑ Begeisterungsmerkmale
   Womit rechnet Ihr Wunschkunde nicht und womit könnten Sie ihn überraschen und begeistern?

Gewöhnen sich Kunden an Begeisterungsmerkmale – wie z.B. das Wagenwaschen bei der Inspektion im Autohaus –, werden sie zu Basismerkmalen. Bemerkt der Kunde, dass sie nicht mehr vorhanden sind, stellt sich Unzufriedenheit ein. Ein ewiger Streitpunkt ist aus meiner Sicht auch der WLAN-Zugang im Hotel. Ich werde es nie verstehen, dass Hotels in dieser Zeit immer noch gesalzene Gebühren für die WLAN-Nutzung verlangen. Mit jeder Gebühr – egal, wie gut die Qualität des Netzes auch sein mag – können Hoteliers nur Missmut und eine Entscheidung für ein anderes Hotel bei der nächsten Buchung bei ihren Kunden ernten. Um es noch einmal mit Nachdruck zu formulieren: Kunden erwarten im Hotel kostenlosen Zugang zum WLAN! Ich schreibe es explizit – nur für den Fall, dass Sie in der Hotelbranche etwas zu sagen haben. ☺

DEFINITION

Kano-Modell
Das Kano-Modell ist ein Modell zur Analyse von Kundenwünschen.
Basismerkmale:
Diese Merkmale sind so grundlegend, dass sie Kunden erst bei Nichterfüllung bewusst werden.
Leistungsmerkmale:
Diese Merkmale sind dem Kunden bewusst und je nach Erfüllungsgrad tragen sie zur Kundenzufriedenheit bei.
Begeisterungsmerkmale:
Das sind Merkmale, mit denen der Kunde nicht rechnet und die zu einer deutlichen Differenzierung vom Wettbewerb beitragen können.

INTERNET

Weitere Informationen über das Kano-Modell:
http://de.wikipedia.org/wiki/Kano-Modell

Alle Fragen zur Buyer-Persona-Profilierung sollten Sie immer in Bezug auf Ihr Angebot beantworten. Bei der Frage nach dem Erfolg bzw. Desaster wäre das z.B.: Was wäre für

Ihren Wunschkunden ein Erfolg und was ein Destaster, wenn er sich für Ihr Angebot entscheiden würde? Die Eigenschaften der Person, die Sie sich für die Profilierung Ihrer Wunschkunden ausgesucht haben, sind nur relevant, wenn sie für die ganze Kundengruppe gelten. Klaus Wagner spielt gerne Golf, ist also nur ein relevantes Buyer-Persona-Kriterium, wenn alle «Klaus Wagners» Golf spielen, es also nicht nur persönlich für den «einen» Klaus Wagner gilt, sondern für den ganzen Kundentypus, den er repräsentiert.

BEISPIEL

Buyer-Persona-Profilierung

Buyer-Persona: Monika Marketing

Alter: **35 bis 40 Jahre**
Erfahrung: **Studium BWL, Marketing oder Quereinsteiger**
Positionsbezeichnungen: **Marketingleitung, CMO**
Vermarktung: **Direkt, Distributoren, Händler**
Firmengröße (Mitarb./EUR): **30 bis 150**
Branche: **IT – Hardware, Software, IT-Dienstleistung, Internet**

[Quelle: © Jeanette Dietl – Fotolia.com]

Beschreibung

Das Unternehmen ist inhabergeführt und adressiert den D/A/CH-Bereich (Deutschland, Österreich, Schweiz). Es entwickelt innovative und leistungsfähige Software-/Internet-Lösungen. Der Inhaber hatte vor einigen Jahren eine geniale Idee und hat darauf basierend ein Unternehmen gegründet. Das Unternehmen ist Technologie-getrieben und tritt auch so nach außen auf. Der Inhaber ist die geniale «Lichtgestalt», die ins rechte Licht gesetzt werden möchte und es nicht versteht, dass der Markt ihm seine Lösungen/Produkte nicht aus der Hand reißt.

Früher hat das Unternehmen gar kein Marketing betrieben bzw. der Chef hat es «mitgemacht». Vor einiger Zeit wurde Monika Marketing angeheuert, um die Vermarktung des Unternehmens voran zu bringen. Monika hat Marketing studiert und kennt sich sehr gut mit Themen wie Markenaufbau, Branding, Corporate Image usw. aus. Zu Beginn ihrer Arbeit hat sie schwerpunktmäßig Marketingunterlagen (Flyer, Präsentationen, Webseite usw.) erstellt und erste Strukturen aufgebaut. Mittlerweile führt sie ein kleines Marketing-Team. Monika betreibt vorwiegend klassisches Marketing – Events, Messen, Telemarketing, PR usw. Erste Social-Media-Maßnahmen hat sie ausprobiert und würde sich gerne mehr damit beschäftigen. Sie hat ein kleines Marketing-Budget und kann selbst darüber entscheiden. Für größere Kosten/Investitionen benötigt sie die Freigabe vom Management-Team. In letzter Zeit wird der Druck vom Vertrieb und der Geschäftsleitung immer stärker, den Vertrieb mit guten Leads zu unterstützen. Man denkt immer wieder mal über Kaltakquise nach. Von Leadmanagement und Inbound-Marketing hat sie zwar schon gehört, aber noch keine praktischen Erfahrungen sammeln können.

Ausprägungen der Position Marketingleiter (Abstufungen bzw. Varianten)

❑ Marketingleiter ist Mitglied des Management-Teams und hat Mitspracherecht.
❑ Marketingleiter ist nur «geduldet», hat nichts zu sagen, Chef/Technik/Vertrieb haben das Sagen.

Unternehmens-Situation

❑ Unabhängiges deutsches Unternehmen, Unternehmen ist inhabergeführt;
❑ keine Investor-Beteiligung;
❑ keine Firmen-/Konzern-Mutter im Ausland, die den «Kurs» bestimmt.

Typus

❑ Stimulanz / Neugier
❑ Balance / Sicherheit

Influenzer

❑ Intern:
  – Lebenspartner
  – Geschäftspartner
  – Marketingagentur
  – Buchhalter, Controlling
  – Unternehmensberater/Coach
  – Vertriebsleiter
    Er kommt aus der IT, IT ist im Fokus
    Er ist lösungsorientiert
    Hat ein Team in D, Europa und/oder weltweit
    Er ist zahlen- bzw. quartalsgetrieben
    Er ist gut vernetzt, kommunikativ und viel unterwegs
    Hat Team von Fachleuten mit technischem Schwerpunkt, die evtl. keine Vertriebler sind oder nicht viel Vertriebserfahrung haben
    → PreSales, Techniker, Berater, Supporter usw.
  – Geschäftsführer
    1. Priorität: Techniker, Entwickler, «Chef-Fraggle»
    2. Priorität: Geschäftsmann, vertriebsorientiert
  Es gibt eine 2. Management-Ebene – Vertraute, langjährige Mitarbeiter
❑ Extern:
  – Fachmagazine
  – Online-Portale
  – Newsletter
  – Netzwerke – LionsClub, Rotary, IT-Clubs, Manager-Clubs, IHK-Arbeitsgruppen
  – Hersteller, Lieferanten
  – Wettbewerb

Verantwortlichkeit

❏ Generell das äußere Erscheinungsbild des Unternehmens
❏ Messen und Events
❏ Marketingunterlagen
❏ Zunehmend immer wichtiger: Leads für den Vertrieb

Schmerzpunkte

❏ Gutes Personal finden
❏ «Wie bleibe ich auf dem Laufenden und beobachte den Mitbewerb?»
❏ «Wie kommuniziere ich unsere innovative Lösungen? Wie bringe ich rüber, was wir können?»
❏ «Wie vermeide ich: Wir haben eine tolle Lösung, suchen wir mal, ob wir bei Ihnen das passende Problem finden.»
❏ «Wie hebe ich mich vom Mitbewerb ab?»
❏ «Wie positioniere ich mich richtig?»
❏ «Wir sind Produkt- und Hersteller-fokussiert, aber nicht marktorientiert.»
❏ «Unsere Lösungen sind vergleichbar.»
❏ «Es gibt viele billigere Lösungen aus Fernost.»
❏ «Ich muss alles können und bekomme zu wenig Budget und Ressourcen.»
❏ «Zeit ist mein Schmerzfaktor und niemand da, an den ich delegieren kann.»

Resultat (Welches Resultat möchte Ihre Buyer-Persona mit dem Kauf Ihres Produktes/ Lösung bzw. der Beauftragung Ihrer Dienstleistung erzielen?)

❏ Qualifizierte Leads für den Vertrieb generieren
❏ Marktpräsenz des Unternehmens aufbauen
❏ Produktinfos platzieren und Reichweite aufbauen
❏ Marke, Image und Reputation aufbauen und pflegen
❏ In der Presse Beachtung finden
❏ Anerkennung bekommen
❏ Zur Erreichung der Ziele und zum Umsatzwachstum messbar beitragen

Hinderungsgründe (Warum könnte Ihre Buyer-Persona glauben, dass Ihr Angebot nicht das richtige für ihn/sie ist?)

❏ Keine Zeit!!!
❏ Zweifel, ob es wirkt
❏ Kein Personal, das die Maßnahmen umsetzen könnte
❏ Ist das der richtige Dienstleister? Erfahrung, Kompetenz usw.

TIPP

Ein paar Tipps für die Erstellung Ihrer Buyer-Persona-Profile:
❏ Nutzen Sie alle Gelegenheiten, um mit Ihren Wunschkunden zu sprechen, weitere Informationen zu sammeln und Fragen zu stellen.
❏ Erstellen Sie Umfragen, um mehr über Ihre Wunschkunden zu erfahren.

❑ Wenn Sie etwas zum Download anbieten (Whitepaper, Checkliste usw.), fragen Sie die E-Mail und den Namen ab und stellen Sie eine oder zwei Fragen, die Ihnen helfen, das Profil zu vervollständigen.

❑ Definieren Sie einen «Persona-Paten», der die Belange Ihrer Wunschkunden in Meetings und Planungen vertritt.

Wenn Sie Ihre «Wunschkunden-Analyse» erstellt, also Ihre Buyer-Persona definiert haben, gibt Ihnen das Entscheidungshilfen für Ihre weiteren Marketing-Aktivitäten. Sie können überlegen, wie Ihre Wunschkunden suchen und welche Suchbegriffe sie benutzen. In nächsten Schritt sammeln Sie die Themen und Inhalte, die Ihre Persona(s) interessieren (Content-Marketing). Was wäre für diesen Kundentypus so wertvoll, relevant und attraktiv, dass er Ihnen im Tausch Namen und E-Mail geben würde? Wie müssten Sie kommunizieren, damit sich diese Buyer-Persona angesprochen und verstanden fühlt?

Wie können Sie diese Profilierung nutzen? Hier ein paar Beispiele:

❑ Für die Ansprache Ihrer Wunschkunden in Ihren Off- und Online-Medien

❑ Für die Konzeption Ihrer Webseite bzw. spezieller Seiten für Ihre Buyer-Persona(s)

❑ Für die Optimierung Ihres Webshops

❑ Für die Konzeption Ihrer Marketing-Kampagnen und Aktionen

❑ Für die Definition und Erstellung von Inhalten und Mehrwerten (Checklisten, Whitepaper, eBooks, Leitfaden usw.)

❑ Um Ihre Vertriebsmannschaft noch besser auf die Bedürfnisse Ihrer Wunschkunden einzustellen, um so ihre Verkaufsgespräche zu optimieren

❑ Um sich noch besser in Ihre Kunden «einzufühlen» und Ihre Produkte noch besser auf deren Bedürfnisse auszurichten

usw.

Natürlich müssen Sie sich nicht auf eine Buyer-Persona beschränken! Sie können mehrere «Personas» definieren und die entsprechenden Inhalte und Mehrwerte erstellen. Entscheidend ist aber, dass Sie jede Buyer-Persona entsprechend ihres Profils ansprechen und «behandeln». Auf Ihrer Webseite können Sie dafür z.B. auch einen «Slider» benutzen, der zuerst allgemeine Informationen und dann für die Ansprache von z.B. drei Buyer-Personas jeweils einen Bildschirm mit der entsprechenden Ansprache (Schmerzpunkte, Nutzen für diese Buyer-Persona usw.) zeigt.

«Die besten Ideen kommen mir, wenn ich mir vorstelle, ich bin mein eigener Kunde.» sagte einst CHARLES LAZARUS (Gründer von Toys'R'Us). Ob er das Persona-Konzept kannte und nutzte, kann ich nicht sagen. Ich finde aber, dass dieser Satz eine gute Leitlinie für Vertrieb und Marketing ist. Ganz sicher ist er das für die Erstellung Ihrer Wunschkunden / Buyer-Persona(s).

ERGEBNIS

Das Wichtigste in Kürze:

❑ Reduzieren Sie Ego-Posting in Ihrer Kundenkommunikation.

❑ Bauen Sie Empathie für Ihre Wunschkunden auf.

□ Optimieren Sie Ihre Leadmanagement-Aktivitäten «Persona-konform».
□ Übersetzen Sie Ihr Angebot in den Nutzen für Ihre Buyer-Persona(s).

Checkmap Buyer-Persona

In Bild 2.3 finden Sie eine Vorlage für Ihre Buyer-Persona-Profile als MindMap.

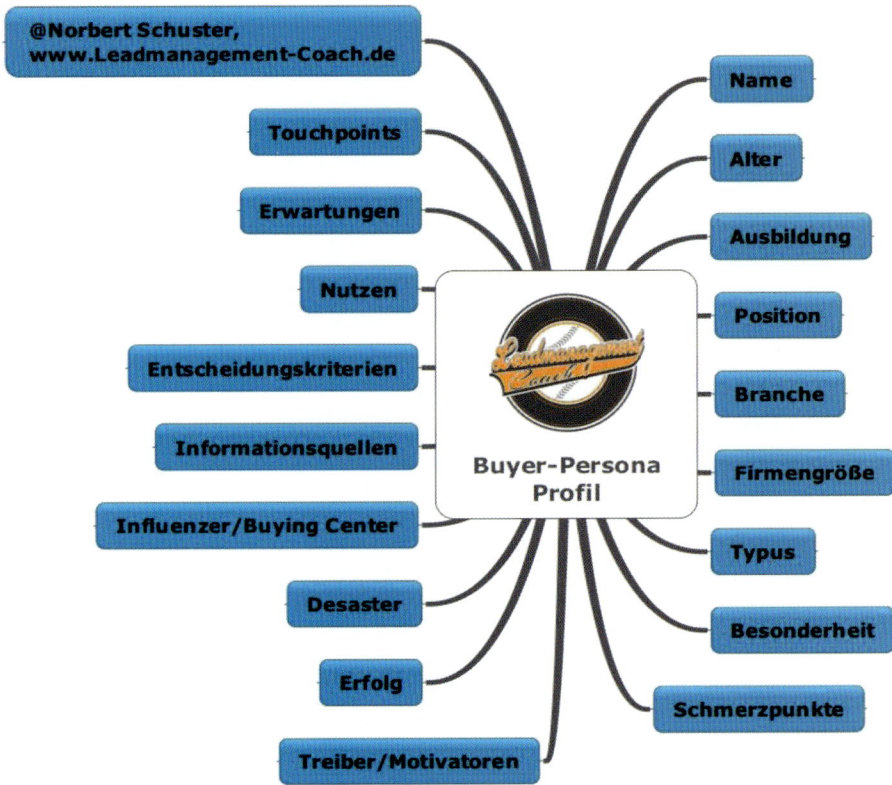

Bild 2.3

INTERNET

Diese Checkmap können Sie sich auch unter **www.leadmanagement-download.de** herunterladen. Dort finden Sie auch Informationen über das Leadmanagement-Workbook mit umfangreichen Checklisten für den gesamten Leadmanagement-Prozess.

2.4   Keyword-Strategie – Wie suchen Ihre Wunschkunden?

Nach der Definition Ihrer Wunschkunden gilt es jetzt zu überlegen bzw. zu recherchieren, wie Ihre Wunschkunden suchen und welche Keywords sie benutzen. Keywords sind die Schlüsselwörter bzw. Kombinationen von Schlüsselwörtern, die Ihre Buyer-Persona in eine Suchmaschine eingibt, um Informationen über Ihr Thema oder Ihre Produktsparte zu bekommen. Dieses Verhalten können Sie nutzen, um Ihre Webseite für diese Schüsselwörter zu optimieren und entsprechend relevante Inhalte und Mehrwerte zu erstellen. Das erhöht Ihre Chancen, im Internet von potenziellen Kunden gefunden zu werden, die nach diesen Schlüsselwörtern suchen. So steigern Sie die Anzahl und die Qualität der Besucher auf Ihrer Webseite. Leider ist es nicht einfach, genau die Schlüsselwörter zu ermitteln, mit denen potenzielle Kunden Ihre Webseite finden. Es gibt aber Möglichkeiten, herauszufinden, wie umkämpft einzelne Schlüsselwörter sind.

Wissen Sie, mit welchen Suchbegriffen Ihre Kunden bisher gesucht haben, um Sie zu finden? Können Sie sich vorstellen, wie viele potenzielle Kunden Sie schon verloren haben, weil Sie mit deren Suchbegriffen nicht gefunden wurden? Nach der Definition Ihrer «Buyer-Personas» kennen Sie ihre Schmerzpunkte und wissen, was sie beschäftigt. Jetzt ist es wichtig herauszufinden, mit welchen Suchbegriffen bzw. Kombination von Suchbegriffen Ihre Buyer-Persona(s) in diesem Kontext suchen. Für Ihre Keyword-Strategie ist es wichtig, die Begriffe zu finden, die Ihre potenziellen Kunden (Buyer-Personas) für die Suche eingeben. Das können die Begriffe sein, die Sie, Ihre Mitarbeiter, Ihre Kollegen, Ihr Wettbewerb und Ihre ganze Branche nutzen. Aber sind das auch die Begriffe, die Ihre potenziellen Interessenten bzw. Wunschkunden nutzen? Das können die gleichen sein, oft sind es aber andere.

Allgemeine Schlüsselwörter

Allgemeine Keywords wie «Marketing», «Social Media» oder «CRM» sind sehr begehrt und hart umkämpft. Viele Anbieter möchten mit diesen Begriffen gefunden werden. Daher wird es schwierig für Sie werden, wenn Sie mit zu allgemeinen Schlüsselwörtern gefunden werden möchten. Generell kann man sagen: Je spezieller Ihr Themengebiet und Ihre Schlüsselwörter sind, desto leichter wird es sein, dafür eine gute Suchmaschinen-Platzierung zu erreichen.

Kennzeichen von allgemeinen Schlüsselwörtern wie z.B. «Pumpe» sind:

❑ Die Beschreibung ist generell.
❑ Sie haben ein hohes Suchvolumen.
❑ Sie sind beliebt und hart umkämpft.
❑ Es ist schwierig, eine gute Position in der Suchmaschinen-Platzierung zu erreichen.
❑ Sie sind meist nicht sehr relevant für die Lead-Konvertierung.

Long-Tail-Schlüsselwörter

Denken Sie über Kombinationen von Schlüsselwörtern nach. Zum Beispiel: «Weiterbildung Lead Management Consultant Frankfurt» oder «Adressverwaltung Software Maschinenbau».

DEFINITION

Der Begriff «the Long Tail» (der lange Schwanz bzw. lange Ausläufer) basiert auf den Theorien von MALCOLM GLADWELL, nach denen durch die große Reichweite des Internets auch Nischenprodukte Gewinn erzielen können bzw. auch Suchen mit mehreren Suchbegriffen ein ausreichend großes Suchvolumen erreichen können. Im Kontext von Schlüsselwörtern beschreibt der Begriff Keyword-Kombinationen mit mehreren Suchbegriffen.

Long-Tail-Begriffe sind gekennzeichnet durch:

❑ eine detailliertere Beschreibung mit mehreren Suchbegriffen,
❑ ein geringeres Suchvolumen,
❑ weniger Wettbewerb.
❑ Es ist einfacher, eine gute Suchmaschinen-Platzierung zu erreichen.
❑ Obwohl weniger Menschen danach suchen, ist in der Regel die Konvertierungsrate besser.

Erstellen Sie eine Liste mit Schlüsselwörtern, die für Ihre Buyer-Persona relevant sind. Wie suchen potenzielle neue Interessenten nach Ihrem Angebot? Wahrscheinlich wird das nicht Ihr Markenname sein. Überlegen Sie sich stattdessen, mit welchen Begriffen oder Begriffskombinationen man Ihr Unternehmen und die angebotenen Leistungen charakterisieren könnte. Wählen Sie Keywords nach Schwierigkeit und Relevanz aus. Wichtige Indikatoren für die Wahl Ihrer Schlüsselwörter sind:

Suchvolumen

Wie oft wird nach dem Schlüsselwort bzw. der Wortkombination gesucht? Dieser Parameter gibt Ihnen Aufschluss darüber, ob sich eine Optimierung für diesen Begriff überhaupt lohnt.

Schwierigkeitsgrad

Wie schwierig ist es, für das jeweilige Schlüsselwort eine gute Suchmaschinenplatzierung zu erreichen? Wie umkämpft ist das jeweilige Schlüsselwort?

Relevanz

Wie relevant ist das jeweilige Schlüsselwort für Ihr Business?

Wie gesagt ist es schwierig, für allgemeine Schlüsselwörter wie «Seminar» oder «CRM» in der Suchmaschinenpositionierung nach vorne zu kommen. Daher ist es besser, weniger umkämpfte und spezifischere Schlüsselbegriffe zu wählen. Suchen Sie die richtige Mischung zwischen Suchvolumen, Relevanz und Schwierigkeitsgrad. Testen Sie dazu verschiedene Begriffe und Begriffskombinationen. So finden Sie heraus, welche am besten funktionieren.

Wie Sie mehr über Ihre Schlüsselwörter erfahren können:

INTERNET

- ❑ Vielleicht gibt es in Ihrem Unternehmen schon ein SEO-Projekt (Suchmaschinenoptimierung) oder eine Webseiten-Analyse. Fragen Sie Ihren Webmaster oder Ihre Webseiten-Agentur.
- ❑ Tragen Sie einen Begriff in die Suchmaschine ein und prüfen Sie die Vorschläge, die Sie von der Suchmaschine zu Ihrem Begriff erhalten. → Google Suggest
- ❑ Nutzen Sie eines der Tools für Keyword-Recherche. Z.B.:
  - – Linkbird **www.linkbird.com/de/**
  - – Google Trends **www.google.de/trends/**
  - – Keyword-Datenbank von Rankingcheck
    www.ranking-check.de/tipps-tools/seo-tools/keyword-datenbank/

TIPPS

- ❑ Konzentrieren Sie sich auf die «low hanging fruits», also die Begriffe, die ein hohes Suchvolumen und einen niedrigen Schwierigkeitsgrad aufweisen.
- ❑ Entfernen Sie «schwierige» Begriffe oder wandeln Sie sie in «Long-Tail-Begriffe» um.
- ❑ Keyword-Optimierung ist ein andauernder Prozess.
- ❑ Nutzen Sie Ihre Keywords und Keyword-Kombinationen auf Ihrer Website, Ihrem Blog usw.
- ❑ Schreiben Sie aber trotzdem immer für Ihre Leser bzw. Buyer-Persona(s), nicht für die Suchmaschinen! Versuchen Sie am besten gar nicht erst, die Suchmaschinen auszutricksen.

Checkmap Keyword

Hier finden Sie eine Vorlage für Ihre Keyword-Recherche als MindMap.

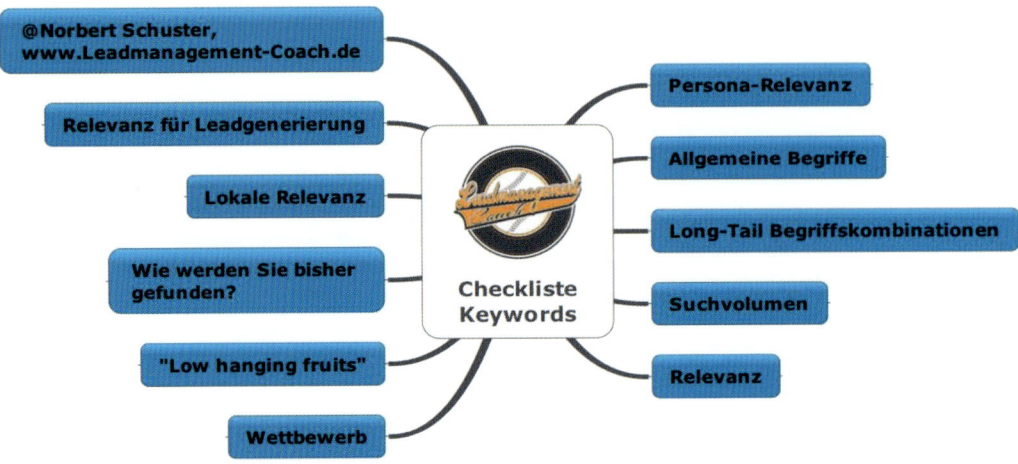

Bild 2.4

INTERNET

Diese Checkmap können Sie sich auch unter **www.leadmanagement-download.de** herunterladen.

2.5 Inhalte und Mehrwerte – Content-Marketing

Entscheidend für erfolgreiches Leadmanagement sind Inhalte und Mehrwerte, die für potenzielle Interessenten – Ihre Buyer-Persona(s) – relevant und hilfreich sind. «Was soll ich denn nur schreiben? Welche Mehrwerte kann ich erstellen?» Diese Fragen höre ich oft von meinen Kunden. Es ist gar nicht so schwierig, wie es sich im ersten Moment darstellt. Überlegen Sie, was Ihre potenziellen Kunden bewegt. Welche Probleme haben sie? Welche Fragen treiben sie um? Wie können Sie ihnen eine Hilfestellung geben oder ihnen die Situation erleichtern? Egal, ob man ein Haus bauen möchte oder ein Walzwerk, eine elektronische Steuerung oder eine Hydraulikpumpe sucht: Immer gibt es Informationen, die bei der Problemlösung und der Auswahl helfen können.

Hier finden Sie ein paar Ideen für Themen, über die Sie schreiben können:

☐ Die Schmerzpunkte aus Ihrem Buyer-Persona-Profil
☐ Welche Probleme haben Menschen, die Ihr Produkt bzw. Ihre Lösung benötigen? Schreiben Sie über die Probleme und Lösungsansätze.
☐ Die «Dos» and «Don'ts» für Ihre Themen
☐ In 10 Schritten zum erfolgreichen ...
☐ Die Funktionen Ihres Produktes
☐ Welche Fragen stellen Interessenten und Kunden immer wieder? FAQs (**F**requently **A**sked **Q**uestions) → Fragen Sie Ihre Kollegen aus dem Service bzw. Support.
☐ «How to ...» – Schreiben Sie, wie man eine Problemstellung Ihres Bereiches löst.
☐ Schreiben Sie über gesetzliche Aspekte, Auflagen oder Vorschriften.

- ❏ Anwenderbericht
  - – Welche Herausforderungen hatte der Kunde/Anwender?
  - – Warum hat sich der Kunde für Sie entschieden?
  - – Wie setzt er Ihre Lösung ein?
  - – Welche Ergebnisse und Erfolge konnte er mit Ihrer Lösung erzielen?
  - usw.
- ❏ Die technische Hintergründe Ihrer Lösung
- ❏ Ein Briefing für den Start eines Projektes
- ❏ Tools und Werkzeuge
- ❏ Neue Produkte bzw. Funktionen
- ❏ Trends in Ihrer Branche
- ❏ Analysen, Reports, Forschungsergebnisse usw.
- ❏ Interessante Events, Konferenzen, Vorträge usw.
- ❏ Etwas «Freches» oder Provokantes:
  - – «Wie Sie Ihr ERP-Projekt garantiert gegen die Wand setzen.»
  - – «Was ein Ehekrach mit Ihrem Outsourcing-Projekt gemeinsam hat.»
- ...

Ideal ist es, wenn Sie Content-Reihen aufbauen können. Teilen Sie dazu große Themenblöcke in einzelne Module auf und platzieren bzw. versenden Sie diese in regelmäßiger Frequenz (alle 14 Tage, einmal im Monat ...). So bieten Sie Ihren Lesern Mehrwerte in «verdaubaren» Portionen an und sie freuen sich auf die nächsten Folgen. Jede Content-Portion gibt Ihnen dazu noch die Möglichkeit, die Interessen Ihres Leads besser kennen zu lernen und noch mehr Informationen abzufragen. Mehr dazu erfahren Sie in Abschnitt 4.3 «Progressive Profiling».

Fast jeden Tag passiert etwas Neues in Ihrem Unternehmen. Ganz sicher können Sie auch aus diesen Anlässen Themen für Ihr Content-Marketing ableiten:

- ❏ Was gibt es Neues aus Ihrem Hause?
  - – Neues Produkt
  - – Neue Erkenntnisse
  - – Neuer Mitarbeiter
  - – Neuer Kunde / Kundenprojekt
  - – Neue Lösung
  - – Neues Produktionsverfahren
- usw.
- ❏ Ihre Stellungnahme zu aktuellen Ereignissen
  - – Politik
  - – Weltmarkt
  - – Technologie
- usw.
- ❏ Events / Messen / Roadshows
- ❏ Gesetzliche Änderungen
- ❏ Interview mit Mitarbeitern, Kunden oder Partnern
- ❏ Neue Funktion Ihrer Lösung
- ❏ Jubiläum
- ❏ Umfragen
- ❏ Analysen / Report
- ❏ ...

Content-Erstellung ist nicht gerade unaufwendig. Wenn Sie Inhalte erstellt haben, sollten Sie sie so effizient wie möglich nutzen und sie in mehreren «Darreichungsformen» anbieten. Überlegen Sie dazu, wie Sie die einmal erzeugten Inhalte in andere Formate adaptieren können. Mögliche Content-Formate sind:

- ❑ Blog-Artikel
- ❑ XING/LinkedIn-Gruppenbeitrag oder Newsletter
- ❑ Pressemeldung
- ❑ Checkliste / Leitfaden
- ❑ Webinar
- ❑ eBook / Buch
- ❑ Whitepaper
- ❑ Präsentation
- ❑ Testimonial / Referenz
- ❑ Newsletter
- ❑ Video (Webcast, Interview, Screencast ...)
- ❑ Umfragen
- ❑ Analysen
- ❑ App
- ❑ Podcast
- ❑ ...

Eine besondere Bedeutung bei der Content-Erstellung kommt der Überschrift bzw. dem Titel Ihrer Medien zu. Titel und Überschrift sollen Ihren potenziellen Leser / Neukunden dazu animieren, das angebotene Medium lesen zu wollen. Nutzen Sie bei der Konzeption Ihrer Blogüberschriften oder der Titel Ihrer Whitepaper:

- ❑ die Schmerzpunkte Ihrer Buyer-Persona(s)
  z.B. «Wie Marketingleiter mehr Leads für Ihren Vertrieb generieren»,
- ❑ die Motivation und Aufgabenstellungen Ihrer Buyer-Persona(s)
  z.B. «Wertstoffe verlustfrei destillativ trennen? So geht's»,
- ❑ etwas Kurioses oder Provokantes
  z.B. «Wie Sie Ihr nächstes internationales IT-Projekt garantiert gegen die Wand fahren»,
- ❑ einen Bezug zu einem völlig themenfremden Thema
  z.B. «Wie Luke Skywalker CRM-Systeme einführen würde».

Hier finden Sie ein paar Beispiele von Content-Elementen, die ich für mich und meine Kunden erstellt habe:

- ❑ Whitepaper: «Status quo Leadmanagement 2014 in Deutschland»
- ❑ Blog-Artikel: «Das Wählscheibentelefon des digitalen Zeitalters»
- ❑ Blog-Artikel: «Fahrbericht Mercedes-Benz GLA (X156) – Der Hirsch, Rapunzel & ein SUV im Praxistest»
- ❑ Whitepaper: «Next Level – E-Mail-Marketing – Vom E-Mail-Marketing zum Leadmanagement»
- ❑ Blog-Artikel: «V wie Victory – die neue Mercedes-Benz V-Klasse (W447) fährt vor»
- ❑ Blog-Artikel: «Corporate Fashion – die textile Ausprägung Ihrer Unternehmensidentität»

❑ Webseiteninhalt: «Steckt Ihr Unternehmen in der Krise?»
❑ Whitepaper: «Marketing Measurement – was wichtig ist und was Sie messen sollten»
❑ eBook: «Wegweiser für professionellen IT-Support»
❑ eBook: «Leadgenerierung mit der Wasserloch-Strategie®»
❑ eBook: «C.S.I Wunschkunden – das Buyer-Persona Konzept im Leadmanagement»
❑ eBook: «Mehr und bessere Interessenten für IT- und Industrie-Unternehmen»

INTERNET

Denken Sie doch auch einmal über «benutzergenerierten Inhalt» (usergenerated Content) nach. So ein Projekt habe ich z.B. zusammen mit www.miplets.de für das Thema Inbound-Marketing realisiert. Unter **www.inbound-marketing-check.de** fordere ich die Besucher der Seite auf: «**Investieren Sie 5 Minuten und testen Sie mit dem Inbound-Marketing Check, ob Sie reif für Inbound-Marketing und die Wasserloch-Strategie sind.**»

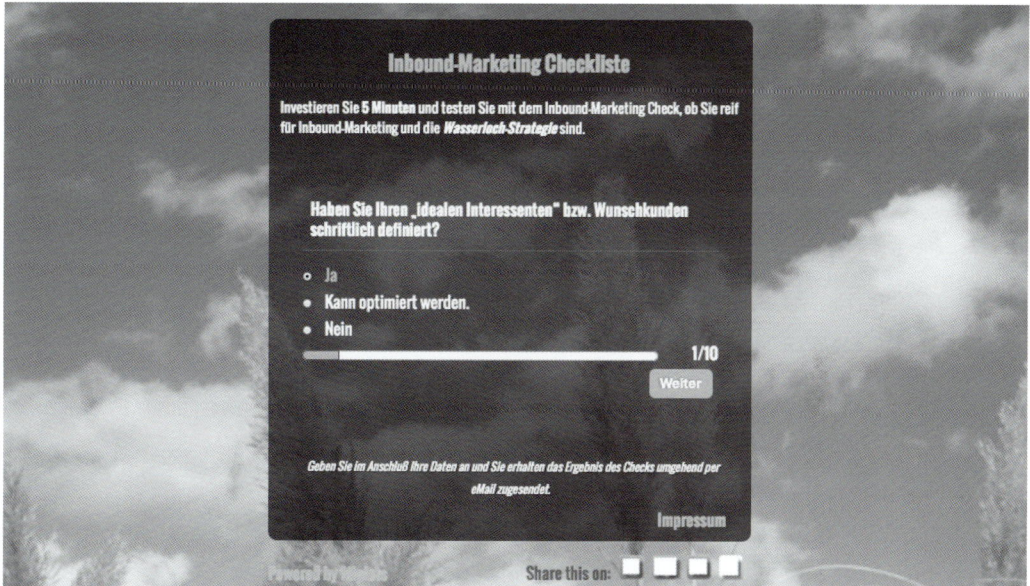

Bild 2.5

Ich habe mir zehn Fragen zum Einsatz von Inbound-Marketing ausgedacht und jeweils für die Antworten «Ja» und «Nein» einen entsprechenden Text erstellt.

BEISPIEL
Frage 1/10:
Haben Sie Ihren «idealen Interessenten» bzw. Wunschkunden schriftlich definiert?

Antwort: Nein

Die Basis für erfolgreiche Leadgenerierung ist die Definition des «idealen Interessenten». Wenn Sie nicht exakt definieren, welche Art von Interessenten Sie generieren möchten, werden Sie das volle Potenzial von Inbound-Marketing nicht ausschöpfen. Nutzen Sie das Persona-Konzept, um Ihre Wunschkunden zu definieren. Mehr zum Persona-Konzept finden Sie im kostenlosen eBook: «C.S.I Wunschkunden – Das Persona-Konzept im Inbound-Marketing» [http://www.strike2.de/landing/ebook-persona/]

Wie sieht so ein Persona-Profil aus? Welche Informationen sollten Sie über Ihre Wunschkunden zusammenstellen?
- ❏ *Wählen Sie für Ihre Persona am besten einen Menschen, der als Platzhalter für Ihren Wunschkunden fungieren kann. Das kann ein existierender Mensch oder eine Kunstfigur (Kurt Konstrukteur) sein.*
- ❏ *Nutzen Sie seinen Namen und ein Bild.*
- ❏ *Welche Positionen hat diese Persona typischerweise inne?*
- ❏ *Der Verantwortungsbereich Ihrer Persona?*
- ❏ *Welchem «Typus» entspricht Ihr Wunschkunde?*
  - *– Dominanz (Konkurrenz, Verdrängung, Macht usw.)*
  - *– Stimulanz (Exploration, Entdeckung, Neugier usw.)*
  - *– Balance (Sicherheit, Stabilität usw.)*
  - *– Analyse (Zahlen, Daten, Fakten usw.)*
- ❏ *Welchen «Schmerz» hat Ihre Persona? Was treibt sie an?*
- ❏ *Wo und wie informiert sich Ihre Persona?*
- ❏ *Wo und wie sucht sie nach Produkten und Dienstleistungen?*
- ❏ *Wie gestaltet sich der Kaufprozess der Persona für Ihr Angebot?*

Antwort: Ja

«Die schriftliche Definition des «idealen Interessenten» ist ein wichtiger Schritt für die erfolgreiche Leadgenerierung. Werfen Sie doch mal einen Blick auf das Persona-Konzept. Vielleicht können Sie damit Ihre Definition noch etwas verfeinern. Mehr zum Persona-Konzept finden Sie im kostenlosen eBook: «C.S.I Wunschkunden – Das Persona-Konzept im Inbound-Marketing» http://www.strike2.de/landing/ebook-persona/
Tipps zur Wunschkunden-Definition:
- ❏ *Sprechen Sie die Sprache Ihrer Persona.*
- ❏ *Übersetzen Sie Ihr Angebot in Nutzen für Ihre Wunschkunden.*
- ❏ *Bestimmen Sie einen Paten für Ihre Wunschkunden, der alle Marketingaktivitäten auf Relevanz für Ihre Wunschkunden überprüft.*
- ❏ *Nutzen Sie alle Gelegenheiten, um das Profil Ihrer Wunschkunden weiter zu verfeinern → Kundengespräche, Messen usw.*

Wenn Sie in Ihrer Buyer-Persona-Profilierung auch die Influenzer Ihres Wunschkunden definiert haben, können Sie Content-Elemente auch in verschiedenen «Sprachen» verfassen. Den Ursprungsinhalt haben Sie für Ihren Wunschkunden verfasst. Übersetzen Sie diesen Inhalt doch jetzt auch noch für die Influenzer des Wunschkunden. Sie schreiben dazu über den gleichen Sachverhalt, beleuchten aber Aspekte anders oder stellen andere Aspekte besonders heraus:
- ❏ *die technischen Aspekte des Themas für die Technik- bzw. IT-Abteilung,*
- ❏ *eine vereinfachte Zusammenfassung mit den Business-Aspekten für die Geschäftsleitung,*

❑ *die monetären Aspekte für den Einkauf bzw. das Controlling*
usw.
Damit vereinfachen Sie Ihrem «Erstkontakt» den Recherche- und Entscheidungspro-
zess. Er muss Ihre Ursprungsinhalte nicht selbst für seine Influenzer aufbereiten. Das
spart ihm Zeit und Sie gehen sicher, dass alle Aspekte in Ihrem Sinne beleuchtet und
transportiert werden. Außerdem erreichen Sie so schon in einer frühen Phase des
Kaufprozesses eine Bindung zu Ihrem potenziellen Neukunden.
Platzieren Sie Ihre Inhalte und Mehrwerte so, dass sie von potenziellen Kunden mit-
hilfe von Suchmaschinen gefunden werden:
❑ *auf Ihrer Webseite,*
❑ *in Ihrem Firmen- oder Themen-Blog,*
❑ *in Ihren Social-Media-Kanälen,*
❑ *in Ihren Pressemeldungen,*
❑ *bei Ihren Offline-Aktivitäten – Messen, Flyer, Anzeigen usw.,*
❑ *in Fach- bzw. Branchenportalen,*
❑ *in den verschiedenen Lead-Nurturing-Stufen*
usw.

Beantwortet der Webseitenbesucher die Fragen und trägt seine Daten (Name, E-Mail, Opt-in) ein, erhält er eine entsprechende Auswertungsdatei (PDF) mit Empfehlungen für den Einsatz von Inbound-Marketing. Dieser Inhalt ist natürlich nicht direkt von den Besuchern selbst generiert worden, er wird aber entsprechend den Antworten der Seitenbesucher zusammengestellt.

Nutzung von Inhalten

Bitte bedenken Sie dabei aber, dass nicht jeder Content in jedem Stadium des Lead-Prozesses sinnvoll ist. Oder um es konstruktiver auszudrücken: Bestimmte Formen von Inhalten und Mehrwerten sind für bestimmte Stufen im Kaufprozess bzw. Verkaufstrichter besonders gut geeignet.

Zum Beispiel: in der frühen Stufe des Kaufprozesses; die Amerikaner nennen diese Phase auch «**T**op **o**f the **fu**nnel (ToFu)». In dieser Phase geht es darum, die Aufmerksamkeit des Interessenten zu erlangen:

❑ Ihre Persona fragt sich: Was benötige ich?
❑ Wie ist Ihre Antwort auf diese Frage?
❑ Was bieten Sie dem Interessenten in dieser Phase an? Geeignet für diese Phase sind:
  – Checklisten
  – eBooks
  – Whitepaper
  – Anleitungen
  – Produkt-Spezifikationen
  – Datenblätter
  ...
❑ Welches Ziel verfolgen Sie: Gefunden werden und informieren

Die mittlere Stufe im Kaufprozess «**M**iddle **o**f the **fu**nnel (MoFu)» in der Ihre Wunschkunden die gefundenen Lösungen bewerten:

❑ Ihre Persona fragt sich: Warum sollte ich bei Ihnen kaufen?

❑ Wie ist Ihre Antwort in dieser Phase?

❑ Was bieten Sie dem Interessenten in dieser Phase an? Geeignet für diese Phase sind:
  – Webinare
  – Factsheets
  – Informationsgespräch

  ...

❑ Welches Ziel verfolgen Sie: Vertrauen aufbauen, Kompetenz zeigen

In der letzten Stufe des Kaufprozess «**B**ottom **of** the **fu**nnel (BoFu)». Diese Inhalte bereiten den Verkauf vor und unterstützen den Vertrieb bei der Qualifizierung des Interessenten und beim Abschluss:

❑ Ihre Persona fragt sich: Warum sollte ich jetzt kaufen?

❑ Wie ist Ihre Antwort in dieser Phase?

❑ Was bieten Sie dem Interessenten in dieser Phase an? Geeignet für diese Phase sind:
  – kostenlose Proben
  – Testversionen
  – Demos
  – Gutscheine

  ...

❑ Welches Ziel verfolgen Sie: Überzeugen, Angebot, Abschluss

www

INTERNET

Am besten setzen Sie sich mit Marketing und Vertrieb zusammen und sammeln Content-Ideen für Ihre jeweilige Buyer-Persona. Ich nutze für das Brainstorming und das Sammeln von Ideen gerne eine Mind-Mapping-Software (z.B. Mindjet Mind Manager **http://www.mindjet.com/de/**) und trage in einem Brainstorming-Workshop alle Ideen – erst einmal ohne Bewertung und Priorisierung – zusammen. Sie können aber auch eine andere Kreativitätstechnik nutzen. Erstellen Sie z.B. eine Liste mit den Buchstaben von A bis Z und überlegen Sie zu jedem Buchstaben, was Ihren Wunschkunden mit dem jeweiligen Anfangsbuchstaben interessieren könnte. Zum Beispiel:

❑ **A**   Wie man **A**ntriebselemente richtig dimensioniert.

❑ **B**   **B**udgetverhandlungen erfolgreich durchführen.

❑ **C**   Wie man **C**alls-to-action richtig platziert.

...

❑ **K**   Wie man mit **K**urzweg-Destillation Wertstoffe destillativ trennen kann.

...

❑ **X**   Wie Sie **X**ING erfolgreich für die Leadgenerierung einsetzen.

usw.

Nach der Sammlung können Sie die jeweiligen Ideen nach relevanten Kriterien bewerten:

❑ Für welche Buyer-Persona(s) ist dieser Content geeignet?

❑ Für welches Stadium im Kaufprozess der Buyer-Persona(s) ist der Content geeignet?

❑ In welchem Format (Artikel, Whitepaper usw.) bieten Sie den Inhalt an?

- ❏ Ist es ein Einzelartikel oder Teil einer Artikelreihe?
- ❏ Gibt es zu diesem Inhalt ein Download-Angebot? Was bieten Sie als Download an?
- ❏ Wie verbreiten Sie den Inhalt in den Social-Media-Plattformen? Wie «posten» bzw. «tweeten» Sie den Inhalt?
- ❏ Welche Hashtags (#) passen zu diesem Inhalt?
- ❏ Definieren Sie den Schwierigkeitsgrad der Generierung.
- …

Nach der Bewertung der Ideen sollten Sie sie in einen Redaktionsplan übertragen und so rollierend immer die nächsten 3 bis 6 Monate im Vorlauf planen. Wie Sie Ihre Inhalte und Mehrwerte nutzen, um gefunden zu werden und Ihre Leads bis zur Kaufreife zu entwickeln, erfahren Sie in den nächsten Kapiteln. Aber bevor Sie neue Inhalte erstellen, sammeln Sie erst einmal die Inhalte, die in Ihrem Unternehmen schon vorhanden sind (Content-Assessment). Auch wenn diese Inhalte nicht sofort für die Wunschkunden-relevante Ansprache bzw. Leadgenerierung geeignet sind, geben Sie Ihnen vielleicht Anhaltspunkte, wie Sie sie anpassen könnten. Nutzen Sie dazu am besten eine Tabelle. Tragen Sie dort Ihre bereits erzeugten Inhalte ein und markieren, ob und für welche Persona sie geeignet sind:

Haben Sie ein relevantes Content-Angebot für jede Buyer-Persona?

Inhalt	Persona 1	Persona 2	Persona 3	Persona ungeeignet
Inhalt A				
Inhalt B				
Inhalt C				
Inhalt D				
Inhalt E				
Inhalt F				

ERGEBNIS

Das Wichtigste in Kürze:
- ❏ Sammeln Sie auseichend Content-Ideen.
- ❏ Schreiben Sie für Ihre Wunschkunden.
- ❏ Erstellen Sie einen Redaktionsplan.
- ❏ Bleiben Sie am Ball und schreiben Sie regelmäßig.

3 Gefunden werden und Reichweite aufbauen

Ein wichtiger Teil Ihrer Leadmanagement-Strategie sind die Kanäle (Touchpoints), in den Sie aktiv werden und Ihre Inhalte bereitstellen bzw. verbreiten. Platzieren Sie Ihre Inhalte Persona-relevant und dort, wo sich Ihre Buyer-Persona bewegt und sich informiert. Ein optimales Ergebnis erzielen Sie, wenn Sie Inbound- und Outbound-Maßnahmen kombinieren. Wenn Sie heute Inbound-Marketing Maßnahmen starten, wird es etwas Zeit in Anspruch nehmen, bis sie ihre Wirkung zeigen und Sie die ersten Leads verzeichnen können. Je nach Thema, Wunschkunden und Umfeld kann das schon mal bis zu 6 Monate dauern, bis Sie Ergebnisse sehen. Mit den richtigen Outbound-Marketing-Maßnahmen können Sie unter Umständen schneller Erfolge erzielen. Ist das ein Widerspruch zu meiner Meinung über Outbound-Marketing in der Einleitung?

3.1 Next Level Outbound-Marketing

Wie oben beschrieben, stoßen Outbound-Marketing-Aktivitäten an ihre Grenzen, wenn sie im Ego-Posting-Modus betrieben werden. Nutzen Sie aber Ihr neu erworbenes Wissen, um Ihre Wunschkunden und deren Schmerzpunkte, können Sie auch Outbound-Marketing-Aktivitäten optimieren und so Ihre Erfolgsquote steigern.

Telefonische Kaltakquisition

Die telefonische Kaltakquisition hat meist das Ziel, direkt zu verkaufen oder einen Termin zu vereinbaren. Beide Ziele sind für einen Erstkontakt sehr hoch gesteckt und verlangen von der angesprochenen Person viel Engagement und Vertrauen. Gibt man der Kaltakquisition das Ziel, z.B. erst einmal nur ein kostenloses Whitepaper oder eBook anzubieten, ergeben sich daraus folgende Nutzen:

❑ eine niedrigere Einstiegsschwelle für den Angerufenen. Anstatt ein «Nein» zum Kauf oder einer Terminvereinbarung zu hören, erhalten Sie vielleicht ein «Ja» für Ihr Whitepaper- oder eBook-Angebot. So ist der Erstkontakt erfolgreich und Sie können den Interessenten mit weiteren Content-Angeboten bis zur Vertriebsreife entwickeln.
❑ Weniger Druck für den Call-Agent – er muss nicht mehr direkt verkaufen.
❑ Ihr Unternehmen bietet wertvolle Informationen und Mehrwerte und wird auch dementsprechend positiv vom Angerufenen wahrgenommen. Es ist eben ein großer Unterschied, ob jemand anruft, um direkt und unaufgefordert etwas zu verkaufen oder erst einmal «nur» hilfreiche Informationen anbietet.
❑ Nimmt der Angerufene das Angebot an, kann er durch Lead-Nurturing-Kampagnen zum Kunden weiterentwickelt werden.

Ähnliche Mechanismen und Nutzen lassen sich auch auf andere Push-Medien wie z.B. Serienbriefe oder Anzeigen übertragen.

Eine besondere Form der Kaltakquisition können Sie auch mit Tools betreiben, die Ihnen verraten, wer Ihre Webseite besucht hat. Solche Lösungen zeigen Ihnen, welche Firmenbesucher auf Ihrer Webseite waren. Sie erhalten Informationen wie:

❏ Firmennamen,
❏ PLZ / Ort / Land,
❏ Anzahl der Seitenaufrufe,
❏ Produkte und Dienstleistungen, für die sich der Besucher interessiert hat.

Mit diesen Informationen können Sie im Internet weitere Informationen über das Unternehmen recherchieren und in XING nachsehen, ob Sie Ansprechpartner des Unternehmens finden. Aber auch dieses Vorgehen hat nur eine Chance auf Erfolg, wenn Sie Ihre Wunschkunden (Buyer-Personas) kennen und für sie relevante Inhalte erstellt haben und anbieten. Ja nach Angebot, Kundenstruktur und Umfeld kann diese Form der Kaltakquisition eine gute Ergänzung für Ihre Leadgenerierungsmaßnahmen sein.

SEM – Suchmaschinen-Marketing

Für Suchmaschinen-Marketing kann man viel Budget «verbraten». Viele Anzeigen werden im Ego-Posting-Modus betrieben und der Suchende wird nach dem Anklicken auf die Startseite des Anbieters geleitet. Dort muss er selbst nach dem Angebot suchen, das die Anzeige offeriert hat. Hält das Ego-Posting den Suchenden vom Klicken ab, ist das noch die bessere Variante, da keine Kosten anfallen. Wird die Anzeige aber trotz Ego-Posting angeklickt und der Suchende verliert sich auf der Startseite des Anbieters, wird das Budget des Anbieters erfolglos belastet. Ergebnis: Sie haben Budget verloren, ohne das gewünschte Ergebnis zu erzielen. Mit dem Wissen der Buyer-Persona-Profilierung können Sie testen, ob Sie Suchmaschinen-Marketing auch effizient für Ihre Leadgenerierung einsetzen können.

Optimieren Sie Ihr Suchmaschinen-Marketing für Ihre Buyer-Persona(s):

❏ Sprechen Sie mit Ihren Anzeigentexten die Schmerzpunkte Ihrer Persona(s) an.
❏ Bieten Sie einen relevanten und hilfreichen Mehrwert (Checkliste, Analyse, Whitepaper usw.) an.
❏ Erstellen Sie eine spezielle Webseite, die nur eine einzige Aufgabe hat: Sie soll das Versprechen einlösen, das Sie im Anzeigentext Ihrem potenziellen Kunden gemacht haben. Auf dieser «Landing Page» fragen Sie die Daten und das Opt-in des Wunschkunden ab und geben ihm dann den Zugriff auf das offerierte Angebot.

Direktansprache in Communities (XING/LinkedIn)

Wenn Sie Ihre Wunschkunden kennen und sie definiert haben, können Sie im B2B-Bereich z.B. auch Plattformen wie XING oder LinkedIn nutzen, um diese Wunschkunden anzusprechen. Ähnlich wie bei Suchmaschinen-Marketing sprechen Sie den Schmerzpunkt Ihrer Buyer-Persona an und bieten einen relevanten Inhalt zum Download an. Im Unterschied zur Platzierung einer Anzeige in einer Suchmaschine sprechen Sie den potenziellen Interessenten einfach direkt per z.B. XING-Nachricht an. Details darüber erfahren Sie in Abschnitt 3.2.3 über Social Media. Der Download sollte dann wieder mit Hilfe einer speziell für diese Konvertierung erstellten Landing Page erfolgen.

3.2 Inbound-Marketing / Wasserloch-Strategie®

Sorgen Sie dafür, dass Sie von potenziellen Kunden gefunden werden. Wie das geht? In dieser Phase kommt meine Wasserloch-Strategie® zum Tragen.

Wasserloch-Strategie®

Was hat ein Wasserloch mit Neukunden zu tun?

Stellen Sie sich vor, Sie wären ein Fotograf und hätten den Auftrag, Elefanten in freier Wildbahn zu fotografieren. Was tun Sie, um diesen Auftrag zu erfüllen?

Sie können durch den Busch, die Savanne und den Dschungel laufen, bis Sie einen Elefanten gefunden haben. Dann haben Sie Aufnahmen von einem Elefanten.

Im übertragenen Sinne: Sie haben mit einer Outbound-Maßnahme (Kaltakquise & Co.) einen neuen Interessenten generiert. Der Nachteil: Wenn Sie weitere Elefanten fotografieren bzw. Interessenten gewinnen möchten, beginnt der Vorgang von vorn und Sie wissen nicht, ob Sie jedes Mal das Glück haben, einen Elefanten mit akzeptablem Zeitaufwand und Ressourcen-Einsatz zu finden. Vielleicht ahnen Sie schon die Auflösung der Wasserloch-Analogie. Statt auf die Suche bzw. «Jagd» zu gehen, können Sie dafür sorgen, dass die Elefanten zu Ihnen kommen. Die erfolgversprechendste Methode:

Sie bauen ein Wasserloch und sorgen dafür, dass die Elefanten den Duft des Wassers schnuppern. Sie können sogar noch Schilder mit einem großen blauen «W» aufstellen und so auf Ihr Wasserloch hinweisen. Das funktioniert bei dem großen gelben «M» eines bekannten Fastfood-Herstellers ja auch wunderbar.

Wenn Sie ein Wasserloch bauen möchten, müssen Sie sich zwar erst einmal um Themen kümmern, die vordergründig nichts mit Elefanten zu tun haben (Loch graben usw.), und Sie bekommen wahrscheinlich in den ersten Tagen auch noch keinen Elefanten zu Gesicht. Wenn Ihr Wasserloch aber fertig ist, sehen Sie jeden Tag Elefanten. Sie sehen kleine und große Elefanten. Sie sehen Elefanten in den verschiedensten Lichtstimmungen und in den verschiedensten Konstellationen. Evtl. werden Sie sogar feststellen, dass Ihr Wasserloch auch andere Tiere anzieht. Aber vielleicht kann man ja auch Bilder von Giraffen vermarkten?

Bild 3.1

Aber wie baut man so ein Wasserloch für die Leadgenerierung, also ein Interessenten-Wasserloch? Der Bauplan heißt Inbound-Marketing.

Was versteht man unter Inbound-Marketing?

Den Begriff «Inbound» kennt man im Zusammenhang mit Vertrieb und Call-Centern. Dort steht er für eingehende Anrufe, also Anfragen von Kunden zu Produkten oder Service-Themen. Aber was bedeutet «Inbound» im Zusammenhang mit Marketing? Inbound-Marketing ist eine Strategie bzw. eine Methode, die sich darauf fokussiert, von Interessenten gefunden zu werden und diese zu Kunden zu entwickeln. Die klassischen Marketing-Aktivitäten wie Mailings, TV-Werbung oder Telefon-Kaltakquisition basieren auf dem Outbound-Konzept. Sie stören bzw. unterbrechen den Empfänger, der sich sehr wahrscheinlich gerade gar nicht mit dem Thema der Marketingbotschaft beschäftigt. Die klassischen Outbound-Aktivitäten müssen Aufmerksamkeit erzeugen und einen Bedarf wecken. Denn mit hoher Wahrscheinlichkeit hat der Empfänger in diesem Moment auch noch keine akute Kaufabsicht. Jeder Anbieter möchte die Aufmerksamkeit von potenziellen Kunden für sich gewinnen. Immer mehr Aktivitäten werden gestartet und die Empfänger mit immer mehr Werbebotschaften überflutet. Das hat aber dazu geführt, dass diese Botschaften immer mehr und besser ausgeblendet werden. Noch mehr Sex, immer «noch billiger» und noch mehr «Geiz ist geil» hat sich abgenutzt. Die Werbebotschaften erreichen immer seltener die anvisierten Empfänger und verfehlen die gewünschte Wirkung.

Wie oben beschrieben, ist ein weiterer wichtiger Aspekt, der für Inbound-Marketing spricht, der durch das Internet veränderte Kaufprozess:

❑ Kunden möchten nur dann mit einem Verkäufer sprechen, wenn sie kurz vor der Kaufentscheidung stehen.
❑ 84% aller B2B-Käufe werden von einer Webseite beeinflusst!

Hier setzt die Inbound-Marketing-Methode an:

Die Inbound-Marketing-Methode nutzt das Internet, um potenziellen Kunden interessante Inhalte anzubieten, sie auf die eigene Webseite bzw. Landing Pages zu leiten und sie dort zu konvertieren. Entscheidend für den Erfolg von Inbound-Marketing sind die Definition der Ziel- bzw. Wunschkunden nach dem Buyer-Persona-Konzept und die Erstellung von Inhalten und Mehrwerten, die für die Wunschkunden relevant, attraktiv und hilfreich sind.

Gefunden werden

Was können Sie tun, um von potenziellen Kunden gefunden zu werden?

3.2.1   Firmen-Webseite

Ihre Webseite ist der zentrale Punkt aller Maßnahmen rund um das «Gefunden-werden». Sie sollte nicht nur für die «menschlichen» Besucher attraktiv sein, sie muss auch für die Suchmaschinen gut «lesbar» sein und relevanten Inhalt bieten. Wenn Sie Ihre Webseite optimiert haben und Sie die relevanten Schlüsselwörter für Ihre Wunschkunden

(Buyer-Persona) kennen, gilt es, diese Schlüsselwörter möglichst sinnvoll auf Ihrer Webseite, Ihrem Blog und in Ihren anderen Medien wie z.B. Online-Pressemeldungen, Gruppenartikel in XING und Tweets zu nutzen. Schreiben Sie aber bitte immer für Menschen und versuchen Sie bitte nicht die Suchmaschinen auszutricksen. Die Suchmaschinen legen immer mehr Wert auf relevante Inhalte, organisches Wachstum und Verlinkungen.

Webseiten-Optimierung / Suchmaschinen-Optimierung (SEO)

Wird Ihre Webseite von potenziellen Kunden gefunden? Da stellt sich nicht nur die Frage, ob Ihr Unternehmen eine (schöne) Internetseite hat, sondern viel wichtiger ist:

Erscheint Ihre Webseite in der Ergebnisliste der Suchmaschinen – möglichst an prominenter Stelle, mindestens aber auf Seite 1?

Das ist Ihr ganz persönlicher «Moment of Truth»!

Testen Sie doch einfach einmal selbst, wo Sie mit Ihrer Unternehmens-Webseite stehen. Geben Sie in einer Suchmaschine einen Suchbegriff ein, mit dem Sie von Ihren Wunschkunden gefunden werden möchten, z.B.:

❏ «CRM Software Test»,
❏ «Cabrio kaufen Aschaffenburg»,
❏ «Hydraulik Pumpe Papierpresse»,
❏ «Kundenverwaltung Maschinenbau».

Erscheint Ihre Unternehmensseite in der Suchergebnisliste? Es gibt nur eine positive Konstellation: Sie erscheinen in den Suchergebnissen, es ist Absicht und Sie wissen, warum Sie dort stehen.

Die nicht erstrebenswerten Konstellationen sind:

❏ Sie erscheinen zwar, aber es ist Zufall, und Ihr Wettbewerb könnte schon morgen vor Ihnen platziert sein!
❏ Sie erscheinen erst ab Seite 2 oder noch weiter hinten in den Suchergebnissen!
❏ Sie erscheinen gar nicht!

Der eine oder andere wird jetzt sagen: «Das machen wir doch schon, daran arbeiten wir ja bereits; nennt sich Suchmaschinen-Optimierung» (SEO = **S**earch **E**ngine **O**ptimization = die Optimierung Ihrer Webseite und deren Inhalte entsprechend den Kriterien von Suchmaschinen, wie z.B. Google). Keine Angst: Sie müssen kein SEO- oder Webseiten-Spezialist werden. Dafür gibt es Fachleute. Es ist aber hilfreich, wenn Sie die Grundlagen kennen und den Status Ihrer Webseite im Ansatz bewerten können. So fällt es Ihnen auch leichter, die Arbeit der Spezialisten zu beurteilen. Ziel von SEO ist es, dass Ihre Webseite auf der ersten oder einer der ersten Seiten der Suchmaschinen-Ergebnisse erscheint. Suchmaschinen versuchen immer, die relevantesten und aktuellsten Seiten zu einem Suchbegriff bzw. Kombination von Suchbegriffen anzuzeigen!

Suchmaschinen-Optimierung gliedert sich in zwei Bereiche: On-Page-SEO und Off-Page-SEO.

On-Page-Webseiten-Optimierung

On-Page-SEO bezeichnet die Maßnahmen, die Sie auf Ihrer Seite beeinflussen können, um die Platzierung und Darstellung Ihrer Webseiten-Inhalte für Suchmaschinen zu optimieren. On-Page-SEO-Maßnahmen beeinflussen zwar nur ca. $^{1}/_{4}$ des Erfolgs, es lohnt sich aber trotzdem, sie umzusetzen. In der Regel sind diese Maßnahmen recht einfach und unkompliziert umsetzbar.

Die wichtigsten Elemente der On-Page-Webseiten-Optimierung:

1. Seitentitel

Wenn Sie eine Webseite im Browser öffnen, sehen Sie den Seitentitel oben links oder je nach Browser in der Mitte in der Titelzeile. Dieser Text wird als Titel in den Suchergebnissen der Suchmaschinen angezeigt.

Ein paar Tipps, wie Sie mit Seitentiteln sinnvoll umgehen:

❑ Jede Ihrer (Unter-)Seiten sollte einen eigenen Seitentitel – entsprechend dem Inhalt der Seite – haben!
❑ Der Seitentitel sollte nicht länger als 70 Zeichen sein. Verwenden Sie längere Seitentitel, werden diese im Web-Browser und in den Suchergebnissen nicht mehr angezeigt.
❑ Platzieren Sie Ihre Schlüsselwörter im Seitentitel möglichst weit vorne.

2. Meta Description

Die Meta Description beschreibt den Inhalt Ihrer Webseite in den Suchergebnislisten der Suchmaschinen. Sie hat zwar keinen Einfluss auf die Platzierung der Seite in den Suchmaschinen, sie sollte den Suchenden aber neugierig auf Ihre Inhalte machen und ihn animieren, Ihre Webseite zu besuchen. Sie hilft dem Suchenden herauszufinden, ob das Ergebnis seiner Suche entspricht.

3. Überschriften

Suchmaschinen erwarten in den Überschriften, die wichtigen Schlüsselwörter Ihrer Webseite zu finden. Aus diesem Grund ist es natürlich sehr sinnvoll, Ihre Schlüsselwörter, wann immer es möglich ist, in Überschriften zu nutzen.

Aber Vorsicht: Zu viele Überschriften verwässern die Wertigkeit von Schlüsselwörtern in anderen Überschriften. Wenn Ihre Seite sehr «textlastig» ist, wie z.B. bei einem Blogartikel, dann nutzen Sie untergeordnete Überschriften (<h2> und <h3>-Tags) als Absatztitel.

4. Bilder

Bilder machen Ihre Webseite für Besucher interessanter. Sie verbessern das Nutzererlebnis auf Ihrer Seite. Beim Einfügen von Bildern sollten Sie Folgendes beachten: Nutzen Sie nicht zu viele Bilder und achten Sie auf eine «webkonforme» Dateigröße Ihrer Bilder! Je mehr Bilder Sie platzieren, desto länger dauert der Ladeprozess. Das beeinflusst das Nutzererlebnis und die Suchmaschinen-Optimierung negativ. Bilder können von Suchmaschinen nicht gelesen bzw. ausgewertet werden. Deshalb sollten Sie Bilder mit Texten verknüpfen. Das erreichen Sie mit dem «ALT Text»-HTML-Attribut. Damit können Sie ein Bild mit einem Text versehen und so für Suchmaschinen sichtbar machen. Wenn Sie Ihre Schlüsselwörter im Dateinamen verwenden, werden Ihre Keywords und die Bilder auch in der Bildersuche der Suchmaschinen berücksichtigt. Mit einem Bindestrich (-) trennen Sie Schlüsselwörter im Dateinamen.

5. URL-Struktur

Die URL ist die Webadresse Ihrer Internetseite. Zum Beispiel hat strike2 die URL: www. strike2.de. Die URL-Struktur einer Internetseite beschreibt, wie die URLs verbunden bzw. verlinkt sind. Die Optimierung der URL-Struktur ist leider eine der schwierigsten Aspekte bei der On-Page-Optimierung von Webseiten. Also definitiv eine Aufgabe für Spezialisten, die sich mit dem Content-Management-System oder der Programmierumgebung auskennen.

Webseiten-Tracking

Über den Zustand und die Attraktivität der einzelnen Seiten Ihrer Webseite geben Ihnen verschiedene Tools Auskunft. Das kostenlose Google-AnalyticsTM gibt z.B. Auskunft über die Anzahl der Seitenaufrufe und die durchschnittliche Verweildauer auf der Seite. Auch leistungsfähige Web-Analyse-Tools wie z.B. «econda», geben Ihnen Informationen über die Besucher Ihrer Webseite und deren Verhalten dort – wichtige Informationen, um Ihr Buyer-Persona-Profil zu vervollständigen und Erkenntnisse für Ihre weiteren Leadgenerierungs-Aktivitäten zu erlangen. Sie erfahren z.B.

❑ wie oft Ihre Webseite besucht wird,
❑ wie lange die Besucher verweilen,
❑ welche Schlüsselwörter und Kombinationen von Schlüsselwörtern Besucher Ihrer Seite in die Suchmaschinen eingegeben haben,
❑ welchen «Pfad» Ihre Webseiten-Besucher durch Ihre Seiten beschritten haben
u.v.m.

Vermeiden Sie «Keyword Stuffing»

Nach all diesen Ausführungen über Suchmaschinen-Optimierung und über die Relevanz von Schlüsselwörtern, könnten Sie auf den Gedanken kommen, Ihre Seiten ganz einfach nur mit Schlüsselwörtern zu füllen. So einfach ist es aber nicht. Zum einen wären die Besucher Ihrer Webseite nicht sehr begeistert über diese Inhalte. Die Suchmaschinen lassen sich auch nicht so einfach austricksen. «Suchmaschinen austricksen» ist generell keine gute SEO-Strategie!

Wie oben beschrieben, können Sie mit On-Page-SEO ca. $^1/_4$ der Suchmaschinen-Positionierung beeinflussen. Wie nehmen Sie Einfluss auf die restlichen $^3/_4$? Einen großen Einfluss auf die Platzierung Ihrer Webseite können Sie mit Links von anderen Webseiten oder Blogartikeln, die auf Ihre Webseite verlinken, erreichen. Diese Links nennt man *Inbound-Links* oder auch *Back-Links*. Je mehr Links von Seiten mit hoher Autorität und **Bezug zu Ihrem Thema** auf Sie verlinken, desto besser. Wie generieren Sie eingehende Links? Die Erstellung von wertvollem Inhalt ist ein guter Weg. Erstellen Sie wertvollen und interessanten Inhalt, auf den andere Webseiten verlinken möchten. Optimieren Sie Ihre Inhalte für Suchmaschinen und verteilen Sie sie über die Social-Media-Kanäle. Vielleicht gibt es für Ihr Geschäft ja auch Möglichkeiten der sinnvollen, thematischen Verlinkung. Je mehr inhaltlicher Bezug, desto besser! Plumpes «Ich linke zu Dir, wenn Du zu mir verlinkst.» ohne inhaltlichen

Bezug bringt aber relativ wenig. Im Gegenteil: Die letzten Änderungen der Suchmaschinen-Algorithmen lassen sogar «Penalties» (Bestrafung von Webseiten wg. Verstößen gegen die Webmaster-Guidelines) durch die Suchmaschinen-Anbieter vermuten.

INTERNET

Tipp: Webseiten-Optimierung

Nutzen Sie Webseiten-Checklisten aus Anhang A.1, um Ihre Webseite für die Ansprache Ihrer Buyer-Persona(s) zu optimieren. Diese Checkliste können Sie sich auch unter **www.leadmanagement-download.de** herunterladen.

Das Wichtigste in Kürze:

❏ Ihre Webseite darf gut aussehen, muss aber funktionieren, also konvertieren!
❏ Finden Sie die Schlüsselwörter, mit denen Ihre potenziellen Kunden nach Ihrem Angebot suchen!
❏ Optimieren Sie Ihre Webseite für Suchmaschinen und Ihre Buyer-Persona(s)!
❏ Erstellen Sie wertvollen und interessanten Inhalt, auf den andere Webseiten verlinken möchten.

Checkmap Webseite

Hier finden Sie eine Vorlage für Ihre Webseiten-Optimierung (Bild 3.2).

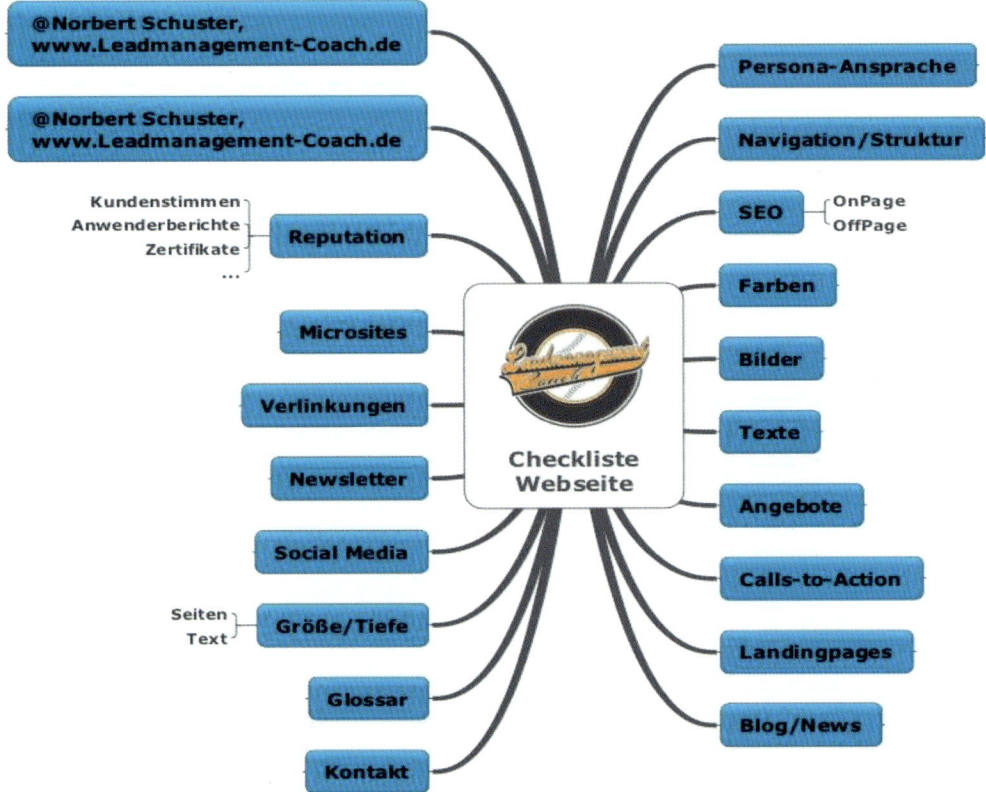

Bild 3.2

INTERNET

Diese Checkmap können Sie sich auch unter **www.leadmanagement-download.de** herunterladen.

Gastbeitrag SEO: TANJA KUHLMANN

SEO gestern – heute – morgen

Vor etwa zehn Jahren hat sich der Trend zur Verbesserung von Websites für Suchmaschinen zu einer Branche entwickelt, die heute hohe Umsätze in den verschiedensten Bereichen verzeichnen kann. Die Rede ist natürlich von der Suchmaschinen-Optimierung – SEO. Im Laufe der Jahre hat sich aber dieser Bereich, wie auch das Internet selbst, grundlegend verändert. Google hat seinen Marktanteil in Deutschland so weit ausgebaut, dass sogar Unternehmen wie Yahoo! oder AOL beim Thema «Suche im Internet» kaum eine Rolle spielen.

Sprechen wir also heute von Suchmaschinen-Optimierung in Deutschland, so ist damit hauptsächlich die Optimierung für Google gemeint.

Was bleibt aus den Anfängen von SEO?

Die Frage lässt sich relativ einfach beantworten: sehr wenig. Beinahe keine Methode, die in den Anfängen der Branche eingesetzt wurde, hat heute noch einen Effekt auf die SEO-Arbeit. Interessant ist es sicher, dass damals die Keywords die größte Rolle gespielt haben und Metatags unverzichtbar waren.

Eine sinnlose Aneinanderreihung von Keywörtern war über einen gewissen Zeitraum sehr beliebt – vor allem, weil solche überoptimierten Websites häufig auf den vorderen Plätzen bei Google erschienen. Dies hat sich insoweit verschoben, dass die Keyworddichte allein nicht zum guten Ranking führt, ganz im Gegenteil sich sogar negativ auswirken kann bis hin zur Abstrafung.

Weil die Erstellung von inhaltsleeren Beiträgen von vielen Website-Betreibern ausgereizt wurde, hat Google hier einen Riegel vorgeschoben.

Mehr Inhalt, weniger Technik – das moderne SEO

Über Jahre war man der festen Überzeugung, dass vor allem die Technik hinter SEO darüber entscheidet, wie gut eine Webseite gerankt ist. Natürlich haben die verschiedenen Techniken auch heute noch einen hohen Einfluss darauf, wie gut die eigene Webseite ist und wie hoch die Chancen gegen die Konkurrenz sind. Entwicklungen der letzten Jahre zeigen aber, dass Google vor allem durch Inhalte Rankings vornehmen möchte. Penguin und Panda waren dort in Sachen Updates deutliche Hinweise.

Es geht also nicht darum, ein Keyword möglichst oft einzusetzen, vielmehr sollte ein Keyword natürlich in den Text eingebaut werden. Die Suchergebnisse sollen den Suchenden die besten Inhalte bieten. «Texte mit Mehrwert für den Nutzer» und «natürliche Ankertexte» sind hier die Stichwörter.

Auch bei der Off-Page-Optimierung gewinnt Qualität klar vor Quantität. Ein hochwertiger Link von einer themenrelevanten Seite zählt heute mehr als Hunderte Links von Websites mit minderer Qualität.

Neutrale Suchergebnisse

Sehr viele Google-Suchende wissen jedoch nicht, dass ihre Suchanfragen gefiltert werden und Google daraus ein individuelles Profil erstellt. Das heißt, ein objektives Suchergebnis ist definitiv nicht mehr gegeben.

Wenn Sie zum Beispiel sehr häufig nach Ihrer eigenen Website suchen, erscheint diese nach relativ kurzer Zeit sehr weit vorne auf Seite 1. Dies ist aber nur Ihr ganz individuelles Suchergebnis, das in den meisten Fällen nicht der tatsächlichen Platzierung entspricht.

Wer relativ neutrale Suchergebnisse bei Google angezeigt bekommen möchte, sollte in seinem Browser den sogenannten Inkognito-Modus aktivieren wie folgt:

Im **Chrome Browser** klicken Sie oben rechts auf das Symbol mit den drei waagerechten Linien. Es öffnet sich ein Menü und Sie wählen «Neues Inkognito-Fenster» aus.
Sobald das Inkognito-Fenster aktiv ist, erscheint oben links im Chrome-Browser ein grauer Kopf mit Hut und Sonnenbrille.

Der schnellste Weg, den Inkognito-Modus in **Firefox** zu starten, geht über die Tastenkombination Strg + Umschalt (Shift) + P. Einen aktiven Inkognito-Modus bei Firefox erkennen Sie an dem Maskensymbol oben links im Browser.

SEO morgen – Ein Blick in die Zukunft

Es lässt sich nicht mit Gewissheit sagen, ob Google in Zukunft Marktführer bleiben wird. Aus diesem Grund sollten alternative Suchmaschinen immer im Blick behalten werden, allen voran Bing. Doch Vorsicht – auch bei Bing sind die Suchergebnisse personalisiert.

Und hier eine kleine Auswahl alternativer Suchmaschinen:

ixquick

Die Metasuchmaschine ixquick bezeichnet sich als diskreteste Suchmaschine, das heißt Privatsphäre wird hier groß geschrieben. Ich selbst nutze ixquick bereits seit über zehn Jahren und bin mit den Suchergebnissen sehr zufrieden.

DuckDuckGo

DuckDuckGo ist eine noch recht junge Suchmaschine und möchte möglichst neutrale Suchergebnisse liefern ohne Speicherung der IP-Adresse.

Ist Internet ohne Google möglich?

Erwähnenswert an dieser Stelle ist, dass aufgrund diverser Kritik an Google zum Beispiel in puncto Datenschutz und Sicherheit der Wunsch nach Google-Alternativen immer wieder aufflammt. Doch es sollte hier nicht beim Wunsch bleiben – jede Suchmaschine braucht auch Suchende. Folgen Sie zum Beispiel unserer Initiative und geben Sie als User die Richtung mit an (Video: elitestrategie.de/suchmaschinen).

Ein regelmäßiger Wechsel der Suchmaschine bringt auf jeden Fall frischen Wind in unsere SEO-Landschaft.

Tanja Kuhlmann ist seit 1998 online, dreht Filme fürs Web, baut Webseiten und betreut Kunden in allen Fragen rund ums Internet. elitestrategie.de

3.2.2 Blog

Der Begriff «Blog» ist die Kurzform von «Weblog». Weblog ist eine Wortkreuzung aus «WorldWideWeb» und «Log» (Logbuch). Ein Blog ist ein öffentliches, auf einer Webseite geführtes «Tagebuch». Ein Blog kann von einer Person oder einem Team betrieben werden. Der oder die Autoren schreiben über ein bestimmtes Thema (Social Media, Inbound-Marketing, Leadmanagement, CRM, Controlling, Management usw.) oder z.B. auch über eine Branche.

In ihren Artikel schreiben die Autoren

❑ über ihre Sicht der Facetten des Fachthemas,
❑ über ihre Meinung zu Themen, Produkten, Firmen, Vorfällen usw.,
❑ über einen aktuellen Sachverhalt,
❑ Analysen und Reports,
❑ andere Blog-Artikel

usw.

und verlinken in den Artikeln auf andere Webseiten, Blogs und weiterführende Informationen.

Die Artikel eines Blogs sind abwärts chronologisch sortiert – der aktuellste steht oben. Das Schöne an Blogs ist, dass sie, einmal aufgesetzt, quasi von jedem bedient werden können. Man muss kein Web-Spezialist oder Entwickler sein, um Artikel in einem Blog zu veröffentlichen.

Warum sollte man bloggen?

Mit einem Themen- oder Unternehmensblog platzieren Sie sich als Spezialist für Ihr Thema und beeinflussen Ihre Platzierung in den Suchmaschinen positiv. Damit sorgen Sie dafür, dass Sie von mehr qualifizierten Interessenten gefunden werden. Schreiben Sie für Ihre Wunschkunden über Ihr Fachgebiet und nutzen Sie die Schlüsselwörter, mit denen Ihre Wunschkunden suchen. Mit einem Blog können Sie sich als Experte für Ihr Fachgebiet platzieren. Menschen suchen heute im Internet in der Regel in Suchmaschinen, wenn sie sich für ein Thema interessieren und sich darüber informieren möchten. Ein aktiver Blog mit relevanten und wertvollen Inhalten hilft dem Autor dabei, in den Suchmaschinen gut positioniert und damit gefunden zu werden. Jeder Blog-Eintrag «vergrößert» die Webpräsenz und macht die Seite bzw. den Blog damit für Google interessanter. Je größer und aktueller die Seite, desto mehr vermutet Google, dort wertvolle Inhalte zu finden. Jeder Blog-Eintrag bietet Ihnen auch die Chance, Schlüsselwörter zu platzieren und dafür zu sorgen, dass Sie in den Suchmaschinen mit diesen Begriffen gefunden werden. Außerdem ist es viel einfacher, einen Blog-Eintrag mit den relevanten Schlüsselwörtern zu schreiben, als eine statische Seite auf der Homepage zu ergänzen und dafür eventuell sogar die Navigation zu ändern. Neben den Schlüsselwörtern und der Relevanz der Texte sind natürlich auch Links, die von anderen Stellen im Internet auf den eigenen Blog verlinken (Inbound-Links), sehr wichtig.

Der beste Weg, diese aufzubauen, ist, Ihren Blog mit interessanten Inhalten und wertvollen Angeboten zu füllen. Schreiben Sie über interessante Themen und bieten Sie den Lesern nützliche und hilfreiche Informationen. Information geht vor Werbung!

Welche Elemente hat ein Blog-Artikel?

Durch Blog-Plattformen wie WordPress ist das Publizieren von Inhalten im Internet einfacher geworden. Mit aktivem und regelmäßigem Bloggen können Sie dafür sorgen, dass Sie und Ihr Angebot online gefunden werden. Die meisten Blogging-Plattformen bieten Ihnen komfortable Funktionen für die Erstellung, Verwaltung und das Publizieren Ihrer Artikel.

Hier finden Sie eine Auflistung der Elemente von Blog-Artikeln:

Überschrift

❑ Die Überschrift sollte das Interesse Ihrer potenziellen Leser wecken.
   Versuchen Sie auch einmal eine Frage zu stellen oder etwas Kurioses, Provokatives zu platzieren.
❑ Bauen Sie Ihre Keywords in die Überschrift(en) ein.
❑ Das wichtige Schlüsselwort sollte möglichst weit vorne platziert sein.
❑ Länge: max. 70 Zeichen.

Artikel-Text

❑ Nutzen Sie Ihre Keywords authentisch.
❑ Gliedern Sie mit Absätzen und nutzen Sie Ihre Schlüsselwörter in den Kapitelüberschriften.
❑ Formatieren Sie den Text übersichtlich und gut lesbar.

Links

❑ Verwenden Sie Links zu weiterführenden oder ergänzenden Inhalten / Artikeln in Ihrem Blog oder auf Ihrer Webseite. Das können z.B. Links zu einem Glossar mit den Fachbegriffen Ihres Themas auf Ihrer Webseite sein.
❑ Verlinken Sie zu thematisch passenden älteren Artikeln in Ihrem Blog.

Call-to-action / Handlungsaufforderung

❑ Verwenden Sie Handlungsaufforderungen im Artikel und am Ende des Artikels.
❑ Platzieren Sie Handlungsaufforderungen in der Sidebar des Blogs.
❑ Verlinken Sie zu Landing Pages mit Download-Möglichkeit.

Bilder

- ❑ Platzieren Sie Ihre Keywords möglichst auch im Dateinamen der Bilder.
- ❑ Nutzen Sie Alt- und Titel-Tag für Ihre Keywords.

Videos

- ❑ Integrieren Sie Videos, z.B. von Ihrem YouTube-Videokanal.
- ❑ Nutzen Sie in YouTube Ihre Keywords im Titel, in der Beschreibung und in den Tags.
- ❑ Platzieren Sie in der Beschreibung der Videos Links auf Ihre Webseite oder Landing Pages.

Tags

- ❑ Verwenden Sie Kategorien, um Ihre Inhalte thematisch zu organisieren.

Meta Description

- ❑ Die Meta Description ist die Beschreibung des Blog-Artikels. Diesen Text sieht der Suchende in der Liste der Suchergebnisse. Wenn Sie die Meta Description nicht explizit definieren, nutzen die meisten Blog-Systeme den Anfangsbereich des Blog-Artikels. Dieser Text kann passen, in der Regel ist es aber besser, eine explizite Zusammenfassung für die Meta Description zu verfassen.

Tipps zum Thema Bloggen

- ❑ Erstellen Sie einen Redaktionsplan für Ihren Blog.
- ❑ Informieren Sie und bieten Sie interessante Mehrwerte.
- ❑ Bauen Sie Bilder und Videos in Ihre Blog-Artikel ein.
- ❑ Stellen Sie Fragen.
- ❑ Bauen Sie Spannung auf.
- ❑ Provozieren Sie Kommentare.
- ❑ Polarisieren Sie.
- ❑ Verlinken Sie auf ...
  - – Begriffe auf Ihrer Webseite,
  - – Landing Pages,
  - – Web-Präsenzen von Partnern,
  - – ein Glossar auf Ihrer Webseite,
  - ...
- ❑ Nutzen Sie die Blog-Roll, um auf Partner und «Freunde des Hauses» zu verlinken.
- ❑ Nehmen Sie Bezug und verlinken auf ältere Artikel in Ihrem Blog.
- ❑ Sorgen Sie dafür, dass Ihre Leser Ihre Blog-Beiträge per RSS-Feed abonnieren können.

Woran Sie beim Bloggen denken sollten

Schreiben Sie nicht werblich, sondern bieten Sie Fachwissen und interessante Neuigkeiten aus Ihrer Branche. Betrachten Sie Ihre Blog-Artikel wie Beiträge in einem Fachmagazin. Achten Sie dabei auf Ihre Schreibweise und Wortwahl. Schreiben Sie einfach und verständlich. Vermeiden Sie zu spezifische Begriffe, die nur Fachleute verstehen.

Was können Sie bloggen?

Zu welchem Thema möchten Sie sich positionieren? Zu welchem Thema möchten Sie gefunden werden? Das Thema Ihres Blogs sollte nicht Ihr Produkt oder Ihr Unternehmen sein! Widmen Sie sich einem Thema Ihrer Branche. Schreiben Sie über die Aufgabenstellungen, die Probleme und Herausforderungen, die Ihre potenziellen Kunden beschäftigen → Ihr *Buyer-Persona-Profil*.

Ein Tipp für den Start: Überlegen Sie sich, welche Fragen ein potenzieller Kunde stellt, und schreiben Sie dazu jeweils einen Artikel, der eine der Fragen beantwortet. Wenn Sie jede Woche über eine neue Frage schreiben, haben Sie ausreichend Inhalt für den Start.

Das Wichtigste in Kürze:

- ❏ Informieren Sie mehr als dass Sie werben.
- ❏ Achten Sie beim Bloggen auf die Konvertierung.
- ❏ Messen Sie, welche Ihrer Artikel am meisten Beachtung finden und am besten konvertieren.

Checkmap Bloggen

Hier finden Sie eine Checkliste fürs Bloggen (Bild 3.3).

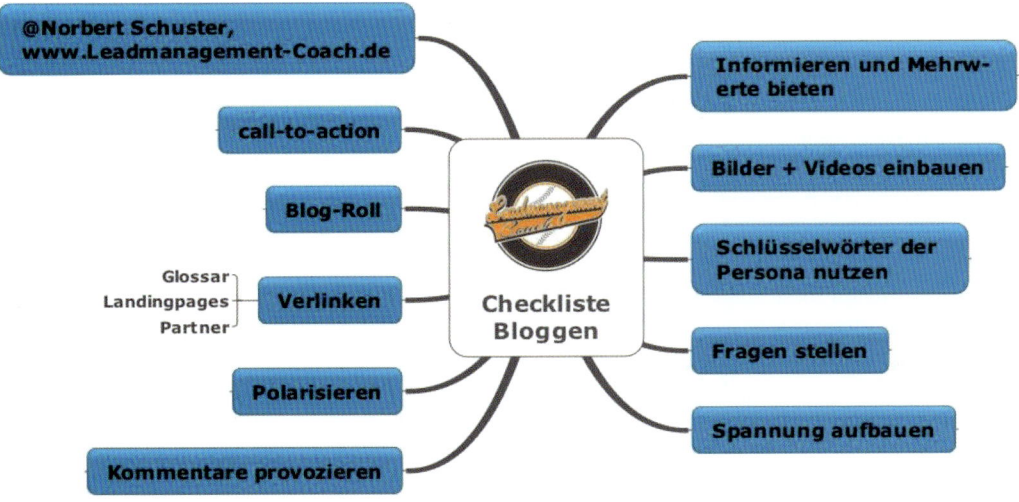

Bild 3.3

INTERNET

Diese Checkmap können Sie sich auch unter **www.leadmanagement-download.de** herunterladen.

Gastbeitrag Bloggen: *Markus Besch / Lars Kroll*

Nutzung von Blogs zum Vertrieb und Reputationsaufbau oder wie wir es in die Top 10 der deutschen Social-Media-Blogs schafften

Agenda

- Einleitung
- Bedeutung eines Blogs für den Vertrieb
- Bedeutung eines Blogs für die Reputation
- Tipps aus der Praxis
- Nutzen eines Blogs

Einleitung

Dieser Abschnitt erklärt nicht die Bedeutung des Begriffs Blog, vielmehr geht es hier um die praxisnahe Nutzung eines Blogs im Hinblick auf Vertrieb und Reputationsaufbau. Abgerundet wird dieser Beitrag mit einigen Best-Practice-Beispielen eines der deutschen Top10-Social-Media-Blogs (T3N, http://t3n.de/news/t3n-blogperlen-besten-deutschsprachigen-social-media-blogs-550332/). Wie wir das geschafft haben, werden wir mit wertvollen Praxistipps ausführen.

Der Aufbau eines Blogs bedeutet Planung, Arbeit, Ressourcen, Überwachung, Pflege, … – Unternehmen begeben sich mit der Einführung eines öffentlichen, externen Online-Blogs in die offene «Konfrontation», das bedeutet wiederum auch, dass Feedback nicht immer nur positiv zurückgespielt werden könnte. Unternehmen verlassen damit die Wege der einfachen 1:n-Kommunikation. Jedoch lassen sich die daraus entstehenden Potenziale auch gewinnbringend nutzen. Nachfolgend Beispiele aus dem Bereich Vertrieb und Reputation.

Bedeutung eines Blogs für den Vertrieb

Die Entscheidung für oder gegen einen Blog steht und fällt oftmals mit den Ressourcen. Ein Blog kann nur dann erfolgreich werden, wenn für eine ausreichende und langfristige Content-Pipeline gesorgt ist. Darum sollten zunächst interne Ressourcen, allein schon aus authentischen Gründen, herangezogen werden und neben den «typischen» Unternehmensbereichen (PR, Öffentlichkeits-arbeit, Marketing) ebenfalls Entwicklung, Human Ressource usw. mit einbezogen und begeistert werden. Der Blog fungiert dann als zentrales Element (ggfs. neben/in einer Website) der Online-Strategie und wird von umliegenden Social Networks flankiert. Ziel ist somit, möglichst viel zielführenden Traffic auf den Blog zu bringen, der nebenbei noch verkauft. Oft ist daher das zentrale Element des Blogs der Newsstream, der die wichtigsten und neuesten Informationen darstellt (natürlich sauber verknüpft mit den Social Networks und viralen Funktionen). In einem dezenten Menü finden sich dann wie in unserem Beispiel des SocialMedia Institute die Beratungsleistungen, d.h. durch Mehrwerte punkten und Know-how sichtbar machen. Weiter unterstützen kann die Implementierung eines Newsletter-Systems und RSS-Funktion.

Das Verkaufen unterstützt ein Blog am besten so, dass er das Unternehmen und seine Produkte sympathisch und greifbar macht. Er kann durch seine Ausführungen komplexe Sachverhalte und Produkte darstellen und in Kontext bringen. Und er wirkt dabei meist wenig bis nicht werblich – perfekt, um Kommunikation mit Kunden darauf aufzubauen.

Durch die Kommentarfunktionen eines Blogs kommt der Artikel ins Leben und erfährt Feedback und Erweiterung – Feedback, das ebenfalls im Vertrieb oft sehr gut genutzt werden kann und zu möglichen neuen Interessenten (Leads) führt.

Bedeutung eines Blogs für die Reputation

Gerade im Geschäftsumfeld ist es wichtig, dem (potenziellen) Kunden gegenüber seriös, kompetent und mit einem detailliertem Expertenwissen gegenübertreten zu können. Dies kann zum einen durch Zertifizierungen und Referenzen erfolgen, andererseits aber auch durch die neuen Medien und Nutzung eines Blogs. Dieser kann dazu dienen, eine weltweite, sympathisierende Community rund um den Blog in einem speziellen Bereich aufzubauen. Unternehmen spezialisieren sich dabei oft auf eine Nische oder Thema, das sich mit dem Unternehmen oder den Produkten des Hauses beschäftigt. Eine Spezialisierung ist deshalb so wichtig, da es weltweit bereits eine fast unüberschaubare Anzahl an Blogs gibt (www.internetlivestats.com). Diese Zahl ändert sich sekündlich! Damit der eigene Blog bei dieser Masse nicht untergeht, ist eine Verknüpfung und Bekanntmachung zum Beispiel mit Veröffentlichungen in Communities, Foren und anderen sozialen Netzwerken essentiell. Das Typische an einem Blog ist, dass es sich um persönliche Sichtweisen oder Einblicke handelt und daher stark aus der Ich-Perspektive berichtet wird. Folglich spielen die Personen hinter dem Blog eine große Rolle. Aus diesem Grund ist es wichtig, dass die Menschen, die den Blog betreuen, mit Bild und ein paar Sätzen vorgestellt werden (Autorenprofil unter einem jeden Blogartikel).

Eine gute Reputation ist ähnlich einem guten Ruf / Ansehen. Um dies aufzubauen muss man mit vielen und vor allem auch den richtigen Menschen in Kontakt treten und bei diesen einen guten Eindruck hinterlassen. Ohne Geben wird es hier meist auch kein Nehmen geben. Mit einem guten Blog sollte es Autoren später eher eine Ehre sein, Gastautor bei Ihnen zu sein.

Tipps aus der Praxis oder wie wir es mit dem SMI-Blog in die TOP 10 der deutschen Social-Media-Blogs geschafft haben

Wie bereits in der Einleitung erwähnt, sind wir von T3N zu einem der besten Social-Media-Blogs im deutschsprachigen Raum gewählt worden. Wir haben hier einige Erfolgsfaktoren zusammengetragen.

Wichtig ist bei der Pflege eines Blogs, dass Inhalte dem Leser einen **Mehr**wert bieten, authentisch sind und praktische Lösungen kommunizieren. Dann werden Inhalte auch weitergeteilt und die Reputation verbessert sich. Allerdings passiert dies nicht von heute auf morgen.

Anregungen für ein mögliches Vorgehen:

- Entwickeln Sie Ziele, die Sie mit dem Blog erreichen möchten. Dies kann beispielsweise nach der SMART(ER)-Regel erfolgen und verfolgen, kontrollieren Sie diese regelmäßig.
- Stimmen Sie Ihre Online-/Blog-Strategie auf die Unternehmensziele ab.
- Definieren Sie Ressourcen, welche Mittel, Möglichkeiten und mit welcher Intensität Sie diese einsetzen.
  - Ressourcen können neben dem zeitlichen Aufwand und den Mitarbeiter-/Agentur-Kosten auch Aufwände für Tools sowie Schulungen sein.
- Agieren Sie nachhaltig – Nothing more to add.

- Erstellen Sie Content- und Notfallpläne.

  – Redaktionspläne sind eine große Unterstützung und für einen professionellen Blog unerlässlich. Diese enthalten wichtige Milestones des Unternehmens in der Zukunft, wie z.B. Jubiläen, Events, Messen, Produkteinführungen usw. In der Aufstellung des Plans geht man von der Langfristplanung (Jahr…) über die mittelfristige Planung (Monat) dann in eine kurzfristige Planung (wöchentlich…) über, abhängig natürlich von der Zielstellung des Blogs und den Ressourcen.

  – Dennoch sollten Sie sich immer noch «Freiräume» für spontan aufkommende Themen und Probleme freihalten.

- Nicht vergessen, Urlaubsvertretungspläne usw. einzuarbeiten.

- Benutzen Sie ein einfaches Content-Management-System (CMS) oder Blogsystem.

  – Dies sollte alles mit einem möglichst leicht verständlichen CMS á la Wordpress aufgebaut werden. Dadurch wird ermöglicht, dass relativ einfach neue Mitarbeiter oder Gastautoren mit verschiedenen Berechtigungen angelegt werden können.

  – Alternativ können Systeme wie Tumblr oder Google Blogger eingesetzt werden.

Nutzen eines Blogs

Fin informativer Blog, auch ergänzt um Gastbeiträge, strahlt Fachkompetenz aus, bietet Raum für Diskussion und wirkt meist nicht werblich. Wenn dann die veröffentlichten Beiträge einen Wert für die individuellen Empfänger enthalten, besteht eine gesteigerte Möglichkeit, dass dieser Artikel viral und als «kostenlose» Werbung an seine eigenen Kontakte verbreitet wird. Nicht zu vergessen die beeinflussende Wirkung auf das Suchmaschinen-Ranking. **Tipp:** Werden Sie auch selbst als Gastautor in Themen-/Branchen-relevanten Blogs aktiv, um weitere Leserschaft auf Ihren Blog aufmerksam zu machen. Oftmals bieten viele Blogs die Möglichkeit, interessante Artikel einzusenden. Schafft man in anderen Blogs und Online-Magazinen eine Veröffentlichung, dann profitiert man von der Sichtbarkeit der etablierten Blogs und Magazine.

Ein Blog lebt von seinen Verlinkungen und Zitierungen. Meinungsführer gilt es daher zu identifizieren und einzubinden, Mitarbeiter sich profilieren lassen (vorerst nur die, die auch wirklich Interesse daran haben).

Obige Absätze beschreiben dann das Influencing und den Aufbau von «Sympathisanten», d.h., nach einer Weile beginnen sich virale Effekte einzustellen. Die Community hilft sich gegenseitig, Streitigkeiten werden untereinander geklärt, davon profitiert dann auch das Unternehmen. Weitere mögliche Erfolge:

- Daten, Leads, Abschlüsse,

- Fürsprecher für ein Thema, Reichweite, Einladungen, Events,

- auffällig und Meinungsmacher werden,

- Aufnahme in Top10-Listen, Zertifizierungen.

- Manchmal kann dann auch der Blog die Website ersetzen, aber nicht immer, z.B. wenn komplexe Themen transportiert werden müssen.

Das Ziel muss es sein, eine nachhaltige und seriöse(re) Sichtbarkeit zu generieren. Der Blog ist mehr als Social Media – diese können nur flankierende Maßnahmen rund um das zentrale Objekt des Blogs / Website sein. Mittels sauberem Tracking und Monitoring lassen sich dann auch Zielerreichung kontrollieren und Erfolge (ROIs) ermitteln.

Markus Besch ist Vorstand/CEO des **S**ocial**M**edia **I**nstitute (SMI)

Lars Kroll ist Projektmanager Online & Social Media bei dem
Social**M**edia **I**nstitute (SMI)

3.2.3   Social-Media-Plattformen

Die Social-Media-Plattformen basieren auf den Technologien des Web 2.0, also der zweiten Internet-Generation. Aus dieser neuen Generation des Internets sind die sozialen
Netzwerke und Netzwerkgemeinschaften entstanden, die als Plattformen für die Kontaktaufnahme und den Austausch von Informationen, Erfahrungen und Meinungen fungieren.
Waren das zu Beginn noch Treffpunkte für Spezialisten, finden sie heute immer mehr
Anwendung im Geschäftsleben. Gerade Social-Media-Plattformen wie XING und LinkedIn bieten Unternehmen hervorragende Möglichkeiten für die Vermarktung, Kundenpflege und Steigerung der Marktpräsenz.

Diese neuen Möglichkeiten bzw. Kanäle des Social Web können eine gute Ergänzung und
Multiplikation der klassischen Marketing- und Vertriebs-Aktivitäten darstellen. Sie können
Ihnen helfen, Ihre Reichweite und Platzierung im Markt zu stärken und zu unterstützen.

Die sozialen Netzwerke bieten einen Rahmen für Veröffentlichungen und unterstützen
bei der Verbreitung von Inhalten. Sie bieten aber auch die Möglichkeit, mit Interessenten,
Kunden und Partnern zu kommunizieren. Die Social-Media-Kanäle haben das Verhalten
der Anwender und deren Nutzung des Internets verändert. Diese neuen Verhaltensweisen
sind dadurch gekennzeichnet, dass die Nutzer

- ❑   selbst Inhalte erstellen,
- ❑   Inhalte, Beiträge, Produkte und Firmen bewerten und empfehlen,
- ❑   ihre Meinung sagen,
- ❑   Inhalte klassifizieren,
- ❑   sich einbringen, kommentieren und diskutieren,
- ❑   Inhalte verteilen.

Social-Media-Strategie

Social Media ist zwar in aller Munde und wird in Dutzenden von Artikeln und Vorträgen
behandelt, viele Unternehmen haben den Schritt in die sozialen Netzwerke aber noch nicht
gewagt. «Social Media ist gleich Facebook, ist gleich Spielerei!», höre ich dazu oft als
Begründung. Aber ACHTUNG: Facebook ist nicht gleich Social Media!

Es gibt Plattformen und Netzwerke, die für Unternehmen, speziell im B2B-Bereich, viel sinnvoller sind und viel mehr Nutzen stiften können als Facebook. XING bietet zum Beispiel für B2B-Unternehmen viele wertvolle Chancen zur Leadgenerierung. Dazu später mehr. Es lohnt sich also, das «Facebook-Vorurteil» beiseite zu lassen und sich die anderen Social-Media-Plattformen anzuschauen. Aber: Auch Social Media ist kein «Zauber», der ohne Ziel, Strategie und planvolles Vorgehen Wunder bewirken kann. Leider starten viele Firmen planlos, legen eine Facebook-Seite oder einen Twitter-Account an und beginnen dann genauso planlos zu posten. In den ersten Wochen fällt das noch leicht, nach einiger Zeit gehen dann aber die Inhalte aus bzw. werden immer dünner.

Deshalb hier ein paar Tipps für den Start.

Was Sie **vermeiden** sollten, wenn Sie mit Social Media starten möchten:

❑ «Das kann unser Praktikant machen. Der ist jung und kennt sich mit dem Internet-Kram aus.» «Wir machen mal ...»
❑ «Wenn Facebook ein Land wäre ... blablabla.» – «Alle reden von Facebook, dann machen wir das jetzt auch mal.»
❑ Ein Verhalten im Sinne von: «Wir sind die Besten, die Tollsten. Kaufen Sie, Kaufen Sie, Kaufen Sie!!! » → Ego-Posting
❑ Kommentare und Kritik ignorieren.
❑ Social Media starten, wenn Sie nicht offen für neue Kontakte, Kritik und Meinungen aus Ihrem Markt sind!

Was Sie **tun** sollten, wenn Sie mit Social Media starten möchten:

❑ Sichern Sie sich Ihren Namen in den Social-Media-Kanälen! Auch wenn Sie heute noch nicht aktiv werden möchten.
❑ Social Media sollte man strategisch, mit Plan und Konzept angehen!
❑ Definieren Sie Ihre Zielgruppe, Ihre Ansprechpartner (Buyer-Persona), Ihren Content-Plan und Ihre Ziele!
❑ Erst zuhören und beobachten. Was machen mein Markt, mein Wettbewerb, die Presse, die Meinungsmacher usw.?

Aus diesen Erkenntnissen können Sie Schlüsse für Ihre Aktivitäten ziehen. Stellen Sie sich in die Schuhe Ihrer Interessenten bzw. Kunden. Sprechen Sie deren Sprache und bieten Sie wirklich hilfreiche Mehrwerte.

TIPPS

Werfen Sie dazu auch einmal einen Blick auf die «Leserzentrierte Textur». Ein spannender Ansatz für die Erstellung von Texten und Inhalten. Die Methode gibt eine gute Hilfestellung für den Wechsel von der «absenderorientierten» hin zur «leserzentrierten» Schreibweise.
Die Leserzentrierte Textur® sagt dazu:
❑ «Was Sie schreiben, ist wichtig.»
❑ «Wie Sie es schreiben, ist wichtiger.»
❑ «Wie es beim anderen ankommt, ist entscheidend!»
[Quelle: www. Korrespondenztrainer.de]

Generell kann man mit Social Media viel erreichen:

❏ Informationen über den Markt, Kunden und Wettbewerb erhalten.
❏ Neue Interessenten und Umsatz generieren.
❏ Einen Informations- und Kommunikationskanal aufbauen.
❏ Bekannt werden.
❏ Image und Reputation aufbauen und pflegen.

Was und wen möchten Sie mit Social Media erreichen? Haben Sie das schon definiert?

❏ Welche Branche adressieren Sie?
❏ Wer sind die Ansprechpartner / Buyer Persona(s)?
❏ Wo und wie informieren die sich?
❏ Wer sucht und wer entscheidet?

Wenn Sie all das für sich geklärt und definiert haben – und erst dann –, macht es Sinn, die Social-Media-Kanäle auszusuchen und sich Gedanken über Ihre «Social-Media-Komposition» zu machen. → Ihre *Kanal-Strategie*

Doch vorab stellt sich natürlich die Frage:
Ist das für Sie, Ihr Unternehmen, Ihre Branche überhaupt sinnvoll? Sollten Sie in den sozialen Netzwerken aktiv werden? Das können Sie eigentlich nur entscheiden, wenn Sie sich diese Netzwerke bzw. Plattformen anschauen und zuhören, ob und wie dort über Sie, Ihre Produkte, Ihre Branche und Ihr Thema gesprochen wird. Wenn Sie Ihre Ansprechpartner bzw. Wunschkunden in den Social Medias nicht finden bzw. sie dort nicht für Ihr Thema ansprechbar sind, macht ein aktives Engagement dort wahrscheinlich (noch) keinen Sinn. Sie haben nichts davon, wenn der Einkäufer für z.B. Hydraulikpumpen zwar ein privates Facebook-Konto hat, dort aber über dieses Thema nicht identifizierbar ist und sich darüber in seinem privaten Umfeld nicht austauschen möchte. Im B2C-Umfeld kann sich das natürlich ganz anders darstellen. Beobachten Sie weiter, ob sich an dieser Situation etwas ändert.
    Wenn Ihre Ansprechpartner dort zwar präsent und ansprechbar sind, aber über Ihr Thema noch nicht sprechen, ist ein Engagement in den Social Medias definitiv sinnvoll. Mit den geeigneten Aktivitäten können Sie auf sich aufmerksam machen und dafür sorgen, dass über Ihr Thema gesprochen wird. Diese Konstellation gilt für die meisten B2B-Unternehmen und die «richtige» Nutzung von XING im deutschsprachigen bzw. LinkedIn im englischsprachigen Bereich.

TIPP

Denken Sie über die geeigneten Aktivitäten in den Social-Media-Kanälen nach. Wenn Ihre Ansprechpartner in den Social-Media-Kanälen präsent sind und über Ihr Thema, Ihr Unternehmen oder Ihre Produkte sprechen, haben Sie fast schon keine Wahl mehr. Und wenn Sie erst einmal nur aktiv zuhören – Sie sollten dabei sein.

Wie können Sie zuhören?

Wie gesagt, ist Zuhören immer ein guter Start für die Beschäftigung mit dem Thema Social Media. So bekommen Sie ein Gefühl für die Social Medias und ein Bild, wie Ihr Unternehmen, Ihre Produkte und Ihre Themen in den sozialen Netzwerken vertreten sind.

TIPPS ZUM ZUHÖREN

Einen ersten Eindruck erhalten Sie eventuell schon, wenn Sie in einer Suchmaschine Ihre Begriffe bzw. Schlüsselwörter eingeben. Für eine intensivere Suche oder regelmäßige Beobachtung gibt es aber auch andere Dienste bzw. Möglichkeiten.

INTERNET

Google-Alerts™

Google-Alerts™ helfen Ihnen dauerhaft und regelmäßig, über die Nutzung Ihrer Schlüsselwörter im Internet auf dem Laufenden zu bleiben. Mit Google-Alerts™ können Sie beobachten, welche Neuigkeiten es über Ihre Themen im Internet gibt. Mithilfe von Suchanfragen bleiben Sie per E-Mail-Benachrichtigungen über die neuesten relevanten Ergebnisse (z.B. Webseiten, Nachrichten, Blogs, Diskussionen usw.) auf dem Laufenden. Der Dienst ist kostenlos und einfach einzurichten, bietet aber kein Archiv und keine Social-Media-Suche. **www.google.com/alerts**

INTERNET

socialindex

Einen sehr guten Überblick über die Social-Media-Aktivitäten anderer Firmen liefert der Social Media Business Index. Hier können Sie mit einem kostenfreien Eintrag alle Ihre Netzwerk-Accounts auf einer zentralen Übersichtsseite zusammenfassen und Schlagwörtern zuordnen. Zu jedem Thema werden dann eine Hitliste und ein «Feed-Radar» Ihrer Branche erstellt, in dem Sie aktuelle Branchengespräche verfolgen und sich Anregungen holen können. **www.social-index.de**

INTERNET

socialmention.com

Socialmention ist eine Suchmaschine für die sozialen Netzwerke. Ähnlich wie bei Google-AlertsTM können Sie dort neben der Suchfunktion auch Alarme für Ihre Begriffe im Social-Media-Bereich eintragen. Die Nutzung ist kostenlos und kann ohne Anmeldung erfolgen. **www.socialmention.com**

Twitter-Suche

Sie können in Twitter auch ohne Anmeldung bzw. eigenes Konto suchen. Suchen Sie doch einfach einmal nach Ihren Schlüsselwörtern, Ihrem Firmennamen, Ihren Produkten, Ihrem Wettbewerb usw. und prüfen Sie, was darüber in Twitter geschrieben wird: **https://twitter.com/search-advanced**

XING-Suche

Für B2B-Unternehmen gibt eine Recherche in XING Aufschluss darüber, ob Ihre Zielgruppe bzw. Zielpersonen dort zu finden sind.

Social-Media-Kanäle und Einsatzbereiche

Hier finden Sie eine Liste der populärsten Kanäle und deren Einsatzmöglichkeiten für Unternehmen:

Facebook

Facebook ist sehr gut geeignet für Unternehmen, die Endverbraucher adressieren – also den B2C-Bereich. Facebook lebt von der persönlichen Note, von Bildern, Videos und Empfehlungen. Interessant ist hier besonders der virale Effekt. Sind die Anwender von einem Post, einem Video oder einem witzigen Inhalt begeistert, verteilen sie diesen an ihre Freunde weiter. So entsteht unter Umständen ganz schnell eine große Reichweite und Bekanntheit. Inwiefern diese Reichweite für Unternehmen auch in neue Kunden und Umsatz umgewandelt werden kann, muss man im Einzelfall prüfen. Fans, die nur «liken» (den «Gefällt mir»-Button anklicken), weil sie einen Tablet-PC oder ein anderes Gadget gewinnen möchten, werden wohl nur selten in der Folge eine Hydraulikpumpe oder eine elektronische Steuerung für Druckluft kaufen. Wie gesagt, funktioniert das im B2C sicher einfacher als im B2B-Bereich. Besonders Unternehmen, die Jugend-Marketing betreiben oder «Gastgeber» wie Hotels und Restaurants finden in Facebook eine äußerst spannende Plattform für die Gewinnung von Neukunden. Weitere Anregungen für «Gastgeber» finden Sie auch im folgenden Gastartikel von ANDREAS PFEIFER von den Heldenhelfern.
Ein Aspekt, den aber auch B2B-Unternehmen nicht vernachlässigen sollten, ist die Rekrutierung von jungen Mitarbeitern für z.B. Praktika oder Lehrstellen. Dazu können Sie auf einer Facebook-Seite über Ihre Berufsbilder und Ihr Ausbildungsprogramm informieren und sich somit als attraktiven Arbeitgeber darstellen.

Google+

Google+ ist das soziale Netzwerk von Google. Durch die große Reichweite von Google hat diese neue Plattform schnell viele Mitglieder aufbauen können. Auch dort kann man Unternehmensseiten aufbauen, Inhalte verteilen und eine Community pflegen. Firmen beginnen aber gerade erst diese Möglichkeiten zu nutzen. Google+ hat aber ähnlich wie YouTube ein wichtiges Merkmal: den Besitzer (Google) und die Bewertung von Inhalten durch Suchmaschinen. Eine Plattform, die in den nächsten Monaten sicher noch mehr an Bedeutung gewinnen wird.

Gastbeitrag Google+ / Facebook: ANDREAS PFEIFER

Facebook vs. Google+ – ein Schlagabtausch in vier Runden

Soziale Netzwerke im Allgemeinen und Facebook sowie Google+ im Besonderen dienen der Vernetzung von Menschen untereinander und der Verbindung von Menschen und Unternehmen bzw. Unternehmen und Unternehmen. Die zentralen Elemente in den sozialen Netzwerken sind die Inhalte (1% der User stellen 90% des Contents), die Likes, Comments und Shares (wobei das Teilen des Inhalts den höchsten Ausdruck der Wertschätzung darstellt) sowie die Vernetzung untereinander (Freunde, Fans, Follower). Es gibt unzählige Beiträge in Fachzeitschriften und Büchern über das korrekte Anlegen von Profilen und Seiten, über technische Details, Bildgrößen, Beitragslängen, optimale Uhrzeiten und vieles mehr. Wenig Beachtung findet aber die Fragestellung, wie ich Leads über die beiden großen Netzwerke generieren kann. Das ist aber für Unternehmen und ihre Marken eine wichtige, wenn nicht sogar die alles entscheidende Frage. Viele Fans zu haben (Facebook) und in vielen Kreisen aufgenommen zu sein (Google+) ist zwar gut fürs Ego, nicht aber gleichbedeutend mit tatsächlichem wirtschaftlichen Erfolg. Genau dieser steht aber im Interesse der Unternehmen, die Zeit, Geld und Energie in Ihre Social-Media-Arbeit investieren.

Im Folgenden nehmen wir mit einem Schlagabtausch in vier Runden den Versuch vor, Parallelen und Unterschiede zwischen beiden Kontrahenten aufzuzeigen: Kontakt, Kommunikation, Kontent, Konversion. Betrachten wir uns also die beiden großen Netzwerke Facebook (1,3 Milliarden User) und Google+ (343 Millionen User) unter dem Aspekt der Leadgenerierung (Userzahlen: Statista, Stand Juli 2014):

Runde 1: Die Kernfunktionen und Möglichkeiten der Kontaktaufnahme

	Facebook	Google+
Personenprofil anlegen	Ein Profil ist notwendig, um eine Page anzulegen bzw. verwalten zu können. Unternehmen legen kein Profil, sondern eine Seite an	Möglich und ratsam, aber nicht zwingend notwendig – der Zugang zu G+ erfolgt über die Google-Zugangsdaten
Unternehmensseite anlegen	Es sind beliebig viele Pages möglich, die handelnden Profile (Administratoren) bleiben im Hintergrund	Es können beliebig viele Seiten angelegt werden, die von einem oder mehreren Administratoren verwaltet werden können
Gruppe einrichten	Das Einrichten von beliebig vielen Gruppen zu verschiedensten Themen ist möglich. Nur Profile können Gruppenmitglied werden. Gruppen haben einen oder mehrere Moderatoren, es gibt mehrere Levels der Sichtbarkeit von öffentlich bis geschlossen.	G+ erlaubt die Anlage beliebig vieler Communities, sowohl Profile als auch Pages können Community-Mitglied werden. Communities haben einen oder mehrere Moderatoren, es gibt mehrere Levels der Sichtbarkeit von öffentlich bis geschlossen.
Kontakte auf Profil-Ebene	FB-User verbinden sich als «Freund/in», eine Zustimmung des anderen ist notwendig.	Bei G+ nimmt man sich gegenseitig in Kreise auf – es bedarf keiner Zustimmung.
Kontakte auf Seiten-Ebene	Profile klicken «gefällt mir» auf einer Page. Eine Page hat Fans, keine Freunde.	Profile und Pages nehmen sich gegenseitig in Kreise auf – beide werden gleich behandelt.
Kontaktaufnahme vom Unternehmen zu Personen	Bei FB gibt es keine direkte Nachricht vom Unternehmen zu Personenprofilen, nur über Posts auf der Fanpage. Fans können auf Seiten posten und – sofern zu-gelassen – Nachrichten schicken.	Bei G+ teilt man Beiträge mit einzelnen oder mehreren Profilen bzw. Seiten; Direktnachrichten gibt es nicht.
Kontaktaufnahme vom Unternehmen zu Unternehmen	Kontaktaufnahme durch Unternehmen mittels Post auf anderen Fanpages ist möglich. Direktnachrichten sind möglich.	

Sie sehen: Die Grundausstattung der beiden Networks ist vergleichbar. Bei der Kontaktanbahnung als Seite erkennt man die Vorteile von Google+ für die Leadgenerierung.

Runde 2: Die Möglichkeiten der Kommunikation

Der Schlagabtausch in Runde 2 geht unentschieden aus, da bei beiden Netzwerken nahezu identische Möglichkeiten der Kommunikation gegeben sind:

- Textbeiträge (Nennungen anderer sind über @... im Text möglich)
- Links als Ergänzung von Textbeiträgen
- Hochladen von Foto(s) oder Video
- User können liken («gefällt mir» / +1), kommentieren und teilen
- Veranstaltungen anlegen
- Möglichkeit der Bewertung durch die User

Einzige Funktionsunterschiede: Google+ bietet Hangouts (vergleichbar mit Videokonferenzen) an. Facebook erlaubt in der Seitenchronik den Eintrag von Meilensteinen und es können über Reiter kleine Zusatzfunktionen programmiert werden (Apps).

Für die Kommunikation mit den Usern ist ein Community-Management hilfreich. Es hält den direkten Kontakt zu den Usern und hilft, Anfragen zu beantworten. allfacebook.de hat 10 Empfehlungen für gutes Community-Management zusammengestellt:

1. Klare Verantwortlichkeiten
2. Klare Erwartungshaltung
3. Einsatz passender Tools
4. Social Media Task-Force
5. Prozesse für Krisensituationen
6. Einbindung in Redaktionsprozesse
7. Freiheiten
8. Authentische und passende Tonalität
9. Budget
10. Vertrauen

[Quelle: allfacebook.de/pages/10-tipps-community-management]

Beim Vergleich der Kommunikationsmöglichkeiten mag es verwundern, dass das deutlich jüngere Google+ bislang in den Kommunikationsstrategien der Unternehmen nur eine untergeordnete Rolle spielt. Während viele Marketingabteilungen die Bedeutung von Facebook erkannt haben, ist Google+ nach wie vor als «Geisterstadt» verschrien. Sicherlich sind die längere Nutzungszeit, die höhere Interaktion und die größere User-Zahl auf den ersten Blick Pluspunkte für Facebook. Aber mit dem Ignorieren des vom Funktionsumfang vergleichbaren Konkurrenten tut man sich keinen Gefallen, da Google+ im Marketing den unschlagbaren Vorteil der Integration in das Gesamtsystem von Google hat. Es ist im Gegensatz zu Facebook kein geschlossenes soziales Netzwerk, sondern zentraler Bestandteil der Google-Dienste. Deutlich wurde diese im Sommer 2014 durch die Erweiterung des Google+-Dashboards um «My Business». Auch die erklärte Absicht des Suchmaschinen-Giganten, neben den Google AdWords verstärkt Google+ als als Branding-Schwerpunkt innerhalb der Google-Dienste zu forcieren, zeigt deutlich, wie sträflich es wäre, Google+ nicht zu nutzen. Allein die prominente Darstellung einer Marke auf der rechten Seite der Google-Suchergebnisse sollte Sie überzeugen, Google+ und der Pflege der Inhalte mehr Beachtung zu schenken.

Runde 3: Der Content

Der Weg zum Lead führt – wie bei annähernd allen Marketingmaßnahmen – über das Motto «Reden hilft!» und «Content is King». Da die Möglichkeiten der Kommunikation (wie in Runde 2 beschrieben) in beiden Netzwerken vergleichbar sind, gelten die folgenden 40 Punkte gleichermaßen für FB und G+. Die Sammlung soll Ihnen wichtige Impulse geben, was Sie und wie Sie kommunizieren können, um die Attraktivität Ihres Social Media Contents zu erhöhen:

- Posten Sie regelmäßig
  Kontinuität ist wichtig, 2 bis 3 Posts pro Woche sind meist ausreichend.

- Posten Sie persönlich
  Menschen lesen Persönliches lieber als reine Sachinformationen.

- Posten Sie aktuell
  Social Media ist ein schnelles Instrument, Posts bleiben nur kurz (i.d.R. wenige Stunden) im Blickfeld der User.

- Posten Sie relevant
  Nur das, was Ihre Fans und Kreise betrifft und interessiert, wird von diesen auch geliked, kommentiert und geteilt.

- Posten Sie alle
  Jeder Mitarbeiter im Unternehmen kann zum Kommunikationserfolg beitragen.

- Posten Sie multimedial
  Die Mischung aus Textmeldungen, Links, Events, Fotos und Videos macht's.

- Posten Sie Fotos
  Geben Sie dem Foto eine aussagekräftige Bildunterschrift und wenn möglich einen http-Link zur Quelle – beachten Sie immer die Urheberrechte.

- Posten Sie rechtzeitig
  Veranstaltungen geben Sie am besten 3 bis 4 Wochen vor dem Ereignis an.

- Posten Sie redundant
  Nicht jeder Fan sieht jede Meldung, deshalb sollten Sie Wichtiges wiederholen.

- Posten Sie Suchmaschinen-optimiert
  Die Texte sollten immer ein für Sie wichtiges Keyword enthalten.

- Posten Sie standortbezogen
  Wenn etwas in Ihrer Region zu Ihren Themen interessant ist, einfach mal erwähnen.

- Posten Sie unterhaltsam
  Soziale Plattformen werden oft zur Unterhaltung von den Usern aufgerufen.

- Posten Sie informativ
  Präsentieren Sie echte Neuigkeiten und nicht platte Werbung.

- Posten Sie verlinkt
  Geben Sie Hinweise auf interessante Websites, hin und wieder auch auf die eigene.

- Posten Sie andere
  Die Nennung von anderen Pages erhöht deren Aufmerksamkeit und führt oft zu gegenseitigen Nennungen / Likes.

- Posten Sie auch am Wochenende
  Samstags und sonntags erreichen Ihre Seiten mehr Aufmerksamkeit, weil viele andere Unternehmensseiten am Wochenende oft schweigen.

- Posten Sie markant
  Es soll klar werden, für was Ihre Marke steht und welche Ziele Sie verfolgen.

- **Posten Sie dankend**
  Wenn Ihr Marke oder Ihr Unternehmen irgendwo erwähnt werden, dann zeigen Sie, dass Sie es gesehen haben, und bedanken sich auch hin und wieder dafür.

- **Posten Sie unmittelbar**
  Fragen Ihrer User oder aktuelle Kommentare sollten binnen max. 24 Stunden beantwortet werden – ist Klärung erforderlich, geben Sie einen Zwischenbescheid.

- **Posten Sie offen**
  Heißt: Lassen Sie Kritik zu und widerstehen Sie der Versuchung, Kritik zu löschen.

- **Posten Sie überall**
  Nicht nur Facebook und Google+ sind Suchmaschinen-relevant, auch Twitter, XING, LinkedIn, Pinterest helfen bei der Sichtbarkeit.

- **Posten Sie Erlebtes**
  Netzwerke leben nicht von Ankündigungen, sondern von Geschichten (StoryTelling).

- **Posten Sie Termine**
  Legen Sie Events an und laden Sie Ihre Kontakte auf Facebook und Google+ ein.

- **Posten Sie interaktiv**
  Social Media lebt vom Dialog; beziehen Sie Ihre Fans und Kreise ein, lassen Sie sie an geeigneter Stelle mitentscheiden.

- **Posten Sie gesetzkonform**
  Veröffentlichen Sie nur Inhalte (insbes. Fotos), an denen Sie die Rechte haben.

- **Posten Sie pointiert**
  Wer einen Standpunkt bezieht, ist interessanter als der, der mit Mainstream langweilt.

- **Posten Sie teilend**
  Wer möchte, dass seine Inhalte geteilt werden, der tut gut daran, auch Inhalte anderer zu teilen.

- **Posten Sie wertschätzend**
  Das fängt beim «gefällt mir» an und geht bis zum guten Umgangston bei Diskussionen.

- **Posten Sie bei anderen**
  Schreiben Sie hin und wieder gute (nicht werbliche!) Nachrichten und nützliche Kommentare auf die Seiten von Partnern / Kollegen / Lieferanten.

- **Posten Sie werblich**
  Aber nur manchmal. Von 10 Links sollten 1 bis 2 auf Ihre Website oder Ihren Blog oder Shop führen. Sonst nervt's.

- **Posten Sie fürs Team**
  Auch Facebook und Google+ können zum Teamgeist beitragen und sorgen für «Likes / +1» aus den eigenen Reihen.

- **Posten Sie reaktionsmotivierend**
  Die Suchmaschinen bewerten die Wichtigkeit Ihrer Beiträge nach Anzahl der «Likes», «Comments» und «Shares».

- **Posten Sie partnerschaftlich**
  Gastkommentare und -beiträge sind willkommen (Stichwort «geben & nehmen»), fordern Sie ruhig gezielt dazu auf.

- **Posten Sie hilfreich**
  Wenn Sie irgendwo online oder offline Infos lesen, die Ihren Fans oder Kreisen helfen, dann geben Sie die Info weiter.

- Posten Sie werbend
  Im Unterschied zu «werblich»: Animieren Sie Ihre User, weitere Kontakte auf die Page einzuladen.

- Posten Sie großzügig
  Zu besonderen Anlässen darf man auch mal was verlosen / verschenken (unbedingt Richtlinien zu Gewinnspielen beachten!!!)

- Posten Sie immer als Unternehmen
  Die Netzwerke sind keine Spielwiese für Ihre persönlichen Stellungnahmen – Sie machen mit Ihren Seiten bei Facebook und Google+ Marketing für Ihre Marke!

Über den Erfolg des Contents entscheidet der Kunde, denn es geht nicht darum, was Unternehmen sagen wollen, sondern darum, was die Zielgruppen wirklich interessiert. Sie sollten also genau wissen, wer Ihre direkten und indirekten Zielgruppen sind, was sie suchen, was sie schätzen, was sie bewegt, was sie sich wünschen und was sie letztlich zum Kauf eines Produktes oder einer Dienstleistung bewegt. Ihre auf Facebook und Google+ verbreiteten Inhalte werden nur dann zünden, wenn sie an den Bedürfnissen Ihrer Zielgruppen ausgerichtet sind (Perspektivwechsel in der Marketing-Kommunikation). Bei der Beantwortung der Bedürfnisse-Frage und dem Festlegen der Content-Strategie hilft das Buyer-Persona-Konzept. Welche Vorteile bietet eine Strategie? Sie können agieren statt reagieren, Sie erzeugen relevante Inhalte statt Firmenverlautbarungen, Sie können Ziele definieren und Sie setzen Ressourcen effizienter ein.

Runde 4: Die Konversion

Facebook bietet das Einrichten von kleinen Zusatzprogrammen (Apps) an, die von der Konversation zur Konversion führen können. Sie werden aber von den Usern nur wenig genutzt. Durch die Designumstellung 2014 sind sie noch mehr aus dem Blickfeld geraten, denn kaum jemand klickt auf den «mehr»-Button unter dem Titelbild oder scrollt in der linke Spalte gezielt bis zu den Apps. Google+ hat gleich ganz auf eine solche Individualisierungsmöglichkeit der Unternehmensseiten verzichtet.

Auf beiden Plattformen können Veranstaltungen eingetragen werden, die auch der Geschäftsanbahnung oder dem Verkauf dienen können. Das Einladungsprocedere ist für die Business-Kommunikation bei Facebook weniger geeignet, da eine Page nicht gezielt Personen oder andere Unternehmen einladen kann. Dies ist nur als Profil möglich (weshalb viele Pages auch noch ein Personenprofil gleichen Namens haben, was aber gegen die Facebook-Richtlinien verstößt).

Dritte Möglichkeit der Konversion von Social-Web-Kontakten in Kaufinteressenten oder sogar Käufern sind Anzeigen. Google+ ist werbefrei und soll es auch bleiben. Dafür bietet Google aber weiterhin die AdWords an, die über und neben den Suchmaschinen-Ergebnissen angezeigt werden. Facebook bietet mit seinen Facebook Ads eine vergleichbare Möglichkeit, punktet aber mit einer deutlich ausgefeilteren Möglichkeit, die Zielgruppen zu bestimmen und einzugrenzen. Das Netzwerk weiß einfach bedeutend mehr über seine Mitglieder als Google über seine Suchmaschinen-User. Es ist allerdings eine Frage der Zeit, bis die Verknüpfung der verschiedenen Google-Dienste auch hier treffsichere Zielgruppen-Profile zulässt.

Die Leadgenerierung über Social Media funktioniert über den Aufbau eines Publikums:

1. Beiträge mit Tipps, Analysen und Unternehmensnews erstellen

2. Blog als zentralen Content-Container nutzen

3. Content über Social Media, Newsletter und das eigene Netzwerk verteilen

4. Kommentare beantworten und Beziehungen pflegen

5. Transfer der User aus Social Media auf Website und Blog:

- Content (z.B. Whitepaper) erstellen und bewerben
- Diesen Content gegen Adresse auf Website/Blog anbieten
- Neue Kontakte im CRM (Customer-Relationship-Management) verwalten
- Neue Leads kontaktieren und qualifizieren
- Den Dialog auf dem Blog fortsetzen und nachhaltig Beziehungen pflegen

Fazit

Gelingt es, mit einer Präsenz und entsprechendem Content über Facebook und Google+ neue Kontakte aufzubauen, Interessenten zu gewinnen und diese als Lead auf die Website zu bringen? Ja. Allerdings nicht so, wie viele es von den klassischen Kommunikationskanälen gewohnt sind. Die Kunst, Leads zu gewinnen, liegt bei Social Media nicht im direkten Anpreisen, sondern in der Präsentation hilfreichen Contents. Dabei spielen Markenpositionierung und Storytelling eine bedeutende Rolle. Die Relevanz der Social Signals für die Suchmaschinen-Optimierung (insbesondere bei Google) unterstützen die Marketingbemühungen um mehr Sichtbarkeit und Wahrnehmung. So abgedroschen manchen die AIDA-Formel (**A**ttention, **I**nterest, **D**esire, **A**ction) auch erscheinen mag – sie gilt auch heute noch und darf auch bei Social-Media-Aktivitäten nicht ignoriert werden.

Kunden haben nach Mirko Lange (talkabout) in jeder Prozessphase andere Fragen.

1. Bedarfsbestimmung: Welche Lösung könnte mir weiterhelfen?

2. Erwägung: Welche Anbieter kommen dafür in Frage?

3. Bewertung: Welcher Anbieter ist der beste für mich?

4. Kauf: Was sind die konkreten Konditionen?

5. Erfahrung: Wie hole ich jetzt das Beste aus dem Produkt heraus?

6. Loyalität: Was bietet mir der Anbieter jetzt noch als Zusatznutzen?

7. Empfehlung: Welchen Nutzen habe ich, wenn ich das Produkt empfehle?

In jeder Phase (insbesondere in der Leadphase Nr. 3) können die sozialen Netzwerke Antworten liefern. Eine Entscheidung zwischen Facebook oder Google+ muss in den meisten Fällen nicht getroffen werden – beide Netzwerke haben ihre Stärken und über beide Netzwerke lassen sich wichtige Zielgruppen erreichen. Der blaue Riese punktet mit bedeutend mehr Usern und größerem Funktionsumfang bei Einrichten der Pages. Der rote Riese liegt vorn durch die Vernetzung mit den anderen Google-Diensten wie Google Local, Maps oder YouTube und bei der Sichtbarkeit in der Suchmaschine.

Wer sich mit guten, regelmäßigen und vor allem Nutzen bringenden Inhalten auf Facebook und Google+ einen Namen gemacht hat, dem wird es auch gelingen, als Experte und Problemlöser für sein Thema die gewünschten Kontakte aufzubauen und Leads zu gewinnen.

Andreas Pfeifer berät Gastgeber im Marketing und hilft ihnen mit Markenaufbau, Positionierung und Do-it-yourself-Konzepten, Gäste zu finden, zu begeistern und zu Markenbotschaftern zu machen.

die-heldenhelfer.de

XING

XING ist ein Business-Netzwerk mit über 11 Millionen Mitgliedern. Es ermöglicht die Suche nach potenziellen Kunden und Partnern und bietet diverse Möglichkeiten, um mit diesen einen Kontakt aufzubauen und zu kommunizieren. XING deckt aber überwiegend den deutschsprachigen Bereich ab. Für Unternehmen, die sich im deutschsprachigen B2B-Umfeld bewegen, kommt XING aus meiner Sicht eine ganz besondere Bedeutung zu. Inbound-Marketing Maßnahmen haben einen überwiegend «passiven» Charakter. Sie helfen mittel- bis langfristig dabei, von potenziellen Kunden gefunden zu werden. Startet man mit diesen Maßnahmen, benötigt man etwas Geduld, bis sie ihre Wirkung zeigen. Nach der Strategie-Phase (Buyer-Persona-Profil, Content- und Kanal-Strategie) kann man in XING direkt selbst aktiv werden und

❑ XING-Profile für Persona(s) optimieren,
❑ Persona(s) suchen und ansprechen,
❑ in XING-Gruppen aktiv werden
usw.

XING ist also die ideale «Kurzfrist-Komponente» für die Leadgenerierung im B2B-Bereich.

XING ermöglicht die Suche nach potenziellen Kunden und Partnern und bietet diverse Möglichkeiten, um mit diesen den Kontakt aufzubauen.

XING eignet sich außerdem sehr gut, um:

❑ Image und Bekanntheit aufzubauen und zu fördern,
❑ Interessenten zu generieren,
❑ Kundenbindung zu optimieren,
❑ Online-Reputation aufzubauen und zu pflegen,
❑ die Vernetzung zu fördern.

XING ist mehr als ein Adressbuch im Internet! Die Basis für ein erfolgreiches Engagement in XING ist ein gutes Profil (Bild 3.4). Ihr Profil können Sie mit einem Ladengeschäft vergleichen. Ihr Schaufenster sollte Besucher interessieren und sie zum «Eintreten» bzw. zur Kontaktaufnahme animieren.

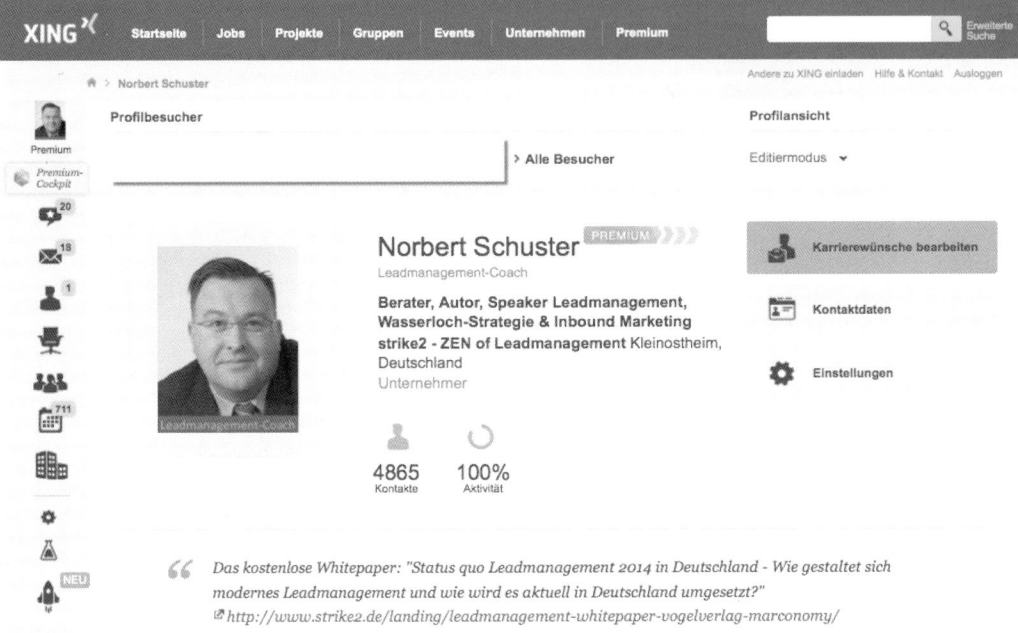

Bild 3.4   Das XING-Profil

Um in XING erfolgreich zu agieren, sollten Sie neben den Adressfeldern und den Angaben zu Ihrem beruflichen Werdegang auch die folgenden Bereiche ausfüllen:

- ❑ Ich biete ...
- ❑ Ich suche ...
- ❑ Interessen
- ❑ Organisationen

Ihre Eintragungen in diesen Feldern sehen nicht nur die Besucher Ihres Profils. Sie sind auch entscheidend dafür, dass Sie von potenziellen Kunden oder Geschäftspartnern gefunden werden. Sie ahnen es schon: Auch hier ist es sinnvoll, dass Sie sich ein paar Gedanken über Ihr Profil machen. Sie könnten z.B. versucht sein, in das Feld «Ich suche ...» «Neue Kunden» einzutragen. Aber wer sucht schon nach Kontakten, die neue Kunden suchen? Platzieren Sie in Ihrem Profil die Schlüsselwörter, mit denen Sie gefunden werden möchten, und platzieren Sie Inhalte, die Ihre Wunschkunden (Buyer-Persona) interessieren.

Schreiben Sie also auch über Ihre Mehrwerte, z.B.:

«Ich biete: Das eBook: Leadgenerierung mit der Wasserloch-Strategie http://www. strike2.de/landing/inboundmarketing-wp/»

Profilinformationen über Unternehmen und Person

Sie können die Felder «Firma», «Name» und «Position» natürlich wie von XING gefordert ausfüllen. In meinem Fall wären das:

Firma:	**strike2**
Name:	**Norbert Schuster**
Position:	**Inhaber**

Wenn ich mich mit diesen Eingaben in XING bewegen würde, würde das wahrscheinlich relativ wenig bewirken. Daher habe ich meine Eintragungen so vorgenommen:

Firma:	**strike2 – Zen of Leadmanagement**
Name:	**Norbert Schuster**
Position:	**Berater, Autor, Speaker Leadmanagement, Wasserloch-Strategie & Inbound Marketing**
Akademischer Abschluss:	**Leadmanagement-Coach**

Da Sie sich dieses Buch gekauft oder evtl. geschenkt bekommen haben, interessieren Sie sich ja wohl für das Thema Leadmanagement. Stellen Sie sich vor, ich würde Ihr XING-Profil besuchen oder Sie würden mein XING-Profil in einer Gruppe entdecken. Mit welcher Variante hätte ich wohl größere Chancen, Ihnen aufzufallen und evtl. sogar von Ihnen angesprochen zu werden?

Profilspruch

 Das kostenlose Whitepaper: "Status quo Leadmanagement 2014 in Deutschland - Wie gestaltet sich modernes Leadmanagement und wie wird es aktuell in Deutschland umgesetzt?"
☞ http://www.strike2.de/landing/leadmanagement-whitepaper-vogelverlag-marconomy/

Im Profilspruch können Sie ein Statement oder einen Spruch platzieren. Nutzen Sie den Profilspruch, um Ihre Wunschkunden mit Ihrem Slogan anzusprechen. Sie können und sollten dort idealerweise auch einen Link z.B. zu einem kostenlosen Whitepaper oder einer Checkliste platzieren.

Berufserfahrung

Im Bereich «Berufserfahrung» platzieren Sie Ihren beruflichen Lebenslauf und alle Stationen Ihrer Karriere.

Ich biete ...

Wie der Name schon sagt, beschreiben Sie hier Ihr Angebot für Ihre Wunschkunden. Aber denken Sie dabei bitte an meine Warnung vor Ego-Posting. Schreiben Sie für Ihre Buyer-Persona(s)! Gehen Sie auf die Schmerzpunkte Ihrer Wunschkunden ein und bieten Sie ihnen entsprechende Inhalte dazu an. Ich schreibe dazu in meinem Profil in ganzen Sätzen, füge einen Trennstrich ein und ergänze Schlüsselwörter, mit denen ich gefunden werden möchte. Achten Sie dabei bitte darauf, dass XING in den Feldern «Ich biete ...» und «Ich suche ...» ein Komma als Feldtrenner interpretiert. Wenn Sie also schreiben möchten:

Ich biete: «Leadmanagement-Strategien, die mehr und bessere Leads generieren», müssen Sie die Interpunktion etwas verbiegen und das Komma durch ein Semikolon ersetzen oder es ganz einfach weg lassen.

Ich suche ...

In diesem Bereich sehe ich immer wieder Eintragungen wie: «Neue Kunden» oder «Kontakte». Natürlich sucht niemand XING-Kontakte, die neue Kunden suchen. Es ist auch sinnlos, im Bereich «Ich biete» «CRM-System für Maschinenbauunternehmen» und bei «Ich suche» «Maschinenbauunternehmen, die CRM-System suchen» einzutragen. Überlegen Sie daher lieber, wie Sie auch hier Ihre Wunschkunden ansprechen können.

Beispiel «Ich suche»:

- ❑ Marketingleiter; die mehr und bessere Leads generieren möchten
- ❑ Chemieunternehmen; die Wertstoffe destillativ trennen möchten
- ❑ Unternehmen aus der Lebensmittelbranche; die Produkte aufreinigen oder konzentrieren möchten

usw.

Portfolio

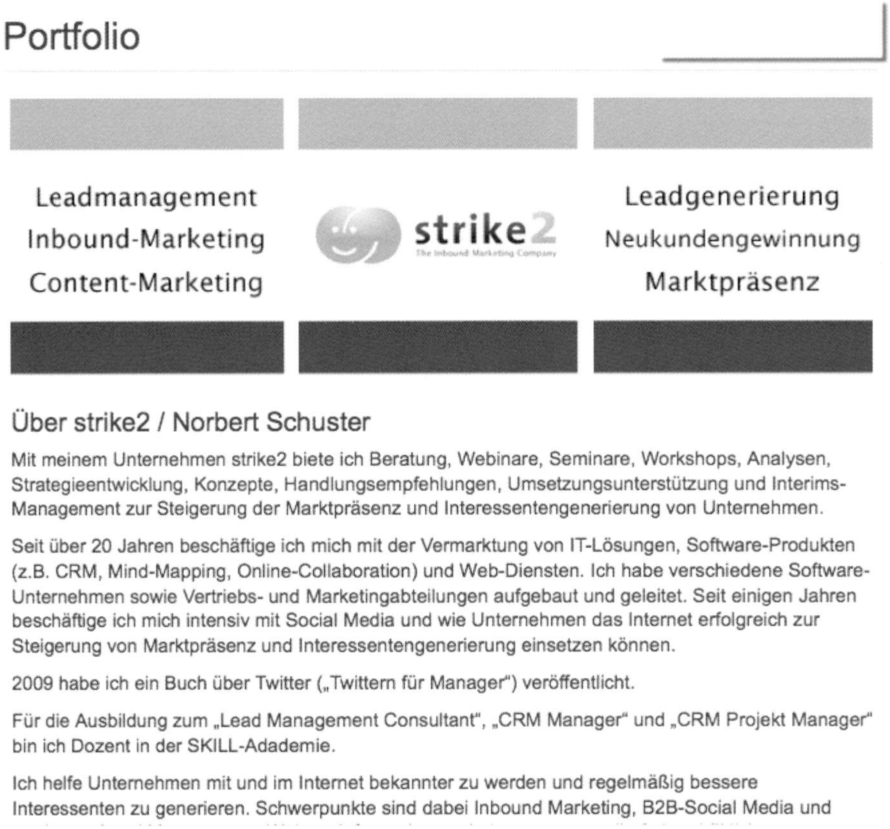

Portfolio

Leadmanagement
Inbound-Marketing
Content-Marketing

Leadgenerierung
Neukundengewinnung
Marktpräsenz

Über strike2 / Norbert Schuster

Mit meinem Unternehmen strike2 biete ich Beratung, Webinare, Seminare, Workshops, Analysen, Strategieentwicklung, Konzepte, Handlungsempfehlungen, Umsetzungsunterstützung und Interims-Management zur Steigerung der Marktpräsenz und Interessentengenerierung von Unternehmen.

Seit über 20 Jahren beschäftige ich mich mit der Vermarktung von IT-Lösungen, Software-Produkten (z.B. CRM, Mind-Mapping, Online-Collaboration) und Web-Diensten. Ich habe verschiedene Software-Unternehmen sowie Vertriebs- und Marketingabteilungen aufgebaut und geleitet. Seit einigen Jahren beschäftige ich mich intensiv mit Social Media und wie Unternehmen das Internet erfolgreich zur Steigerung von Marktpräsenz und Interessentengenerierung einsetzen können.

2009 habe ich ein Buch über Twitter („Twittern für Manager") veröffentlicht.

Für die Ausbildung zum „Lead Management Consultant", „CRM Manager" und „CRM Projekt Manager" bin ich Dozent in der SKILL-Adademie.

Ich helfe Unternehmen mit und im Internet bekannter zu werden und regelmäßig bessere Interessenten zu generieren. Schwerpunkte sind dabei Inbound Marketing, B2B-Social Media und

Bild 3.5

Das Portfolio ersetzt und erweitert das alte «Über mich»-Feld. Hier können Sie Module mit Bildern, Texten und Dokumenten einfügen und beliebig platzieren, die für Ihre Wunschkunden relevant sind und sie zur Kontaktaufnahme animieren. Texte, die Sie hier platzieren, können auch von Suchmaschinen gefunden werden – ein weiterer Grund, hier auch die Keywords Ihrer Wunschkunden zu platzieren.

Tipp für die Leadgenerierung mit XING
Ändern Sie Ihr XING-Profil so, dass es für potenzielle Kunden interessante Signale sendet. Sie können sich sicher vorstellen, welche Effekte Sie erzielen, wenn «alle» Mitarbeiter Ihres Unternehmens ihr Profil so optimieren. Unterhalb des Portfolios finden Sie auch den leider sehr klein ausgeführt Link zum Impressum Ihres XING-Profils. Da die Rechtsprechung zum Thema Impressumspflicht im Social Media derzeit etwas – sagen wir mal – unübersichtlich ist, habe ich im Portfoliotext mein Impressum auch noch einmal platziert. Wie bei allen Social-Media-Präsenzen, die Sie beruflich bzw. gewerblich nutzen, müssen Sie auch bei XING ein Impressum platzieren. Weitere Informationen über die Impressumspflicht finden Sie in Kapitel 10 über die rechtlichen Aspekte des Leadmanagements.

Die XING-Suche
XING bietet sehr umfangreiche Suchmöglichkeiten, um Wunschkunden bzw. Zielpersonen zu finden und die entsprechenden Ansprechpartner zu kontaktieren. Mit der erweiterten Suche können Sie prüfen, ob Sie Ihre Buyer Persona in XING finden und wie viele Eintragungen XING ausweist. Sie können sich so auch einen Überblick über das «Mengengerüst» für Ihre Leadgenerierungs-Maßnahmen in XING verschaffen. Für Ihre Suche können Sie Platzhalter wie den «*» nutzen und so wie in Bild 3.6 dargestellt durchführen:

Branche: Maschinenanlagen
Position: Produktionsleit* (Produktionsleiter, Produktionsleitung usw.)

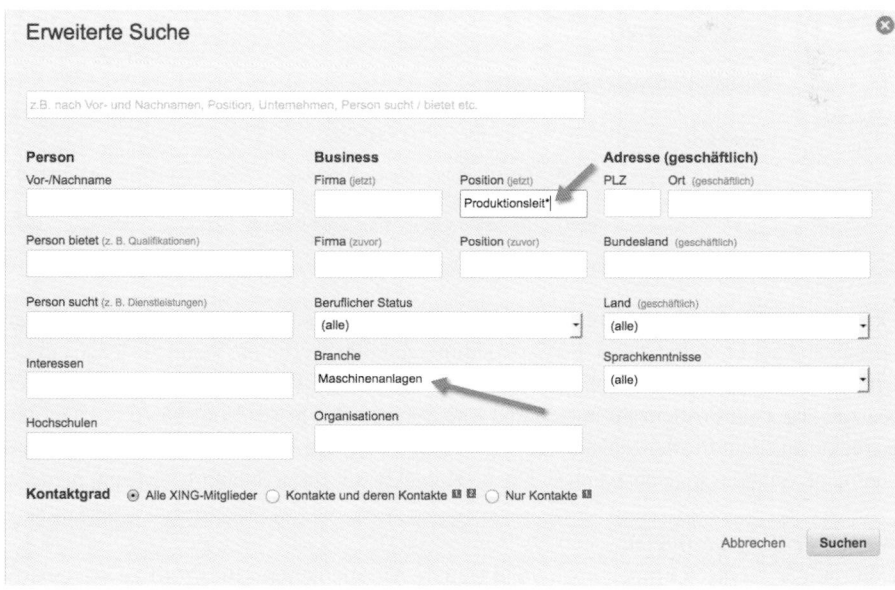

Bild 3.6

Das Ergebnis zeigt (Stand: 16. Juli 2014) 83 Treffer. Hätte ich statt «Maschinenanlagen» den Suchbegriff «Maschinen*» eingegeben, wären heute 484 Treffer angezeigt worden (Bild 3.7).

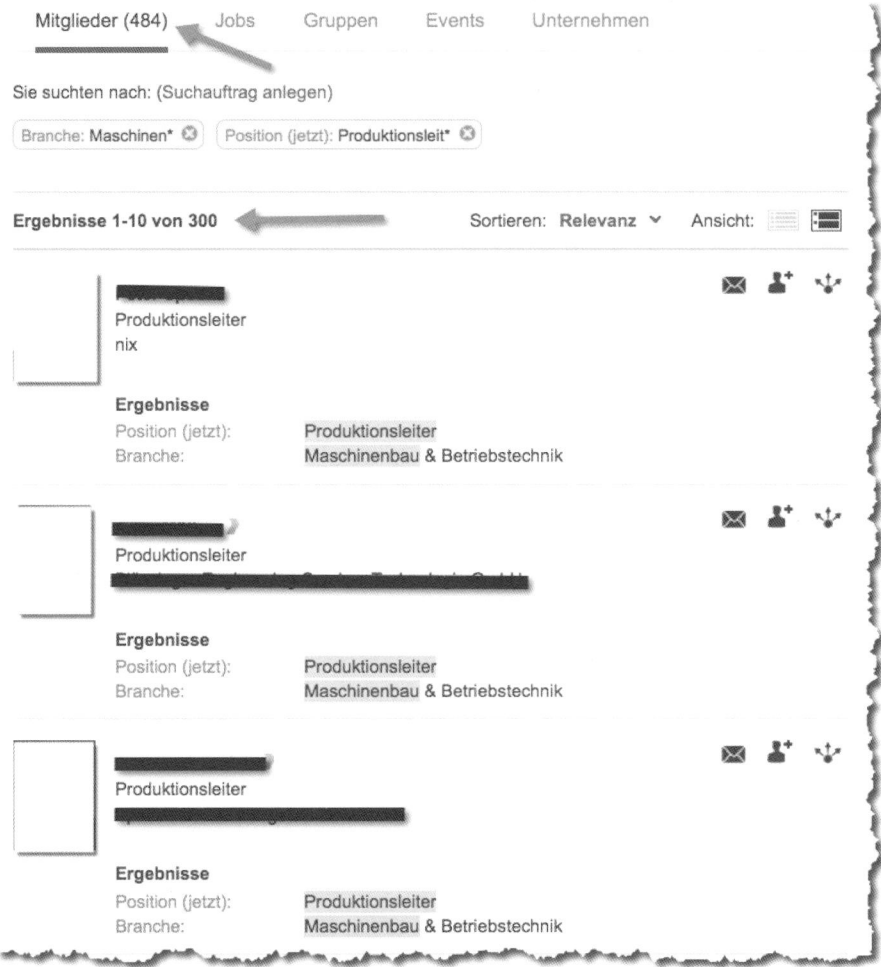

Bild 3.7

Oben links sehen Sie die Anzahl der gesamten Treffer, in diesem Fall 484. XING zeigt Ihnen aber (Stand der Funktionen: 16. Juli 2014) immer nur 300 Treffer an. Wenn Sie jeden einzelnen Kontakt «anfassen» möchten, müssen Sie Ihre Selektion weiter verfeinern. Dazu können Sie z.B. das Feld Postleitzahl nutzen und Ihre Suche z.B. mit der Eingabe «6*» (zeigt nur Kontakte aus dem Postleitzahlenbereich 6) weiter verfeinern. Ihre Suchen können Sie speichern und erfahren so auch, wenn sich neue Kontakte mit Ihren Suchkriterien eintragen.

Weitere Felder und Bereiche
Natürlich bietet XING Ihnen noch viele weitere Möglichkeiten, Ihr Profil zu verfeinern. Aufgrund der Übersichtlichkeit beschränke ich mich an dieser Stelle aber auf die Bereiche, die einen direkten Einfluss auf Ihre Leadgenerierungsmaßnahmen haben.

Kontakt aufbauen

Wenn Sie mit der erweiterten Suche eine Liste von potenziellen Kunden gefunden haben, bietet XING Ihnen einige Möglichkeiten, um Kontakt zu den gefundenen Personen aufzubauen. Bitte beachten Sie aber, dass nicht jeder Weg zu empfehlen ist. Prüfen Sie bitte, welcher Weg für Sie authentisch ist und zu Ihren Wunschkunden passt.

❑ Wenn Sie unbedingt Kaltakquise betreiben möchten, können Sie das Suchergebnis nutzen, um die Kontaktdaten im Internet zu recherchieren und den Ansprechpartner direkt anzusprechen. Zum sinnvollen und effizienten Vorgehen habe ich weiter oben schon Stellung genommen. Aber es mag ja Fälle geben, in denen das die beste bzw. einzige Lösung darstellt. Dann sollten Sie sich aber auf jeden Fall über die rechtlichen Facetten dieses Acquiseweges informieren.

❑ Sie besuchen das Profil des Ansprechpartners und warten, ob der daraufhin Ihr Profil besucht. Gegenseitige Profilbesuche sind ein gutes Indiz für Interesse. Eventuell gibt es Ansatzpunkte für eine direkte Kontaktaufnahme. Mein bester Versuch: 30% der Kontakte, deren Profil ich mir anschaute, besuchen mein Profil. Das funktioniert natürlich nur, wenn Ihr XING-Profil gut eingestellt bzw. optimiert ist.

❑ Wenn Sie im Profil des Ansprechpartners einen wirklich guten Ansatzpunkt für eine Kontaktaufnahme finden, senden Sie ihm eine Nachricht und fragen, ob Interesse für einen weiteren Kontakt besteht oder ob er z.B. Ihren kostenlosen Leitfaden für Produktionsleiter lesen möchte. Bitte beachten Sie: XING verlangt für Nachrichten an unbekannte Kontakte einen eindeutigen Bezug zu deren Profil. «Wir sind ja beide bei XING.» ist kein eindeutiger Bezug. Wenn Sie diese Funktion missbrauchen, kann es passieren, dass der Kontakt Sie bei XING meldet und Sie verwarnt und im schlimmsten Fall gesperrt werden.

❑ Natürlich können Sie dem Ansprechpartner auch direkt eine Kontaktanfrage senden. Ich rate aber davon ab, Kontaktanfragen ohne inhaltlichen, sinnvollen Bezug zu versenden. Der Spruch «Kontakte schaden nur dem, der sie nicht hat» wird zwar gerne strapaziert, passt aber nicht pauschal. Und: «Wir sitzen ja beide in Bottrop.» ist auch kein Grund für eine Kontaktanfrage!

❑ In eine Gruppe einladen: Wenn Sie Mitglied einer Gruppe sind oder eine eigene XING-Gruppe gegründet haben, können Sie Ansprechpartner in die Gruppe einladen. Dazu gleich mehr.

XING-Statusmeldung

Mit der XING-Statusmeldung können Sie Ihre Kontakte über Neuigkeiten und Wissenswertes auf dem Laufenden halten. Wenn Sie die Statusmeldung sinnvoll einsetzen, kann sie Ihnen helfen, Ihre Reichweite auszubauen und z.B. auf Ihre Blog-Artikel, eBooks und andere Medien hinzuweisen. Also, Sie ahnen es schon, auch hier ist die Wunschkunden-Relevanz der Maßstab für Ihre Statusmeldungen.

TIPPS FÜR IHRE STATUSMELDUNG:

❑ Informieren Sie Ihr Netzwerk über Ihre interessanten Aktivitäten.
❑ Mischen Sie «fremde» Informationen mit Ihren eigenen Inhalten.
❑ Schreiben Sie z.B. über Aktivitäten von Partnern und befreundeten Unternehmen. Auch hier funktioniert oft: «Hilfst Du mir, helfe ich Dir.»

- ❏ Verlinken Sie auf interessante Inhalte, Mehrwerte, Blogartikel, eBooks usw.
- ❏ Übertreiben Sie es nicht und schreiben Sie nicht zu oft. Maximal 1-mal pro Tag hat sich für mich bewährt. Je attraktiver Ihre Inhalte sind, desto öfter können Sie schreiben.
- ❏ Vermeiden Sie plumpe Werbung und Banalitäten à la «Ich hole mir jetzt mal 'nen Kaffee.»
- ❏ Wer Zitate lesen will, sucht sie im Internet. Nutzen Sie Ihre Statusmeldung für sinnvollere Inhalte.
- ❏ Formulieren Sie Statusmeldungen und bitten Sie Ihre Mitarbeiter oder Partner, diese auch zu posten.

XING-Gruppen

XING bietet umfangreiche Gruppenfunktionen. Sie finden in XING mehr als 50 000 Gruppen zu allen möglichen Themen. Von Piraterie bis Buddhismus sind fast alle Themen vertreten. Die Gruppen bieten den Nutzern die Möglichkeit, interessante Kontakte einzuladen, Diskussionen über interessante Themen zu erstellen und daran teilzunehmen. Gruppen bieten eine gute Möglichkeit, um Geschäftskontakte zu knüpfen und Ihre Inhalte zu verbreiten. Suchen Sie doch einfach einmal, ob es zu Ihrem Thema schon eine Gruppe gibt. Werden Sie Mitglied, stellen Sie sich vor und machen Sie durch interessante Artikel, Kommentare und Hilfestellungen auf sich aufmerksam. Wenn ein Engagement in Gruppen für Sie zielführend, eine eigene Gruppe aber nicht sinnvoll ist, fragen Sie den Gruppenmoderator, ob er Hilfe benötigt. Moderatoren freuen sich oft über Hilfe zur Belebung der Gruppe. So können Sie aktiv werden, ohne eine eigene Gruppe zu gründen. Wenn das, z.B. wegen eines Wettbewerbsverhältnisses, nicht möglich ist oder es noch keine aktive Gruppe zu Ihrem Thema gibt, gründen Sie einfach eine eigene Gruppe.

TIPP

Wenn Ihr Geschäft einen lokalen Bezug hat und es in Ihrer Gegend noch keine «starke» bzw. aktive XING-Gruppe gibt, denken Sie doch auch einmal über die Gründung eines lokalen Business-Networks nach. In XING finden Sie die Ansprechpartner und können sie dort in Ihre Gruppe einladen. Wenn Sie Ihre XING-Aktivitäten mit Offline-Treffen kombinieren, lernen Sie interessante Menschen kennen und finden sicher auch neue Kunden und Partner.

INTERNET

Mein lokales Business-Netzwerk heißt Aschaffenburg-Business (https://www. XING.com/net/pri28e999x/aschaffenburgbusiness/).
Wir haben (Stand Juli 2014) 910 Mitglieder und verschiedene Formate für die Treffen der Gruppe:
- ❏ Aschaffenburg-Business Meeting
- ❏ Aschaffenburg-Business Stammtisch
- ❏ Aschaffenburg-Business Squash
...

INTERNET

An den Treffen nehmen in der Regel zwischen 5 (Business Squash) und 80 (Business Meeting) Gruppenmitglieder teil. Wenn Sie Tipps für so ein Business-Netzwerk, eine entsprechende XING-Gruppe und Formate für Offline-Treffen haben möchten, kontaktieren Sie mich einfach in XING: **http://www.XING.com/profile/Norbert_Schuster**

Ihre XING-Gruppe
Mit einer eigenen XING-Gruppe können Sie

- ❑ die Ansprechpartner aus Ihrer Suchmatrix einladen,
- ❑ Kunden einladen und über Ihr Thema informieren,
- ❑ Partner und Lieferanten einbinden, um die Mitglieder zu informieren und auf dem Laufenden zu halten,
- ❑ Themen diskutieren,
- ❑ die Gruppenmitglieder um ihre Meinung bitten,
- ...

Folgende Fragen sollten Sie sich vor dem Start der Gruppen beantworten:

- ❑ Soll die Gruppe offen (jedes XING-Mitglied kann jederzeit beitreten) oder geschlossen (Beitritt nur nach Freischaltung durch den Moderator) geführt werden?
- ❑ Wer ist Moderator und wer sind die Co-Moderatoren?
- ❑ Gruppenrichtlinien
- ❑ Was möchten Sie nicht erlauben? Werbung?
- ❑ Umgangsformen
- ❑ Gibt es Ausschlusskriterien für die Aufnahme von neuen Mitgliedern?
- ❑ Wer soll in die Gruppe eingeladen werden?
  - – Bestehende Kunden und Interessenten
  - – Partner
  - – Hersteller / Lieferanten
  - – Wettbewerb???
  - – Mitglieder von anderen relevanten Gruppen
- ❑ Wer lädt in die Gruppe ein?
- ❑ Wer schaltet die neuen Mitglieder frei?
- ❑ Wer baut den Kontakt zu den neuen Mitgliedern auf?

Welche Foren soll Ihre Gruppe haben? Z.B.

- ❑ Events
- ❑ Strategie
- ❑ Tools
- ❑ FAQs
- ❑ Best Practice
- ❑ Planung
- ❑ Stellenmarkt
- ❑ Tipps & Tricks
- ...

Wie oft möchten Sie einen Gruppen-Newsletter versenden? 1- bis 2-mal pro Monat halte ich für sinnvoll, wenn Ihre Inhalte entsprechend attraktiv sind.

Ein paar Tipps zum Start der Gruppe:

- ❏ XING-Gruppe beantragen (Freischaltung dauert ca. 1 Woche).
- ❏ Einstellungen vornehmen und Texte einstellen (Gruppen-Logos, allgemeine Einstellungen, Blog per RSS integrieren usw.).
- ❏ Die Gruppe mit ersten Inhalten (Artikel / Diskussionen) füllen.
- ❏ Zuerst «Freunde des Hauses» einladen.
- ❏ «Start-Traffic» generieren bzw. die Gruppen beleben, Inhalte, Kommentare, Fragen, Antworten usw.
- ❏ Erst danach sollte man beginnen, «fremde» Kontakt einzuladen.

Bitte haben Sie Verständnis, dass ich die Themen Social Media, XING, Gruppen usw. in diesem Buch nur relativ kurz im Kontext zum Thema Leadmanagement und Leadgenerierung beschreibe.

Wenn Sie mehr dazu erfahren möchten oder Hilfe für das Aufsetzen und Betreiben einer XING-Gruppe benötigen, freue ich mich über Ihre Kontaktanfrage in XING.

Checkmap XING
Hier finden Sie eine Checkliste für Ihre XING-Optimierung (Bild 3.8).

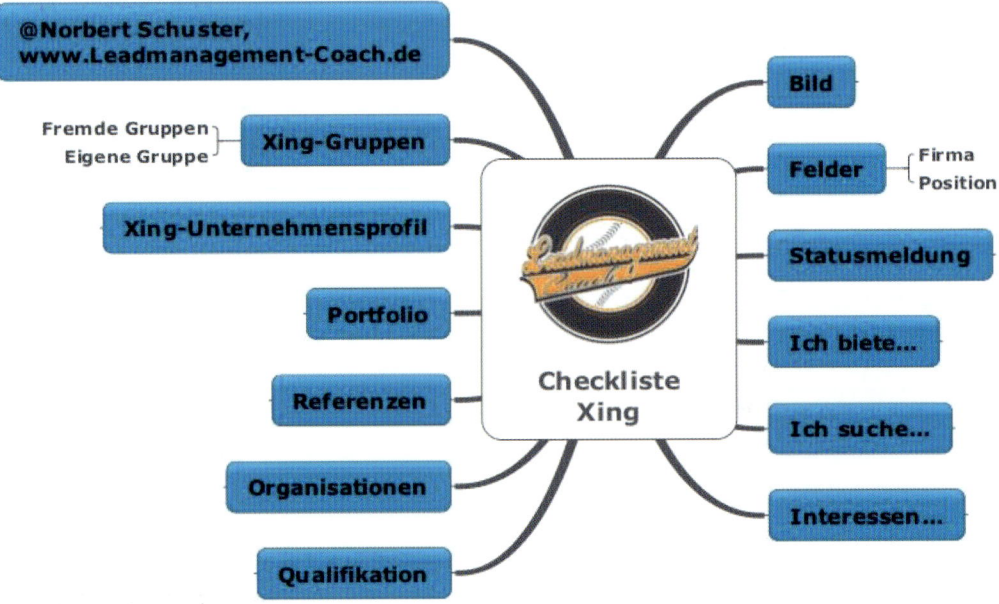

Bild 3.8

Gastbeitrag LinkedIn: SUSANNE HILLMER

LinkedIn

LinkedIn ist derzeit das weltweit größte Business-Netzwerk mit über 300 Millionen Mitgliedern. LinkedIn ist mehrsprachig einsetzbar und in Europa stark vertreten. Mittlerweile hat LinkedIn ca. 5 Millionen User in Deutschland, Österreich und der Schweiz, Tendenz :schnell wachsend. LinkedIn ist eine gute Wahl, wenn Sie die Chancen einer Business Community für den nationalen und internationalen Markt nutzen möchten.

Das Angebot bzw. die Funktionen sind vergleichbar mit XING. Mit LinkedIn ist es möglich, gezielt nach Entscheidern, potenziellen Kunden und Partnern zu suchen. Kontakte seriös aufzubauen, sich vorstellen lassen und das Netzwerk zu pflegen stehen im Vordergrund.

Bild 3.9
[Quelle: linkedIn.com]

Unternehmen, die weltweit aktiv sind mit Schwerpunkt IT, Automobilherstellung, Computer-Software und Bankwesen finden sich verstärkt in D/A/CH. Um effektive Inbound-Marketing-Maßnahmen zu starten, ist LinkedIn eine wichtige Plattform, um international gefunden zu werden. Mittel- bis langfristig werden Sie auf LinkedIn eine größere Reichweite aufbauen und somit von potenziellen Kunden gefunden. Wie bei anderen Netzwerken benötigen Sie hierzu Geduld und Ausdauer in Ihren Aktivitäten, bis sie messbare Erfolge erzielen. Nach der Strategie-Phase (Buyer-Persona-Profil, Content- und Kanal-Strategie) kann man in LinkedIn direkt selbst aktiv werden und

- LinkedIn-Profile für Persona(s) optimieren,
- Persona(s) suchen und seriös über «InMails» ansprechen,
- In LinkedIn-Gruppen aktiv werden.

Also die wichtige internationale Komponente für die Leadgenerierung im B2B-Bereich. LinkedIn ermöglicht die Suche nach potenziellen Kunden und Partnern und bietet einige Möglichkeiten, um Kontakte aufzubauen.

LinkedIn eignet sich außerdem sehr gut, um

- Image und Bekanntheit weiter aufzubauen,
- Interessenten zu generieren,
- Kundenbindungen zu optimieren,
- Online-Reputation aufzubauen und zu pflegen,
- die Vernetzung zu fördern,
- LinkedIn ist weit mehr als ein weiteres Adressbuch im Internet!

Die Basis für erfolgreiches Netzwerken in LinkedIn ist, wie auch in XING, ein gutes Profil. Sie können Ihr Profil mehrsprachig hinterlegen und somit über den deutschsprachigen Raum hinaus Fachkompetenz zeigen.

Das LinkedIn-Profil

Um in LinkedIn erfolgreich zu agieren, sollten Sie Ihr Profil vollständig ausfüllen und die Möglichkeiten nutzen, Links, Videos und Dokumente anzuhängen. Besonders wichtige Felder für die Suchmaschinen und für die Profilbesucher sind:

- Ihr Profilslogan – heben Sie sich ab!
- 3 Links zu Webseiten oder anderen Social-Media-Profilen, s. Bild 3.10.

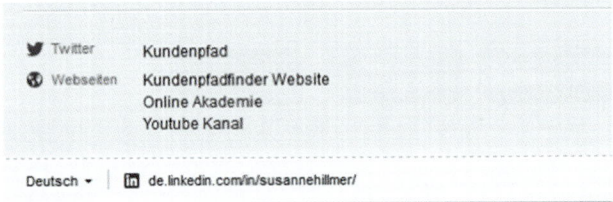

Bild 3.10
[Quelle: linkedIn.com]

- Ihre eigene LinkedIn-URL (s. Bild), die Sie mit anderen Portalen verbinden können
- Ihre Zusammenfassung mit Impressumslink
- Links zu Videos, Blogs, Dokumenten, Bildern
- Kenntnisse, um Ihre Fähigkeiten hervorzuheben
- Projekte, Veröffentlichungen usw.

LinkedIn funktioniert aber etwas anders als XING! Da es keine «Suche»- und «Biete»-Felder gibt, ist es wichtig, sich richtig zu positionieren. Je klarer Ihre Kernkompetenz ist, desto leichter werden Sie gefunden. Es wird auch nach Kenntnissen gesucht, die von Ihren Netzwerkpartnern bestätigt werden sollten. Platzieren Sie in der Zusammenfassung Schlüsselwörter, mit denen Sie gefunden werden wollen. Achtung! Keine Schlagwortsammlung. Versuchen Sie den Text ansprechend für den Besucher Ihres Profils zu schreiben und würzen Sie ihn mit wichtigen Schlagwörtern. Halten Sie sich kurz und bleiben Sie authentisch. Wenn Sie mehrsprachig netzwerken, hinterlegen Sie den Zusammenfassungstext ebenfalls in der von Ihnen gewählten Sprache.

Die Suche

LinkedIn bietet gute Suchmöglichkeiten, auch mit der kostenlosen Mitgliedschaft.

Tipp: Sie können «Suchen» speichern und erfahren über das System, wenn sich neue Kontakte mit Ihren Suchkriterien eintragen.

Kontakt aufbauen

LinkedIn ist nicht XING und Kontakte aufbauen funktioniert hier anders. Sie können keine direkten Mails an Kontakt senden, mit denen Sie nicht verbunden sind. Auch eine «Kontaktanfrage ohne Text» wird nicht gern gesehen und meist auch nicht bestätigt.

- Wenn Sie im Profil des Ansprechpartners einen wirklich guten Ansatzpunkt für eine Kontaktaufnahme finden, senden Sie ihm eine «InMail»-Nachricht (gebührenpflichtig oder in Premium-Mitgliedschaft enthalten). Dies ist ein seriöser und zuverlässiger Weg, um Antwort auf Ihr Schreiben zu bekommen. Sollte der Kontakt innerhalb 7 Tagen nicht antworten, wird Ihnen die Gebühr für die «InMail» auf Ihrem Konto wieder gut geschrieben.

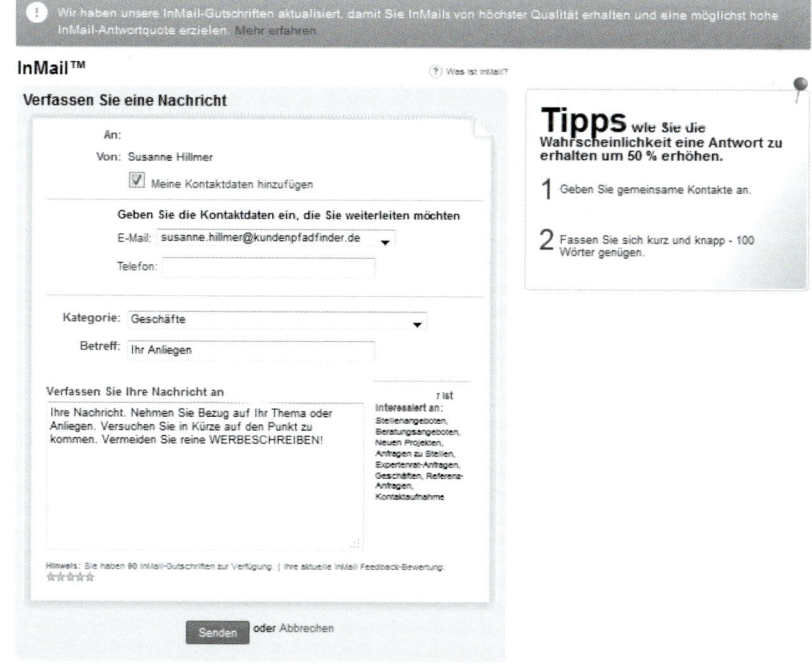

Bild 3.11
[Quelle: LinkedIn.com]

- Wenn Sie Ihrem gewünschten Ansprechpartner eine direkt Kontaktanfrage senden, bleiben Sie ehrlich. Warum kontaktieren Sie ihn? Schreiben Sie einen persönlichen Text, wenn Sie ihn nicht kennen, und nehmen Sie Bezug auf Ihr Thema.

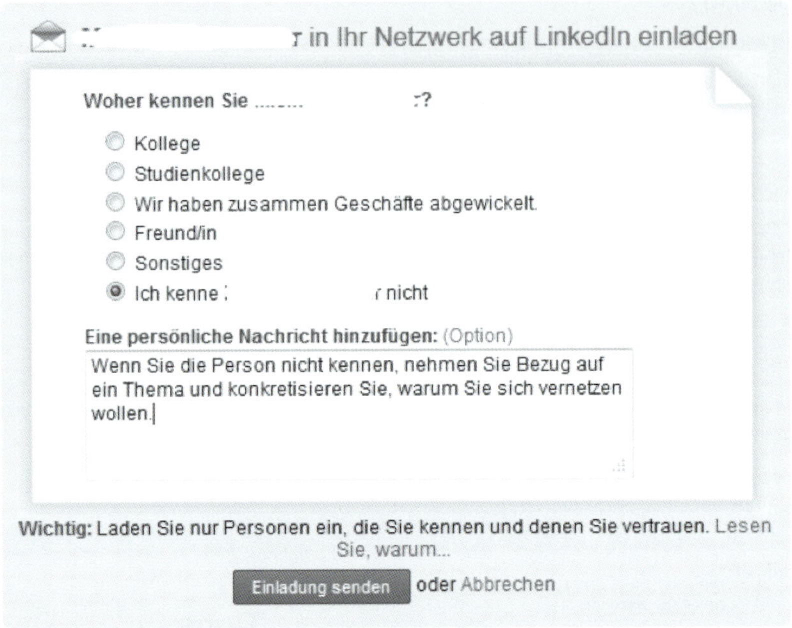

in Ihr Netzwerk auf LinkedIn einladen
Woher kennen Sie ?
Kollege
Studienkollege
Wir haben zusammen Geschäfte abgewickelt.
Freund/in
Sonstiges
Ich kenne nicht
Eine persönliche Nachricht hinzufügen: (Option)
Wenn Sie die Person nicht kennen, nehmen Sie Bezug auf ein Thema und konkretisieren Sie, warum Sie sich vernetzen wollen.
Wichtig: Laden Sie nur Personen ein, die Sie kennen und denen Sie vertrauen. Lesen Sie, warum...
Einladung senden
oder Abbrechen

Bild 3.12
[Quelle: LinkedIn.com]

Sich vorstellen lassen, ist der Hit in LinkedIn (Bild 3.13)! Nutzen Sie Ihr Netzwerk und lassen Sie sich über Ihre Kontakte vorstellen. Achtung! Das geht natürlich nur, wenn Sie Ihre Kontakte gut kennen und LinkedIn nicht als Adress-Sammelstelle nutzen!

Lassen Sie sich bei folgendem Mitglied vorstellen:
Manager Marketing, Sales &Shipping Logistics at
Wer sollte die Vorstellung einleiten?
Wählen Sie einen gemeinsamen Kontakt
Verbindungsgrad | A-Z
PR and Social Media Professional
Geschäftsleiter / Commercial Director DACH at
loves #Jobs Boards
Social Media richtig nutzen!

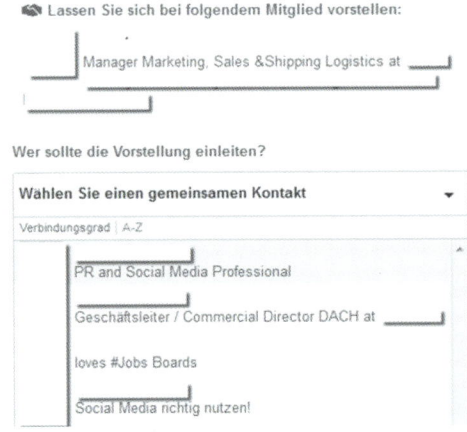

Bild 3.13
[Quelle: LinkedIn.com]

Ihre «Updates»

Über LinkedIn «Updates» auf der START-Seite können Sie Ihre Kontakte mit Neuigkeiten und Wissenswertem auf dem Laufenden halten. Nutzen Sie Ihre «Updates» sinnvoll und gezielt. Das hilft Ihnen, Reichweite aufzubauen und z.B. auf Ihre Blog-Artikel, eBooks und andere Medien hinzuweisen.

 Geben Sie einen Namen oder @ ein, um etwas über jemanden zu schreiben ...

Bild 3.14
Tipps für Ihre «Updates»:

- Informieren Sie Ihr Netzwerk über Relevantes aus Ihrem Themenbereich.
- Mischen Sie Informationen aus Ihrem Netzwerk mit eigenen Informationen.
- Weisen Sie auf Aktivitäten von Partnern und befreundeten Unternehmen hin.
- Verlinken Sie auf interessante Inhalte, Mehrwerte, Blog-Artikel, eBooks usw.
- Schränken Sie Eigenwerbung ein und bleiben Sie themenrelevant!

LinkedIn-Gruppen

Sie finden in LinkedIn über 1,8 Millionen Gruppen rund um den Globus zu allen möglichen Themen und in verschiedenen Sprachen. Die Gruppen bieten den Nutzern die Möglichkeit, Diskussionen anzustoßen oder daran teilzunehmen. Gruppen bieten eine gute Möglichkeit, um Geschäftskontakte zu knüpfen und Ihre Blog-Inhalte zu verbreiten.

Treten Sie Gruppen bei, die für Ihr Thema Relevanz haben. Fachgruppen sind sinnvoll, wenn Sie sich mit Kollegen / Mitbewerbern über Inhalte austauschen wollen, nicht aber für Ihre Akquise.

- Diskutieren Sie mit, stellen Sie so Verbindungen zu neuen Kontakten her.
- Bitten Sie Gruppenmitglieder um ihre Meinung.
- Nutzen Sie die Bereiche «Werbung» in den Gruppen um Ihre Angebote zu positionieren.
- Nutzen Sie den Bereich «Stellenmarkt», um interessante Jobs zu suchen oder anzubieten.

Wenn Sie eine eigene LinkedIn-Gruppe eröffnen möchten, würde das Seiten füllen, da die Gruppenfunktionen sehr umfangreich sind. Starten Sie noch heute mit LinkedIn, damit Sie «morgen» ein starkes Netzwerk haben!

Susanne Hillmer war viele Jahre Verkaufsleitung und ist seit 2003 in den Online-Medien aktiv. Sie berät und schult Unternehmen, LinkedIn sowie On- und Offline-Netzwerke im Business aktiv einzusetzen.

www.kundenpfadfinder.de
https://www.linkedin.com/in/susannehillmer

Twitter

Für Twitter werden viele Bezeichnungen genutzt: Microblogging-Dienst, Internettagebuch, soziales Netzwerk, SMS im Internet usw. Die Bezeichnung «Microblog» trifft es in meinen Augen am besten. Ein Microblog ist eine «verkürzte» Form eines Blogs. Twitter stellt seinen Benutzern eine Plattform zur Verfügung, um sich in kurzen Statements bzw. Nachrichten, sogenannten «Tweets», über die verschiedensten Themen mitzuteilen.

Welche Idee steckt hinter Twitter?
Die Ursprungsidee von Twitter war es, dass Freunde, Bekannte und Arbeitskollegen sich nicht nur für die großen Ereignisse wie Hochzeiten und Geburtstage im Leben der Anderen interessieren, sondern auch über die kleinen Dinge in deren Leben Bescheid wissen möchten. Was tun sie gerade? Mit was beschäftigen sie sich? Welches Buch lesen sie gerade? Welche Hobbys haben sie? Die Macher von Twitter glauben, dass der Austausch dieser kleinen Ereignisse ein Gefühl der Verbundenheit herstellen bzw. stärken würde – wie das treffend in einem Twitter-Werbefilm beschrieben wurde: «That makes us feel connected.»

Die Basis von Twitter ist die Frage «Was gibt's Neues?». Diese Frage beantworten Twitter-Benutzer mit sogenannten «Tweets» (Kurz-Nachrichten bzw. Status-Meldungen). Die Länge dieser Tweets ist auf 140 Zeichen begrenzt. Diese Begrenzung hat aber auch einen großen Vorteil: Sie werden gezwungen, Ihre Nachrichten kurz und knapp zu formulieren. Das fördert die Kreativität und Sie machen sich automatisch sehr intensiv Gedanken über die Ansprache Ihrer Zielgruppe. Sie werden sich wundern, wie schnell Sie sich daran gewöhnen, Ihre Nachrichten auf 140 Zeichen zu beschränken.

Das Twitter-Prinzip lässt sich sehr gut auf den Business-Einsatz übertragen. Schreiben Sie in Twitter darüber, was es bei Ihnen Neues gibt, und verlinken Sie auf interessante Medien:

- ❑ Webseite
- ❑ Landing Page
- ❑ Blog-Artikel
- ❑ eBook
- ❑ Artikel in einer XING-Gruppe
- ❑ Video auf YouTube
- ❑ Newsbereich
- ❑ Pressemeldung
- usw.

TIPP

Für die Verlinkung nutzen Sie am besten sogenannte URL-Shortner (Kurz-URL-Dienste) wie z.B. bitly.com. Dort geben Sie die originale Webadresse ein und erhalten im Gegenzug eine viel kürzere URL zurück, die auf die Ursprungsadresse verweist. Bitly verkürzt den Link nicht nur, sondern gibt Ihnen auch noch ein Reporting, wie oft Ihre Links angeklickt wurden.
Geben Sie bei bitly z.B. den original Link mit 65 Zeichen ein: http://www.strike2.de/landing/leadmanagement-whitepaper-vogelverlag-marconomy/ erzeugt bitly daraus einen Kurz-Link mit nur 21 Zeichen: http://bit.ly/1r3U2fo

So haben Sie mehr Zeichen für Ihre eigentliche Nachricht übrig. Bitly-Links können Sie natürlich nicht nur bei Twitter nutzen. Auch wenn XING und LinkedIn eigene URL-Kürzung anbieten, können Sie dort bitly-Links nutzen. So können Sie auch hier messen, wie oft Ihre Links angeklickt wurden.

Aber bedenken Sie bitte auch in Twitter:
Bieten Sie hilfreiche Informationen und Mehrwerte! Achten Sie auf eine gute Mischung zwischen Informationen und Angeboten bzw. Werbung. Am besten greifen Sie auf Bewährtes zurück und nutzen die Pareto-Verteilung von 80/20. 80% Information und 20% Angebot ist eine gute Orientierung für Ihre Tweets. Im Zweifelsfall sollten Sie immer zu mehr Information tendieren.

Wer liest Ihre Tweets?
Erst einmal niemand! Sie müssen sich zuerst einen Kreis von Lesern aufbauen. Diese Leser nennt man bei Twitter «follower». Die Follower sind quasi die Abonnenten Ihrer Nachrichten. Sie selbst können auch anderen Twitter-Nutzern «folgen» und deren Nachrichten lesen. Man spricht dann von «following». Das ist die Gruppe von Twitter-Nutzern, denen Sie folgen.

Wie können Sie neue Follower gewinnen?
Bewerben Sie Ihre Twitter-Präsenz in Ihren bestehenden Online-Medien (Webseite, Blog usw.) und Drucksachen. Ihre Interessenten, Kunden und Partner werden Ihnen folgen, um über Ihre Neuigkeiten auf dem Laufenden zu bleiben. Wenn Ihre Wunschkunden Twitter nutzen und Sie relevante Inhalte posten, werden sie Sie finden und Ihnen folgen.
    Prüfen Sie dazu, ob Ihre Wunschkunden Twitter nutzen, wer aus Ihrem Umfeld in Twitter aktiv ist und

❏ sich mit Ihrem Thema beschäftigt,
❏ Ihre Schlüsselwörter benutzt,
❏ über Ihr Thema schreibt
usw.

Folgen Sie nicht wahllos jedem, der Ihnen über den Weg läuft. Pure Masse ist nicht zielführend. Sie wollen ja Follower gewinnen, die potenzielle Kunden werden könnten. Ein Teenager in Japan kommt dafür im B2B- Bereich sicher weniger in Frage.
    Weitere Fragen für den Follower-Aufbau:

❏ Welche anderen Hersteller twittern bereits?
❏ Welche Magazine bzw. Zeitschriften Ihrer Branche twittern?
❏ Twittert Ihre Fachmesse?
❏ Twittern Experten und Meinungsmacher Ihrer Zielgruppe?
❏ Mit der erweiterten Suchfunktion von Twitter können Sie mit weiteren Parametern suchen.

Sie können Tweets suchen,

❏ die bestimmte Wörter enthalten.
❏ die in bestimmten Sprachen geschrieben wurden.

❑ die von bestimmten Personen geschrieben wurden.
❑ die im Umkreis einer Region geschrieben wurden
usw.

Tweets
Nachrichten werden in Twitter in einer Zeitleiste angezeigt. Dort erscheinen sie in zeitlich absteigender Reihenfolge. Sie sehen also oben die aktuellsten Nachrichten.
In dieser Zeitleiste können Sie die Nachrichten lesen, sie weiterleiten (Retweet) und auf eine Nachricht antworten oder einen Kommentar dazu abgeben. Das nennt man in Twitter einen «Reply». Ihre Antworten und Kommentare sind öffentlich und können in der gesamten «Twitter-Gemeinde» gelesen werden. Ähnlich wie in einer XING-Gruppe können Sie auch in Twitter mit hilfreichen Kommentaren, Antworten und Links auf sich aufmerksam machen und interessante Kontakte aufbauen.

TIPP

Denken Sie bei Ihren eigenen Tweets, Antworten oder Kommentaren daran: Sie bewegen sich im Internet und sehr viele Menschen können mitlesen. Verhalten Sie sich so, als ob Sie auf eine Plakatwand in der Fußgängerzone Ihrer Heimatstadt schreiben und Sie als Schreiber erkennbar sind! Es gelten die gleichen Höflichkeitsformen und gesetzlichen Regelungen wie im «richtigen» Leben!

Wie Sie den Überblick in Twitter behalten
Twitter ist mittlerweile zwar deutlich übersichtlicher geworden und bietet immer mehr Funktionen. Ich nutze aber trotzdem gerne das webbasierende Social-Media-Dashboard Hootsuite.
Mit www.hootsuite.com kann man mehrere Social-Media-Kanäle verwalten und Filter für Kanäle, Begriffe und Listen aufbauen. Die Teamfunktion unterstützt das Handling von eingehenden Nachrichten, Anfragen oder Beschwerden im Team. Man kann den entsprechenden Tweet z.B. mit einem Kommentar zur Bearbeitung an einen Kollegen weiterleiten. Wenn Teams mit Hootsuite arbeiten, kann man die Spalten und Filtereinstellungen mit den Teammitgliedern teilen. So arbeiten alle mit den gleichen Filtern und Ansichten und man spart das manuelle und individuelle Anpassen und Ändern. Unterstützt werden Facebook, Twitter, LinkedIn und Google+ Pages. Es gibt auch «Content-Apps» für YouTube, Flickr und Tumblr, Digg und mehr Möglichkeiten im ständig wachsenden Hootsuite-App-Verzeichnis. Leider gibt es bisher noch keine Integration für XING. Aus meiner Erfahrung ist Hootsuite aber sehr offen für Feedback und Vorschläge für Social-Media-Plattformen. Es ist also gut möglich, dass es in Zukunft so eine Integration auch für XING geben wird. Unterwegs kann man Hootsuite auch mit den Versionen für die gängigen Smartphone- und Tablet-Plattformen nutzen.

YouTube

Auf den ersten Blick könnte man YouTube in die Kategorie «Spielerei» einsortieren. Es gibt aber zwei Aspekte, die YouTube auch für das Business sehr interessant machen. Komplexe Sachverhalte lassen sich sehr gut mit einem Video visuell darstellen, über die Video-Plattform verbreiten und damit Kunden begeistern und gewinnen.

So kann z.B. ein Hersteller von Druckluft-Controlling-Systemen visuell die Funktion seiner Systeme darstellen oder Techniker mit einer Video-Anleitung bei der Installation unterstützen. Nicht zu vernachlässigen sind aber auch die «Besitzverhältnisse»: YouTube gehört zum Google-Imperium. Wenn Sie Ihre Inhalte in Form von Videos richtig auf YouTube platzieren, können Sie damit auch die Platzierung in Suchmaschinen positiv beeinflussen.

Mit Social Media starten

Wenn Sie Ihre Social-Media-Strategie erstellt haben, wissen Sie, was und wen Sie erreichen möchten. Sie wissen, wo wer wie über Sie und Ihr Thema spricht und welche Plattformen für Sie sinnvoll sind. Sie haben die Inhalte und Mehrwerte definiert, die Sie Ihren Kontakten in den sozialen Netzwerken bieten möchten.

Auch darüber sollten Sie sich Gedanken machen:

❑ Ihren Social-Media-Redaktionsplan
❑ den Freigabeprozess
❑ die Versandzeitpunkte
❑ de Tonalität
❑ Wie reagieren Sie auf Kommentare, Anfragen, Diskussionen?
❑ Ihre Social-Media-Guideline

Wenn Sie mit Aktivitäten wie dem Aufbau von Präsenzen, dem Versand von Einladungen und der ersten «Befüllung» mit Inhalten starten möchten, empfehle ich Ihnen, erst einmal mit einer oder zwei Plattformen zu beginnen. Wenn Sie dort Erfahrungen gesammelt und die notwendigen Prozesse aufgebaut haben, können Sie Ihre Aktivitäten auf weitere Plattformen ausweiten.

3.2.4 Foren / Fachportale

Im Internet werden Sie zu allen möglichen Themen Foren und Fachportale finden, in denen sich Experten, Einkäufer, Betroffene oder Interessierte austauschen. Konsumenten und Entscheider im B2B-Bereich nutzen diese Portale teilweise ausgiebig, um sich zu informieren und passende Anbieter oder Partner zu finden. Die meisten Fachportale sind Verzeichnisse von Anbietern für ein Thema, eine Branche oder eine Region. Die Anbieter können sich dort mit Basisdaten wie

❑ Stammdaten das Unternehmens,
❑ Kontaktdaten,
❑ Link zur Unternehmenswebseite,
❑ Ansprechpartner,
❑ Angebot / Produkte,
usw.

listen und kostenpflichtige Zusatzleistungen buchen.

Zusatzleistungen sind je nach Anbieter

❑ weitere Angebote / Produkte,
❑ detaillierte Informationen über das Angebot,

❏ bevorzugte Anzeige in den Suchergebnissen der Suchenden,
❏ Anzeige auf speziellen Seiten des Anbieters,
❏ weitere Medien wie Videos, PDFs usw.
usw.

Diese Zusatzleistungen sind in der Regel zwar recht teuer, bieten Ihnen aber unter Umständen gut qualifizierte Leads. Wenn Ihre Wunschkunden Fachportale besuchen, sollten Sie prüfen, ob sich ein Engagement dort lohnt. Wenn Sie Ihr Unternehmen dort «Buyer-Persona-konform» eintragen, werden Sie von mehreren Effekten profitieren:

❏ Speziell im B2B-Bereich kennen viele potenzielle Kunden diese Portale und suchen dort bevorzugt.
❏ Viele Fachportale sind sehr gut SEO-optimiert und werden von Ihren Wunschkunden bei der Suche in einer Suchmaschine gefunden. Mit einem Eintrag in diesen Portalen sorgen Sie u.U. dafür, dass Sie im «Zero Moment of Truth» bestehen und in der Auswahlliste eines potenziellen Kunden landen.
❏ Die die Portale meist themenbezogen sind, erhalten Sie einen wertvollen, thematisch passenden «Backlink» von einer «starken» Webseite und stärken so auch die Platzierung Ihrer Unternehmenswebseite in den Suchmaschinen.
❏ Potenzielle Kunden werden auf Sie aufmerksam und
 – suchen separat mit einer Suchmaschinen nach Ihrem Unternehmen;
 – folgen dem hinterlegten direkten Link zu Ihrer Webseite;
 – sprechen Ihr Unternehmen direkt per Mail oder Telefon an.
❏ Bei vielen Portalen können Sie weitere Angebote als Download verlinken, anbieten bzw. hinterlegen. Wenn der potenzielle Kunden diesen Download nutzt, können Sie den noch unbekannten Suchenden zum «bekannten» Interessenten konvertieren und ihn mit Lead-Nurturing-Kampagnen bis zur Vertriebsreife entwickeln.

Suchen Sie einfach einmal, ob es für das Thema Ihres Unternehmen oder Ihrer Branche auch ein Forum oder ein Fachportal gibt. Wenn Sie sich dort «richtig» einbringen und mit wertvollen Beiträgen auf sich aufmerksam machen, wird Ihnen das langfristig sicherlich auch helfen, Ihre Leadgenerierungs-Bemühungen zu unterstützen. Aber beachten Sie bitte auch hier: Niemand will plumpe Werbung oder Spam! Relevante Inhalte und Hilfestellung sind gefragt!
Beispiele von Fachportalen:

www

INTERNET

❏ Wer liefert was? – **www.wlw.de**
❏ Alibaba – **www.alibaba.com**
❏ MaschinenMarkt – **www.maschinenmarkt.vogel.de**
❏ Konstruktionspraxis – **www.konstruktionspraxis.vogel.de**
❏ CompetenceSite – **www.competencesite.de**
❏ Marketingbörse – **www.Marketingbörse.de**

Mittlerweile gibt es auch schon Anbieter, die Unternehmen helfen:

❑ die passenden Portale zu finden,
❑ die Portale mit den passenden Inhalte für die Profile (Unternehmen, Produkte, Links usw.) zu bestücken,
❑ u.U. auch den Zugriff auf die ausgesuchten Portale mit Hilfe eines Verwaltungstool zu vereinfachen.

3.2.5 Online-PR

Das Internet hat auch für die Presse- und Öffentlichkeitsarbeit ganz neue Möglichkeiten eröffnet. Machen Sie sich aber nicht allzu große Hoffnungen, über diesen Weg Redaktionen und Journalisten zu erreichen und Ihr Unternehmen so direkt in die Presse zu bringen. Dafür bedarf es schon weiterhin solider Pressearbeit und guter Kontakte zu Journalisten und Redaktionen. Online-PR ist aber trotzdem eine sehr gute Möglichkeit, Inhalte schnell zu verbreiten und sie dort zu platzieren, wo sie von Journalisten und am Thema interessierten Entscheidern leicht gefunden werden können. Der gängigste Weg hierfür ist die Nutzung von «Presseportalen». Diese Portale gibt es zahlreich und in kostenloser und kostenpflichtiger Ausprägung. Entscheidend ist die Wahl des richtigen Angebots. Das Portal sollte optimalerweise zu Ihrem Thema passen, viele Journalisten und Fachbesucher erreichen und Ihre Meldung auch auf weiteren qualitativ hochwertigen Portalen verbreiten.

3.2.6 E-Mail-Marketing

Marketing per E-Mail hat mehrere Facetten. Üblicherweise versteht man darunter Newsletter-Marketing. Im klassischen Newsletter-Marketing bietet eine Person, eine Institution oder ein Unternehmen Abonnement von Neuigkeiten und regelmäßigen Informationen an. Dieser klassische Weg hilft Ihnen aber nicht dabei, gefunden zu werden. Hat ein Interessent Sie über andere Wege gefunden, kann der Newsletter aber helfen, den Lead zu konvertieren – also aus einem anonymen Webseitenbesucher einen «bekannten» Interessenten machen – und den Kontakt zu ihm zu halten. Ein Newsletter-Abonnement ist für einen «Erst-Kontakt» aber eine sehr hohe Hürde. Daher eignet sich das klassische Newsletter-Marketing eher weniger für die Leadgenerierung.

Next Level E-Mail-Marketing

Moderne E-Mail-Marketing-Tools bieten aber auch neue Einsatzszenarien parallel und unabhängig vom «normalen» Newsletter. Sie helfen Ihnen, Landing Pages anzulegen und dort Ihre Inhalte und Mehrwerte für Ihre Wunschkunden zum Download anzubieten. Nimmt der Interessent dieses Angebot an und gibt Ihnen seine Daten und sein Opt-in, also die explizite Erlaubnis, ihm Informationen zu senden, können Sie ihn in weiteren Schritten (Trigger-Mails / Lead-Nurturing E-Mails) mit relevanten Informationen bis zur «Vertriebsreife» entwickeln. Teilweise bieten diese Systeme auch schon Funktionen für Lead-Scoring und Lead-Routing.

Stand-alone-Newsletter

Für die Leadgenerierung bietet sich aber noch eine andere Form des E-Mail-Marketings an. Es gibt Anbieter, die Adressdaten aus einem bestimmten Themenbereich gesammelt haben und diesen Adressbestand mit den Inhalten ihrer Kunden anschreiben. Es werden dabei keine Empfängerdaten an den Auftraggeber übertragen. Der Anbieter sendet die Inhalte seiner Kunden in Form eines exklusiven Newsletters an seinen Verteiler. Die Anbieter decken dabei einen mehr oder weniger fokussierten Themenbereich ab oder bieten Ihren Kunden die Möglichkeit zur Segmentierung Ihres Datenbestandes. Dabei gibt es verschiedene Preismodelle. Manche Anbieter berechnen den Versand an ihren gesamten Verteiler. Andere Anbieter versprechen eine Anzahl von Leads und versenden so oft, bis sie die bestellte Anzahl von Leads für Ihre Kunden generiert haben. In der Regel bieten diese «Stand alone»-Newsletter Angebote wie Whitepaper, eBooks oder Checklisten zum Download auf einer Landing Page an. Je relevanter die Inhalte sind, die man anbietet, desto mehr bzw. «besser» werden die Leads sein, die man mit diesen Maßnahmen generieren kann. Der Kunde erhält die Daten der interessierten Kontakte und kann sie mit weiteren Maßnahmen bis zur Vertriebsreife entwickeln.

BEISPIEL

Beispiele für «stand alone»-Newsletter-Anbieter

marconomy / Vogel Business Media
marconomy versteht sich als Treffpunkt für Marketing, Kommunikation und Vertrieb. Angesprochen werden Führungs- und Fachkräfte aus Marketing, Kommunikation, Produktmanagement und Vertrieb in Unternehmen und Agenturen. Der Verteiler von marconomy erreicht ca. 60 000 dieser Ansprechpartner. marconomy bietet Stand- alone- bzw. Sondernewsletter an, die die Leadgenerierung mit Webinaren und Whitepapern unterstützen.

Deutsche Messe Interactive (DMI)

Die Deutsche Messe Interactive (DMI) ist Teil der Unternehmensgruppe Deutsche Messe und verfügt über einen exklusiven Zugang zu Messe-Fachbesucher-Datenbanken. Diese umfassen mehr als 3 Mio. aktuelle Kontaktdaten von B2B-Entscheidern der Veranstaltungen CeBIT, HANNOVER MESSE, CeMAT, LIGNA, BIOTECHNICA und DOMOTEX. Sollen beispielsweise B2B-Entscheider aus den Branchenfeldern ITK oder Industrie erreicht werden, lässt sich die vom Kunden gewünschte Zielgruppe sehr differenziert selektieren. Im Rahmen von Lead-Kampagnen werden dann zielgruppenrelevante Inhalte z.B. in Form von Whitepapern, Webinaren usw. angeboten, für deren Nutzung sich der Empfänger registriert. Die auf diese Weise gewonnenen Leads sind in hohem Maß vorqualifiziert und können zur weiteren Bearbeitung an den Vertrieb des Kunden übergeben werden.

Weitere Anbieter:

INTERNET

- ❏ Acquisa / Haufe Verlag – **http://www.haufe.de/marketing-vertrieb/**
- ❏ Marketingbörse – **http://www.marketing-boerse.de/**
- ❏ ConversionBoosting – **http://conversionboosting.com/**

❑ iBusiness – **http://www.ibusiness.de/**
❑ t3n – **http://t3n.de/app/mediadaten/**
❑ INTERNET WORLD – **http://www.internetworld.de/mediadaten-225678.html**

TIPP

Prüfen Sie, welche Anbieter für Ihre Wunschkunden / Buyer-Persona(s) das beste Angebot bieten.

Die so – mit einem für Sie passenden Anbieter – generierten Leads können Sie in der Folge mit Lead-Nurturing-Kampagnen bis zur Vertriebsreife entwickeln. Mehr über Lead-Nurturing erfahren Sie in Abschnitt 4.2.

Das Wichtigste in Kürze:

❑ Prüfen Sie, in welchen Kanälen Sie Ihre Buyer-Persona finden können.
❑ Hören Sie zu, bevor Sie beginnen zu posten.
❑ Seien Sie authentisch, vermeiden Sie Ego-Posting und übermäßige Werbung in den Kanälen.

Gastbeitrag Videos im Leadmanagement:
René Schädlich

Videos als wesentliche Instrumente der Corporate Communication

Ganz gleich, ob man Werbebotschaften an Kunden übermitteln oder Wissen vermitteln möchte: Videos haben dem klassischen Bild längst schon den Rang abgelaufen. Aus Unternehmenssicht geht es heute jedoch nicht nur einfach darum, die «Bewegtbilder» im Netz anzubieten, sondern diese ziel- und zeitgerichtet bereitzustellen.

Sicher geht der erste Gedanke in Richtung des Klassikers: YouTube. Hier kann ich auch als Unternehmer mit einem YouTube-Channel und entsprechender Vernetzung zu meinen Social-Media-Applikationen eine breite Masse erreichen. Insbesondere für Unternehmen, die Ihre Produkte und Dienstleistungen im B2C-Segment an den Mann oder die Frau bringen wollen, eine vielversprechende Alternative. Hierzu sind in jüngster Zeit unzählige Dienstleistungen für die unterschiedlichsten Use Cases entstanden bzw. haben sich alteingesessene Unternehmen neue Dienstleistungen einfallen lassen.

Bekannt ist auch, dass der YouTube-Dienst kostenlos verfügbar ist. So ist es wenig verwunderlich, dass neben meinem eigenen Unternehmensvideo auch Werbebanner, Anzeigen usw. eingeblendet werden. Besonders unangenehm ist die Situation, wenn mein Werbevideo von einer entsprechenden Einspielung eines Wettbewerbers begleitet wird.

Nun muss man abwägen: Welche Rolle spielen Videos in meiner Marketing- und Kommunikationsstrategie? Denn für jede Anforderung gibt es auch hier die passenden Lösungen.

Ich erinnere mich an die Zeiten, als die Videos im «Internet» laufen lernten. Lange Pufferzeiten beim Streaming, schlechte Qualität bei schmalen Bandbreiten, große Downloadvolumen waren Alltag. Irgendwie gewinnt der Nutzer auch heute noch häufig den Eindruck, dass das immer noch so ist und sich nur Bandbreiten der Internetprovider weiterentwickelt haben. Die Möglichkeiten sind mittlerweile aber deutlich vielfältiger geworden.

Was bieten diese Lösungen im Vergleich zu YouTube? Nähern wir uns der Antwort anhand einiger Fragen, Szenarien und möglicher Problemstellungen.

Fragen, die sich jeder in diesem Zusammenhang stellen sollte, sind:

- Wer ist der Empfänger?
- Handelt es sich um unternehmensinterne oder externe Kommunikation?
- Handelt es sich um sensible Inhalte?
- Welches Videoformat steht zur Verfügung?
- Wie ist die Anbindung der Empfänger gewährleistet?
- Auf welchen Geräten und Plattformen werden die Videos angeschaut?
- Sollen die Videos heruntergeladen werden (können)?

Stellen Sie sich doch als professioneller Anwender allein folgende Szenarien vor:

- Schulungs- und Weiterbildungsfilme zu Neuerungen meiner Produkte
- Vertriebstrainings mit Argumentationsketten zu Wettbewerbern
- Videodokumentationen mit Inhalten, die vertraulich sind bzw. dem Datenschutz unterliegen

Bei diesen Daten wollen Sie definieren können, wer sie sehen darf und in welchem Umfeld sie gezeigt werden.

Erfahrungen und Problemstellungen aus der Praxis:

- Videos werden auf die Niederlassungen verteilt, um diese lokal vorzuhalten. Neben der Gefahr von Datenredundanzen ist es ein enormer Aufwand, diese mit aktuelleren Versionen zu ersetzen bzw. zu löschen, damit sie nicht mehr verfügbar sind.
- Videos für Lernzwecke sind zu lang und müssen mit enormem Aufwand in Lernsequenzen zerstückelt werden und mit entsprechenden Schlagwörtern versehen werden.
- Webseiten und Webapplikationen, in denen Links zu Videos eingebunden sind, sind nur mit großem Aufwand aktuell zu halten, wenn die Videos erneuert werden.

Diese Listen sind unvollständig und lassen sich beliebig erweitern und fortführen. Es wird jedoch schnell deutlich, dass ein professionelles Videomanagement zum Zwecke der Unternehmenskommunikation keinen öffentlichen Zugang haben darf und aus Sicht eines deutschen Unternehmens auch nur auf deutschen Servern liegen bzw. selbst gehostet werden sollte. Als kleiner Exkurs muss an dieser Stelle erwähnt werden, dass ein Server in Deutschland eines nicht deutschen Unternehmens hier aus rechtlichen Gründen wie ein ausländischer Server zu betrachten ist (siehe das Beispiel Amazon).

Neben den Sicherheits- und Reputationsaspekten bieten moderne Videoplattformen aber auch durch Funktionen für die einfache Verschlagwortung und das Setzen von Ansprungmarken interessante Möglichkeiten für das moderne Leadmanagement.

Stellen Sie sich vor: Sie nutzen Videos für das Nurturing von Leads. Mit einer innovativen Videoplattform erstellen Sie einen Videoplayer mit Ihrem Firmenlogo und Ihren Firmenfarben. Sie integrieren Videos in Ihren Regelnewsletter und/oder Ihre Lead-Nurturing-Kampagnen. Ihre E-Mail-Marketing- oder Marketing-Automation-Lösung versendet den Link zum entsprechenden Video an den Empfänger. Der Interessent öffnet den Link an seinem Arbeitsplatz oder auf einem Tablet-PC und sieht das Video in Ihrem individualisierten Videoplayer. Im Gegensatz zum klassischen «Video-Handling»

- bleiben Ihre Daten auf deutschen Servern;
- steuern Sie ganz genau, wer Ihre Videos sehen darf;
- werden neben Ihren Videos keine Videos Ihres Wettbewerbs angeboten;
- sehen Sie nicht nur, ob das Video geöffnet wurde, sondern auch, bis zu welcher Stelle;
- Können Sie beim Empfänger hinterlegen, bis zu welcher Stelle er das Video angesehen hat, und in Abhängigkeit davon weitere Aktivitäten (Lead-Nurturing-Stufe, Anruf usw.) auslösen.

So werden Ihre Videos zum aktiven, intelligenten Modul für Ihre E-Mail-Marketing-Kommunikation und Ihre Lead-Nurturing-Kampagnen.

René Schädlich ist Vorstand und einer der Hauptaktionäre der Mastersolution AG, spezialisiert auf die Herstellung von Softwaretechnologien für Kommunikations- und Lernzwecke sowie der Produktion hochwertiger 3D-Filme und animiertem Content.

www.mastersolution.de

4 Interessenten bis zur Vertriebsreife entwickeln

4.1 Konvertierung – Aus Webseitenbesuchern Leads machen

Wenn Sie die zuvor beschriebenen Punkte (Strategie, SEO- und Webseiten- Optimierung, Bloggen, Social Media usw.) erfolgreich umgesetzt haben, sollten Sie einen Anstieg Ihrer Webseitenbesucher verzeichnen können. Leider sind diese neuen Besucher aber auch schnell wieder weg, wenn Sie ihnen keine guten Gründe zum Bleiben bieten. Achten Sie also unbedingt darauf, qualitativ hochwertige Inhalte und Angebote auf Ihrer Webseite zu platzieren.

Was bieten Sie Ihren Besuchern?

Hochglanz-Prospekte? Zahlen, Daten, Fakten? Selbstbeweihräucherung à la «Wir sind die Besten!», Höher, schneller, weiter ...??? Plattitüden dieser Couleur überzeugen Kunden schon lange nicht mehr. Ermitteln Sie, wie und was Ihre Kunden suchen, wie sie sich informieren und wie sie entscheiden! Welche Motive gibt es z.B. für den Kauf eines Autos oder einer Software-Lösung? Sicherheit, Dynamik, Status, Features ...? Was treibt wen zu welchem Angebot? Und ganz entscheidend: Bieten Sie die entsprechenden Informationen und Mehrwerte! Eine gelungene Konvertierung ist ein Tausch mit einem Gewinn für beide Seiten. Sie bieten hilfreichen, wertvollen Mehrwert bzw. Information und erhalten im Gegenzug dafür von Ihrem potenziellen Kunden seine Daten und die Zustimmung, ihm weitere Informationen anbieten zu dürfen.

Konvertierung

Bleibt die Frage: Wie konvertiert man Webseitenbesucher denn konkret? Ein Besucher Ihrer Webseite ist erst einmal anonym. Web-Tracking-Systeme (Google Analytics, econda, Piwik, eTracker, Clicktale usw.) geben Ihnen Auskunft darüber, wie viele Besucher den Weg zu Ihrer Webseite gefunden haben. Zu diesem Zeitpunkt wissen Sie aber noch nicht, wer genau sich für Ihr Angebot interessiert. Sie kennen weder die Person noch haben Sie die Erlaubnis, die Person anzusprechen.

Wie läuft so eine Konvertierung ab?

- ❑ Sie bieten Ihren Webseitenbesuchern ein interessantes Angebot
    → z.B. *Whitepaper, eBook, Checkliste* usw.
- ❑ Sie sagen ihm klar und deutlich, was er tun muss, um den Inhalt zu bekommen.
    → *Handlungsaufforderung / Call-to-action*
- ❑ Sie führen ihn zu einer speziell dafür eingerichteten Webseite, die auf Ihr Angebot optimiert ist. → *Landing Page*
- ❑ Der Webseitenbesucher trägt seine Daten (z.B. Name und E-Mail-Adresse) in ein Formular ein, akzeptiert Ihre Datenschutzbestimmungen und bestätigt seine Eingaben mit einem Mausklick auf den Anforderungs-Button.
- ❑ Sie stellen den angeforderten Inhalt zur Verfügung.

ERGEBNIS

Aus einem anonymen Webseitenbesucher wurde ein «bekannter» Interessent.

Die Elemente des Konvertierungsprozesses

Ihr Angebot

Ihr Angebot ist der entscheidende Teil der Konvertierung. Das Angebot muss die Aufmerksamkeit des Webseitenbesuchers gewinnen, ihn auf Ihre Landing Page ziehen und ihm einen guten Grund geben, Ihr Web-Formular auszufüllen. Über mögliche Inhalte und Formate haben Sie in den vorigen Kapiteln ja schon Einiges erfahren. Formulieren Sie Ihr Angebot einfach und unkompliziert und stellen Sie den Nutzen für Ihren Wunschkunden deutlich heraus.

Call-to-action / Handlungsaufforderung

Sagen Sie Ihren Besuchern klar und deutlich, was sie tun müssen, um Ihr Angebot anzufordern. Nutzen Sie «Calls-to-action»!

Ein Call-to-action sollte

❑ eine klare Handlungsaufforderung enthalten
   → z.B. «Laden Sie hier ...»,
❑ Ihr Angebot deutlich darstellen
   → «... das kostenlose eBook ...»,
❑ den Nutzen Ihres Angebotes transportieren
   → «... mit dem Sie ...»,
❑ auffallend gestaltet sein,
❑ zur Überschrift und dem Inhalt Ihrer Landing Page passen,
❑ einen Link auf die entsprechende Landing Page enthalten.

Platzieren Sie Calls-to-action

❑ auf Ihrer Firmenwebseite,
❑ auf den Unterseiten Ihrer Webseite,
❑ in der Sidebar Ihres Blogs,
❑ am Ende Ihrer Blog-Artikel,
❑ auf den Seiten, die Ihre Leads besuchen,
❑ auf den Seiten, auf die von extern verlinkt wird,
❑ in Ihren E-Mails bzw. Newslettern,
❑ auf Ihren Print-Medien wie Flyer, Anzeigen, Postern, Messe-Displays usw.

In Verbindung mit einem QR-Code ist das auch eine interessante Möglichkeit, Besucher auf Ihre Landing Page zu leiten. So holen Sie auch Kontakt aus der «Offline-Welt» wie eine Messe oder eine Infopostsendung in die digitale Welt und können ihn nach erfolgreicher Konvertierung mit Lead-Nurturing weiterentwickeln.

Landing Page

Stellen Sie sich vor, Sie erhalten ein Angebot für eine interessante Checkliste oder ein Whitepaper und möchten dieses Angebot anfordern. Der angegebene Link führt Sie aber auf die Startseite des Anbieters. Dort finden Sie alle möglichen Informationen über den Anbieter, seine Produkte, offene Stellen, Pressemeldungen usw. Die Checkliste oder das Whitepaper, das Sie eigentlich interessiert, finden Sie aber auf Anhieb nicht. Wie lange würden Sie danach suchen? Wie hoch schätzen Sie die Absprungquote bei diesem Vorgehen ein?

Stellen Sie sich vor, der angegebene Link führt Sie zu einer speziell für diesen Zweck eingerichteten Seite, einer Landing Page. Auf dieser Seite wird inhaltlich auf das Angebot Bezug genommen und Sie werden nicht mit anderen Inhalten und Menüpunkten abgelenkt. Sie müssen nicht suchen und Sie sehen sofort, was Sie tun müssen, um die Checkliste bzw. das Whitepaper anzufordern. Wie hoch schätzen Sie die Absprungquote bei dieser Variante ein? Es erklärt sich sicher von selbst, dass die Landing Page-Variante deutlich besser konvertiert.

Die Elemente einer Landing Page:

- ❑ Überschrift
- ❑ Text
- ❑ Bild
- ❑ Web-Formular
- ❑ Call-to-action

TIPPS FÜR IHRE LANDING PAGE

- ❑ Die Überschrift der Landing Page sollte zu Ihrem Angebot passen.
- ❑ Formulieren Sie das Angebot und den Nutzen klar und deutlich.
- ❑ Bieten Sie nur relevante Inhalte an.
- ❑ Platzieren Sie nur ein oder maximal zwei Angebote pro Landing Page. Zu viele Angebote verwirren den Besucher nur und erhöhen die Absprungquote.
- ❑ Fragen Sie im Formular nur die Daten ab, die im aktuellen Stadium des Kaufprozesses sinnvoll sind. Auch gilt: Je mehr Informationen Sie abfragen, desto höher ist die Absprungquote. Fragen Sie deshalb nur die Daten ab, die Sie für den Erstkontakt benötigen. Anrede, Name, E-Mail-Adresse und die Zustimmung zu den Datenschutzangaben sind in der Regel für das erste Mal ausreichend. Weitere Daten können Sie in den nächsten Kontaktstufen (Lead-Nurturing) abfragen. → *Progressive Profiling*
- ❑ Platzieren Sie auf Ihrer Landing Page keine weiteren Menüpunkte bzw. Navigation.
- ❑ Das Ziel einer Landing Page ist einzig und allein die Konvertierung! Es geht hier nicht um die Übermittlung von Wissen, sondern nur um die Konvertierung der Seitenbesucher. Weitere Informationsangebote oder Fragen können Sie in den folgenden Schritten platzieren.
- ❑ Nutzen Sie Landing Pages auch für Ihre «Offline-Medien» wie Flyer, Anzeigen, Plakate usw. Mit QR-Codes leiten Sie Kontakte von diesen Medien auf Ihre Landing Pages.
- ❑ Wenn der Interessent seine Daten eingegeben hat, gibt es verschiedene Wege, wie Sie ihm den Zugang zu dem angeforderten Angebot gewähren können:
  - – Führen Sie ihn direkt zu einer Seite, auf der er Ihr Angebot laden kann.
  - – Senden Sie ihm die Datei (in der Regel eine PDF) direkt per Mail zu.
  - – Senden Sie ihm den Link zu einer weiteren Seite, auf der er Ihr Angebot laden kann.
- ❑ Nachdem der Interessent Ihr Angebot geladen hat, können Sie ihn zu einer «Danke-Seite» weiterleiten. Auf dieser Seite können Sie sich für sein Interesse bedanken und ihm weitere Angebote anbieten oder Fragen stellen.

QR-Code

Ein QR-Code (Bild 4.1) ist ein 2D-Code, der in Form eines Quadrates durch schwarze Punkte auf weißem Hintergrund dargestellt wird. Mit einem QR-Code kann man Zahlen und Buchstaben mit einer Kapazität von über 4200 alphanumerischen Zeichen (Zahlen, Buchstaben und Sonderzeichen) verschlüsseln und z.B. eine URL darstellen. Scannt man so einen QR-Code mit einem Smartphone mit der passenden App, wird der Benutzer direkt zur Webseite geleitet. QR-Codes können sogar mit Ihrem Logo «verfeinert» werden.

Bild 4.1

Neben der Weiterleitung zu einer Landing Page kann ein QR-Code aber auch:

- ❑ ein YouTube-Video starten,
- ❑ das Abspielen einer MP3 starten,
- ❑ das Abspielen einer Bildergalerie starten,
- ❑ Ihre Kontaktdaten in das Adressbuch eines Smartphones speichern,
- ❑ Texte zur Verfügung stellen

usw.

Für das Thema Leadgenerierung ist die Variante von QR-Codes, die den potenziellen Kunden direkt zu einer Landing Page leitet, aber wichtiger. Wenn Sie eine Landing Page in Kombination mit einem QR-Code einsetzen möchten, gibt es aber noch etwas zu beachten: Diese Landing Page muss für den Zugriff von mobilen Endgeräten optimiert sein!
  Dabei ist wichtig:

- ❑ Die Schrift und die Navigation müssen für die mobilen Endgeräte optimiert sein.
- ❑ Platzieren Sie nicht zu viel Text auf den mobilen Landing Pages.
- ❑ Denken Sie an die Ladezeiten.
- ❑ Das Webseiten-Formular muss einfach und unkompliziert von einem mobilen Endgerät ausgefüllt werden können.
- ❑ Die Landing Page sollte generell für die berührungssensitive Bedienphilosophie der mobilen Endgeräte optimiert sein.
- ❑ Wie funktioniert ein Download? Direkt oder per Link in einer E-Mail?

INTERNET

Eine Landing Page für die mobile Nutzung können Sie selbst entwickeln (lassen). Mittlerweile gibt es aber auch Anbieter, die sich auf das Thema Landing Page und speziell auf mobile Landing Pages spezialisiert haben. Neben dem «normalen» Einsatz für Anfragen kann man diese Landing Pages z.B. auch für Aktionen, Assessments, Umfragen oder ein Quiz nutzen. Ein deutscher Anbieter ist z.B. www.miplets.de. Neben der unkomplizierten Erstellung von «normalen» Landing Pages bietet Miplets auch die Erstellung von speziellen Landing Pages für die Nutzung von mobilen Endgeräten an.

TIPP

Viel hilft nicht immer viel! Sie können noch so schnell laufen. Wenn Sie in die falsche Richtung laufen, kommen Sie trotzdem nicht ans Ziel! Oder um es anders auszudrücken: Solange Ihre Konvertierung nicht funktioniert, nützen Ihnen auch die doppelte Anzahl Besucher auf Ihrer Webseite nichts!

TESTS

Die Wahrscheinlichkeit, dass Sie mit Ihrem ersten Aufbau von Angebot, Call-to-action und Landing Page schon die optimale Konstellation erreicht haben, ist sehr gering. Sie sollten daher von Beginn an Tests Ihrer Konvertierungselemente vorsehen. Bewährt hat sich für diese Aufgabe das A/B-Testing. A/B-Testing bedeutet, dass Sie zwei oder beim sogenannten «Multivarianten-Test» auch mehrere verschiedene Versionen von z.B. Landing Page erstellen und anbieten. Diese Varianten können Sie entweder manuell oder automatisiert anbieten bzw. platzieren. Manche Leadmanagement bzw. Marketing-Automation-Systeme bieten diese A/B-Tests schon systemseitig an und blenden die verschiedenen Varianten gleichzeitig, zufallsverteilt über einen bestimmten Zeitraum ein. Ohne ein entsprechendes System können Sie die verschiedenen Varianten auch manuell platzieren. Zum Beispiel: ein Monat Variante A und ein Monat Variante B. Das birgt aber den Nachteil, dass bei der zeitversetzten Platzierung externe Faktoren wie Urlaub, Wetter usw. das Ergebnis Ihres Tests beeinflusst wird.
Die «schlechtere» Variante verwerfen Sie und tauschen Sie gegen eine neue Variante aus. Diesen Vorgang können Sie so lange wiederholen, bis Sie mit den Ergebnissen zufrieden sind. Dabei müssen Sie noch nicht einmal bei jeder neuen Variante die «großen» Veränderungen vornehmen. Sie werden staunen, wie schon kleinste Änderungen z.B. bei der Formulierung Ihrer Calls-to-action einen großen Unterschied in der Konvertierungsrate bewirken können. Wenn Sie die Ergebnisse Ihrer Tests regelmäßig analysieren und verschiedene Varianten ausprobiert haben, wissen Sie immer besser, wie Ihre Wunschkunden reagieren. Sie befreien sich damit auch von persönlichen Präferenzen und streiten nicht mehr darüber, ob der Call-to-action jetzt in der Firmenfarbe (CI-konform) oder einem «knallenden» Rot platziert werden soll. Das Ergebnis Ihres A/B-Tests beantwortet diese Frage emotionslos und absolut ergebnisorientiert. Lassen Sie sich aber Zeit für die Beurtei-

lung der Ergebnisse. Nach einem Tag sind die Ergebnisse sicher noch nicht statistisch signifikant.

Was Sie testen können

Prinzipiell können Sie jedes Element Ihres Konvertierungsprozesses ändern und testen. Wenn Sie die Feinheiten testen, sollten Sie aber immer darauf achten, nur eine Änderung vorzunehmen. Ändern Sie z.B. die Überschrift Ihrer Landing Page und das Webformular, wissen Sie nicht, welche Änderung die neuen Ergebnisse ausgelöst hat.

Diese Elemente bieten sich für einen Variantentest an:

❑ **Angebot**
   Funktioniert ein Whitepaper, ein eBook oder eine Checkliste besser für Ihre Wunschkunden? Welche Titel sprechen Ihre Buyer-Persona(s) an?
❑ **Call-to-action**
   Reagieren Ihre Wunschkunden besser auf «Download» oder «Hier kostenlos laden»?
❑ **Überschrift Landing Page**
   Wie gut passt die Überschrift Ihrer Landing Page zu Ihrem Angebot?
❑ **Gestaltung der Landing Page**
   – Bild
   – Text
   – Farbgestaltung
   Form bzw. Länge
❑ **Webformular**
   Wie viele Daten können Sie von Ihren Wunschkunden in diesem Stadium des Kaufprozesses abfragen, ohne die Konvertierungsrate zu beeinträchtigen?
❑ **Call-to-action**
   Wie beeinflusst die Platzierung, die Farbe und der Text Ihres Call-to-action die Konvertierungsrate?

ERGEBNIS

Das Wichtigste zur Konvertierung in Kürze:
Bieten Sie Ihren Webseitenbesuchern wertvolle und hilfreiche Informationen und Mehrwerte!
Sagen Sie Ihren Webseitenbesuchern klar und deutlich, was sie tun müssen, um Ihr Angebot anzufordern!
Hören Sie nicht auf zu messen und zu optimieren!

Gastbeitrag Landing Page: BONKA ROUSTCHEV

Was ist eine Landing Page?

Es gibt einen gravierenden Unterschied zwischen einer Internet-Präsenz-Homepage und einer einzelne Landing Page! Die **Homepage** hat die Aufgabe, Ihr Unternehmen zu präsentieren. Dort findet ein Besucher viele und sehr ausführliche Informationen über Ihr Unternehmen: Produkte oder Dienstleistungen, Neuigkeiten, Team und Ansprechpartner zu verschiedenen Themen, geplante oder absolvierte Aktivitäten Ihrer Firma, Anfahrt usw.

Eine **Landing Page** ist immer mit einem konkreten Angebot oder Aufforderung (engl. **c**all **t**o **a**ction, CTA) verbunden. Das Ziel einer Landing Page ist es, Ihre Online-Besucher abzuholen und dazu zu bewegen, eine bestimmte Aktion durchzuführen ohne Ablenkung durch Navigation, Werbung oder zu vielen anderen Informationen. Eine Landing Page ist eine einzelne, zielgerichtete und kompakte Webseite, die einen klaren Fokus auf nur ein bestimmtes Produkt, eine Dienstleistung oder einen Event hat und für eine bestimmte Zielgruppe optimiert ist.

Die Landing Page hat das klare Ziel,

- neue Kundenkontakte online zu erzeugen,
- ein passendes Produkt oder eine Dienstleistung einer ganz speziellen Bedarfsgruppe zu verkaufen.

Landing Pages helfen Ihnen, die anonymen Besucher zu Interessenten und diese Interessenten idealerweisen zu loyalen Kunden umzuwandeln. Landing Pages sind Ihre neuen Vertriebsmitarbeiter! Im Vertriebsprozess werden Landing Pages nicht nur angewendet, um neue Interessenten zu gewinnen, sondern auch, um diese Leads weiterzuentwickeln (engl.: lead nurturing).

Was sollte auf einer Landing Page nicht fehlen und welche Elemente sollte man vermeiden?

Die Anatomie einer Landing Page, d.h. die Schlüsselelemente, aus denen die Landing Page aufgebaut ist, sind:

1. Überschrift

Die Überschrift einer Landing Page ist wichtig! Bedenken Sie, dass von 10 Besuchern im Durchschnitt nur zwei mehr als die Überschrift lesen. Um das zu ändern, muss die Überschrift nicht nur dem Besucher zeigen, dass er das Richtige gefunden hat, sondern auch sein Interesse wecken und ihn überzeugen, die weiteren Inhalte zu lesen.

2. Bild

«Ein Bild sagt mehr als 1000 Worte!»
Verwenden Sie ein vereinfachtes Farbschema und professionelle Bilder, die die Inhalte Ihrer Webseite auf eine visuell ansprechende Art und Weise anordnen und untermauern.

3. Mehrwerte

«In der Kürze liegt die Würze!»
Formulieren Sie den Mehrwert kurz und deutlich! Ihr Leistungsversprechen sollte nur Informationen enthalten, auf die der Besucher Wert legt! Stellen Sie dabei Ihr Unterscheidungsmerkmal in den Vordergrund. Überschriften und Aufzählungspunkte machen den Text übersichtlich. Vermeiden Sie längere Ausführungen, da diese den Skeptikern größere Angriffsflächen liefern und ihnen die Möglichkeit geben, bestimmte Aussagen anzuzweifeln.

4. Registrierungsform

«*Weniger ist mehr!*»

Sie haben keine Leads, wenn Sie keine Registrierungsform haben. Das Registrierungsformular sammelt die Informationen von Ihren Besuchern und ermöglicht ihm im Gegenzug den Zugang zu Ihrem Inhalt. Je wertvoller der Inhalt Ihres Angebotes, desto mehr Informationen über den Besucher dürfen Sie verlangen, ohne die Konversion zu gefährden! Bedenken Sie: Je länger Ihr Formular ist, desto mehr Reibungsverluste fügen Sie dem Konversionsvorgang hinzu. Diverse Studien bestätigen, dass ein aus drei bis fünf Feldern bestehendes Formular zu höheren Konversionsraten führt als längere Formulare.

5. Call-to-action (Aufruf zum Handeln)

«above the fold» – «über dem Falz»

Ihr **C**all-to-**a**ction (CTA; Aufruf zum Handeln) fordert Ihren Besucher zu einer bestimmten Handlung auf. Positionieren Sie den primären Handlungsaufruf so auf der Landing Page, dass dieser dem Besucher zuerst ins Auge fällt. Ein CTA sollte «über dem Falz» (über der unteren Bildschirmkante), d.h. sichtbar ohne zu scrollen sein! Studien zeigen, dass diese Position kritisch sein kann: Nur 50% Ihrer Besucher werden den CTA unter dem Falz sehen! Formulieren Sie einen einfachen, deutlichen Satz, der Ihrem Besucher genau mitteilt, was er tun soll, wie z.B. «Fordern Sie ein kostenloses Angebot an.»

Ein CTA kann auch ein Bild oder eine Taste mit Ihrem Angebot sein. Benutzen Sie den Aufruf zum Handeln doppelt (z.B. oben und unten) auf der Landing Page – das kann die Konversionsrate enorm verbessern! Nennen Sie auch andere Kontaktmethoden, z.B. Telefonnummer, so dass diese Komponenten einander ergänzen und Ihre Interessenten deutlich dazu aufgefordert werden, sich mit Ihnen in Verbindung zu setzen.

Ist das alles?

Nein, ist es nicht! Bei der Gestaltung und Erstellung von Landing Pages sollen Sie ausschließlich auf die Conversion-Rate achten. Eine Verbesserung der Conversion-Rate von 10% auf 12% kann eine Verdoppelung des Gewinns bedeuten!

Einige wertvolle Zusatz-Hinweise:

Stellen Sie sicher, dass Ihre Landing Page auf allen Geräten gut aussieht (*responsive design*). Achten Sie auf die Performance Ihrer Landing Page! Etwa 40% ihrer Besucher werden die Seite verlassen, wenn der Aufbau länger als 3 Sekunden («*short attention span*») dauert! Es sind nicht nur die Besucher, sondern auch Google mit seinen Suchalgorithmen, die einen hohen Wert darauf legen, ihre Nutzer zu begeistern! Sorgen Sie für die Lesbarkeit Ihrer Seite! Benutzen Sie größere Schrift auf Ihrer Seite, so dass sie einfach zu lesen ist. Die Fontsgröße sollte etwa 16 px und der Abstand etwa das 1,7-fache der Fontsgröße sein (27 px). Seien Sie nett, nicht nur zu den Besuchern, sondern auch zu den Suchmaschinen-Robots. Die Suchroboter müssen ja auch verstehen, worum es auf Ihrer Landing Page geht, damit sie auch entsprechend der Erwartungen angezeigt wird. Also müssen Sie dafür sorgen, dass sie wenigstens einen Title tag, einen H1 tag und Bilder-Tags hat. Sorgen Sie dafür, das Signal-Rausch-Verhältnis so groß wie möglich zu halten! Also weniger Rauschen, weniger unnütze Inhalte! Vermeiden Sie Links auf Ihrer Landing Page! Links können einen potenziellen Kunden vom Weg zur Konversion ablenken.

Und zuletzt:

Stellen Sie sicher, dass Sie Ihre Landing Page sehr einfach aktualisieren können!

Vergessen Sie die wichtigste Regel nicht: Die beste Effizienz einer Landing Page erzielen Sie mit A/B-Testing (idealerweise Multivariant-Testing) und Optimierung!

Bonka Roustcheva und ihr Unternehmen miplets.de helfen seit 2010 kleinen und mittelständischen Unternehmen, durch Dialog-Landing Pages mehr hochwertige Leads zu generieren. «Content-Marketing ist nur dann sinnvoll, wenn durch gut optimierte und professionell gestaltete Landing Pages aus Ihren anonymen Online-Besuchern auch tatsächlich loyale Kunden werden.»

4.2   Interessenten entwickeln – Lead-Nurturing

Sie haben es geschafft! Ihre Webseite wurde von einem potenziellen Kunden gefunden. Er hat sich für Ihr Angebot interessiert, ist Ihrem Call-to-action gefolgt und hat auf Ihrer Landing Page das Formular ausgefüllt. Jetzt haben Sie einen Namen, eine E-Mail-Adresse, eventuell sogar eine Telefonnummer und sein Einverständnis, ihn zu kontaktieren. Was soll jetzt noch schiefgehen? Eigentlich könnte jetzt doch Ihr Vertrieb übernehmen und den Auftrag «holen», oder? Leider werden die meisten Leads von Unternehmen nicht oder nur unzureichend bearbeitet. Aber selbst mit erfolgter Übergabe der Leads an den Vertrieb ist noch nichts gewonnen. Die Qualität der Leads muss passen. SiriusDecisions hat in einer Befragung festgestellt, dass 27% der 400 befragten Unternehmen die Leads an den Vertrieb übergeben, sobald diese auch nur «Hallo sagen». Das bedeutet, dass fast 30% der Unternehmen die generierten Leads ohne Qualifizierung an den Vertrieb übergeben.

Sie sollten sich also nach erfolgreicher Konvertierung die Frage stellen: Ist der Interessent schon soweit? Will er überhaupt schon den Kontakt zu einem Verkäufer? Erinnern Sie sich an den «Zero Moment of Truth» aus dem ersten Kapitel? Dort haben Sie auch gelesen, dass mittlerweile 84% aller Käufe durch das Internet beeinflusst werden. Aber was bedeutet das für das Kaufverhalten? Interessenten informieren sich früher und intensiver vor ihrer Kaufentscheidung. Sie suchen und sammeln Informationen, wie z.B. eBooks, Whitepaper, Testberichte oder Checklisten, und beschäftigen sich mit dem Thema. In der Regel ist das noch nicht der richtige Zeitpunkt für ein Verkaufsgespräch. Ganz im Gegenteil, je nach Thema bzw. Produktbereich ist es vielleicht sogar noch nicht einmal der richtige Zeitpunkt für alle Informationen. Nur die wenigsten Leads sind nach der Konvertierung schon «reif» für den Kontakt mit dem Vertrieb. Ich nenne das auch den «Grüne-Bananen-Effekt».

Die Leads interessieren sich für ein Thema oder einen Produktbereich, wollen sich aber meist erst einmal «nur informieren». Nimmt der Vertrieb in dieser Phase schon Kontakt auf, kann er den Interessenten u.U. «überfordern» und stuft den Lead dann als «schlecht» ein. Dabei mangelt es in dieser Phase oft nicht an der Qualität der Leads. Sie werden einfach nur zu früh und falsch angesprochen. Die Bananen benötigen ja auch die Reifezeit während des Transports von der Plantage bis in unsere Obstregale, um zu reifen und ihre gelbe Farbe zu entwickeln.

Diese «Lead-Reifung» bzw. Lead-Entwicklung erreichen Sie mit Lead-Nurturing. Mit Lead-Nurturing bieten Sie Ihrem Interessenten die passenden, relevanten Informationen zum richtigen Zeitpunkt im Kaufprozess an und entwickeln ihn bis zur «Kauf- bzw. Vertriebsreife». Um bei dem Bild der Bananen zu bleiben: Sie sorgen dafür, dass die grüne Banane gelb, also reif werden kann, bevor sie geöffnet (an den Vertrieb übergeben) wird.

Nehmen wir mal ein allgemeines Beispiel: Stellen Sie sich vor, der Platz in Ihrem schicken Cabrio wird immer enger. Sie haben ein neues Hobby entdeckt oder das zweite Kind samt Kinderwagen und Spielzeugkiste muss auch noch irgendwie auf die Rückbank und in den Kofferraum. Interessieren Sie sich zu diesem Zeitpunkt schon für Leasing-Konditionen oder Überführungskosten? Ganz sicher nicht! Wahrscheinlich sammeln Sie erst einmal alle Informationen und stöbern im Internet. Sie besorgen sich Prospekte, vergleichen Modelle und überlegen sich, ob ein Kombi oder ein SUV die richtige Wahl ist. Wie würden Sie sich fühlen, wenn Ihnen ein Autoverkäufer jetzt erklären würde, welche Vorteile das Modell XY hat, zu welchen Konditionen er Ihr altes Fahrzeug in Zahlung nehmen würde und wie viel Rabatt er Ihnen gewähren kann? Zugegeben, das können alles spannende Informationen sein. Aber nicht zu diesem Zeitpunkt!

Sonst geht es Ihnen wie diesem Herrn beim ersten Rendezvous:

Bild 4.2

Der erste Eindruck ist positiv, Interesse ist vorhanden und wird sogar mit einer Frage ausgedrückt. Die Reaktion ist aber etwas unpassend. Der Herr fällt mit der Tür ins Haus und verspielt damit die eben erst gewonnene Sympathie.

Bild 4.3

Sie erreichen viel mehr, wenn Sie dem Interessenten erst einmal helfen, die richtigen Informationen zu finden und sich schlauzumachen. Geben Sie ihm die Informationen, die für sein Stadium im Kauf- bzw. Entscheidungsprozess relevant sind! Um bei unserem Beispiel zu bleiben: Mögliche Stufen für das Beispiel Autokauf:

1. Stufe: Allgemeine Prospekte über Kombis und SUVs
2. Stufe: Vergleichsbericht eines Automagazins
3. Stufe: Video Fahrbericht von zwei SUVs
4. Stufe: Testberichte eines Automagazin
5. Stufe: Referenz eines SUV-Fahrers über die Marke und das Autohaus
6. Stufe: Einladung zur Probefahrt
7. Stufe: Angebot «Jetzt kaufen und Winterreifen gratis dazu bekommen»

Damit entwickeln Sie den Interessenten schrittweise im Kaufprozess bis zur «Kaufreife». In diesen Schritten können Sie auch immer mehr Informationen von ihm sammeln und so z.B. herausfinden, welche Motive ihn zum Kauf leiten. Welche Motive gibt es für den Autokauf? Status, Lifestyle, Sicherheit, Fahrdynamik, Kosteneffizienz ...? Hat sich der Interessent im Nurturing-Prozess mehr für die Durchlademöglichkeiten (den Artikel: «Mit dem SUV in den Skiurlaub») oder die Sicherheitssysteme und die Isofix-Kindersitzhalterung (das Whitepaper: «Wie Sie Kinder sicher im Auto transportieren – Die Isofix-Kindersitzhalterung und die neuen Airbagsysteme im Test») interessiert? Das sind klare Signale für Ihre nächsten Angebote oder das Verkaufsgespräch im Autohaus.

Die meisten dieser Motive gelten natürlich auch für andere Branchen und Sie können dieses Beispiel sicher auch auf Ihren Lead-Prozess übertragen. Wenn Sie die Motive Ihres Interessenten kennen, hilft Ihnen das dabei, ihm im nächsten Schritt das passende Angebot zu senden. Wenn er angegeben hat, dass Sicherheit ein wichtiger Aspekt für die Wahl eines neuen Fahrzeugs ist, wäre es doch clever, ihm einen Bericht über die neuen Assistenz-Systeme und Funktionen zur Unfallvermeidung zu senden?! Bei der Einladung zur Probefahrt kann man ihm dann anbieten, live zu erleben, wie sicher er und seine Familie sich im Modell XY fühlen können und wie einfach ein Kindersitz mit dem Isofix-Befestigungssystem eingebaut werden kann. Der Verkäufer muss dann beim ersten Besuch im Autohaus auch gar nicht lange mit PS, Hubraum und Fahrspaß im Dunkeln «stochern» und den Kunden damit möglicherweise sogar vertreiben. Er spricht von Anfang an die Sprache des Kunden und dieser wird sich verstanden und gut aufgehoben fühlen. Warum sollte er sich dann eigentlich noch woanders umschauen?

Ich bin immer wieder erstaunt, was mir Frauen von ihren Erlebnissen beim Autokauf berichten. Viele Verkäufer haben noch nicht verstanden, dass die meisten Frauen Autos ganz anders kaufen als Männer. Sie haben oft andere Schwerpunkte, Kriterien und Vorlieben. Das Stichwort heißt hier: Gender-Marketing.

DEFINITION

Gender-Marketing
Gender-Marketing ist ein Ansatz zur Vermarktung von Produkten und Dienstleistungen. Er zielt zum einen auf die Entwicklung und Herstellung von Produkten und Dienstleistungen, die für Männer oder Frauen unterschiedliche Vorteile haben. Außerdem sollen diese Vorteile bei der Bewerbung und dem Verkauf von Produkten und Dienstleistungen durch das Gender-Marketing besonders herausgestellt werden. Dabei werden nicht zwangsläufig traditionelle Geschlechterrollen angesprochen, sondern durchaus neue Entwicklungen und Geschlechterentwürfe berücksichtigt.
[Quelle: Wikipedia – http://de.wikipedia.org/wiki/Gender-Marketing]

Das Geschlecht kann auch bei Ihrer Buyer-Persona ein Unterscheidungsmerkmal sein. Ich habe schon oft erlebt, dass meine Kunden im Buyer-Persona-Workshop erst feststellen, dass DER Ansprechpartner bei Ihren Wunschkunden in den meisten Fällen eine SIE ist. Kurz darauf trifft Sie dann die Erleuchtung noch härter, warum Ihre Kampagne «You'll never walk alone – Nie mehr im Abseits mit unserer Bundesliga-Kicker-Aktion» nicht gaaaanz soooo gut bei Ihren Wunschkund**innen** funktioniert hat. Es ist eben selten zielführend, die eigenen Vorlieben den Wunschkunden überzustülpen.

Wie gesagt: Das ist nur ein Beispiel. Das Prinzip lässt sich aber auf andere Bereiche übertragen und in abgewandelter Form auch für den Leadprozess für Software für Hydraulikpumpen, Gasdurchflussmessung, Druckluft-Controlling oder andere B2B- und B2C-Themen übertragen.

Kaufprozess

Kennen Sie den Entscheidungs- bzw. Kaufprozess Ihrer potenziellen Kunden gut genug, um das Beispiel Autokauf auf Ihr Geschäft zu übertragen?

❑ Wie suchen und entscheiden Ihre Wunschkunden?
❑ Wie gestaltet sich der Entscheidungs- und Kaufprozess?
❑ Welche Informationen können in welcher Phase für sie hilfreich sein?
❑ Wie können diese Informationen aufeinander aufbauen?

Firmen, die eine Beziehung zu ihren Interessenten aufbauen, bleiben in den Köpfen ihrer potenziellen Kunden, bis sie kaufbereit sind und so vom Interessenten zum Kunden werden. Die kontinuierliche Entwicklung eines Interessenten durch das Angebot von relevanten Informationen zum richtigen Zeitpunkt nennt man im Leadmanagement «Lead-Nurturing».

Welche Stufen durchläuft ein Interessent bei Ihnen typischerweise, bis er zum Kunden wird? Sind das auch diese Stufen?

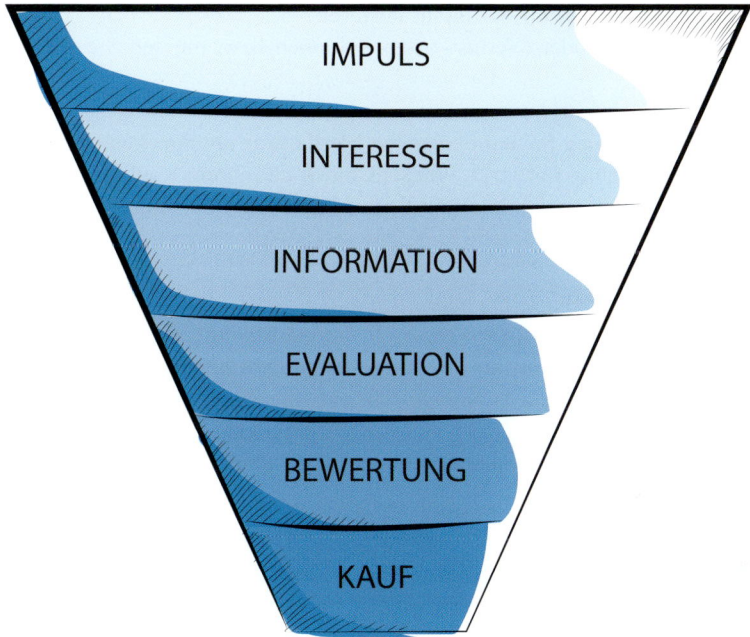

Bild 4.4

Je nach Branche und Umfeld werden die Stufen des Kaufprozesses bei Ihnen evtl. variieren.

Wenn Sie Ihre Stufen definiert bzw. in Erfahrung gebracht haben, sollten Sie sich zu den Stufen Ihres Kaufprozesses ein paar Fragen stellen:

❑ **Impuls**
   – Woher kommen die Impulse für Ihre Buyer-Personas, sich mit Ihrem Thema zu beschäftigen?
   – Wie können Sie diese Impulse beeinflussen bzw. sie auslösen?
❑ **Suchen**
   – Wo suchen Ihre Buyer-Persona(s) nach Produkten / Lösungen / Dienstleistungen?
   – Sind Sie dort vertreten und bieten Sie ausreichend relevante und hilfreiche Inhalte für Ihre Wunschkunden an?

- Welche Arten von Informationen sind geeignet, um das «Gefunden-werden» zu unterstützen?

❑ **Evaluieren**
- Wo und wie informieren sich Ihre Wunschkunden?
- Wie sammeln Sie Informationen?
- Wen fragen sie?

❑ **Bewerten**
- Welche Informationen helfen Ihrer Persona, eine Entscheidung zu treffen?
- Wie und mit welchen Kriterien bewertet Ihre Persona die Anbieter?
- Was möchte Ihr Wunschkunde mit dem Kauf erreichen? Welches Ziel verfolgt er/sie?

❑ **Wo und wie kaufen Ihre Buyer-Personas?**
- Welche Kriterien beeinflussen die Kaufentscheidung Ihrer Buyer-Persona(s)?
- Wie können Sie einen Kaufimpuls auslösen?
- Welche Hürden oder (Verlust-)Ängste können bzw. müssen Sie vor dem Kauf ausräumen?

Die Liste der Fragen mag Sie auf den ersten Blick etwas abschrecken, aber nur mit der intensiven Beschäftigung mit Ihren Wunschkunden und ihrem Kaufprozess werden Sie Ihre Inhalte und Aktivitäten optimal für die Leadgenerierung abstimmen können.

Überlegen Sie sich dazu für jede Stufe des Verkaufsprozesses

❑ die Motivation Ihrer Buyer-Persona,
❑ die Fragen, die sich Ihre Buyer-Persona in diesem Stadium stellt,
❑ Ihre Schlüsselnachricht für Ihre Buyer-Persona im jeweiligen Stadium,
❑ Ihr Angebot für Ihre Buyer-Persona für die aktuelle Phase im Kaufstadium.

Legen Sie sich dazu am besten eine Tabelle wie diese an und tragen Sie Ihre Erkenntnisse dort ein.

Inhalte / Mehrwerte	Motivation Ihrer Persona	Welche Frage stellt sich Ihre Persona	Ihre Nachricht	Ihr Angebot
Impuls				
Interesse				
Informieren				
Evaluieren				
Bewerten				
Kaufen				

Im nächsten Schritt sollten Sie überlegen, ob Sie für jede Stufe im Kaufprozess einen adäquaten Inhalt bzw. Mehrwert haben. Legen Sie auch dazu am besten auch wieder eine Tabelle an und tragen den aktuellen Stand ein.

Haben Sie ein Angebot für jede Stufe im Kaufprozess pro Buyer-Persona?

Stadium im Kaufprozess	Aufgabe/Antwort	Inhalt für Persona 1	Inhalt für Persona 2	Inhalt für Persona
Impuls	Impuls auslösen, eine Lösung suchen			
Interesse	Aufmerksamkeit erlangen			
Informieren	Informationsbedarf bedienen			
Evaluieren	Übersicht über Lösungen/Anbieter geben			
Bewerten	Wer ist der richtige Anbieter?			
Kaufen	Warum soll ich jetzt kaufen?			

Lead-Nurturing-Kampagnen

Lead-Nurturing-Kampagnen sind in der Regel mehrstufig. Sie haben einen Start- (z.B. Eintrag auf einer Landing Page) und einen Endpunkt (Kauf oder Übergabe an den Vertrieb). Exemplarischer, vereinfachter Aufbau einer Lead-Nurturing-Kampagne:

❑ Sie kommunizieren Ihr Angebot auf Ihrer Webseite, einem Portal oder in einem Social-Media-Kanal.

❑ Der Interessent nimmt Ihr Angebot an und füllt das Formular auf der Landing Page aus, um Ihre Checkliste anzufordern. Das ist der Startpunkt der Lead-Nurturing-Kampagne.

❑ Drei Tage später senden Sie ihm eine E-Mail und bieten ihm ein thematisch passendes eBook an.

❑ Wieder fünf Tage später bieten Sie ihm den Download eines Anwenderberichts an.

❑ Weitere fünf Tage später laden Sie ihn zu einem Webinar ein.

❑ Danach ruft der Vertrieb oder ein(e) Mitarbeiter(in) aus Ihrer Teleprospecting-Abteilung an und qualifiziert den Interessenten weiter. In diesem Telefonat entscheidet sich, ob der Interessent an den Vertrieb übergeben oder mit einer weiteren Nurturing-Kampagne betreut wird.

Die Elemente von Nurturing-Kampagnen

Auslöser von Nurturing-Kampagnen

Nurturing-Kampagnen können durch die unterschiedlichsten Gründe ausgelöst werden. Hier finden Sie ein paar typische Beispiele:

❑ **Eintrag in Ihrer Datenbank**

Eine Nurturing-Kampagne kann dadurch ausgelöst werden, dass eine Adresse in Ihrer Datenbank (CRM-System) eingetragen ist. Das kann eine Kunden- oder eine Interessentenadresse sein. Das kann aber auch der Adresseintrag eines verlorenen Projektes sein. Wenn Sie eine dieser Gruppen mit einer Reihe von E-Mails anschreiben möchten, segmentieren Sie diese in Ihrem CRM-System und starten die Nurturing-Kampagne mit der initialen E-Mail. Aber natürlich nur, wenn Sie einen gültigen Opt-in, also die Erlaubnis des Interessenten haben, dass Sie ihm etwas per E-Mail senden dürfen.

❑ **Newsletter-Anmeldung**
Wenn jemand Ihren Newsletter abonniert, bekommt er in Zukunft regelmäßig Ihren periodischen Newsletter zugesendet (Newsletter-Marketing). Unabhängig davon können Sie diesen Eintrag aber auch dazu nutzen, um dem neuen Abonnenten zur Begrüßung eine Reihe von Informationsangeboten zu unterbreiten. Das können drei Stufen, aber auch zehn Stufen sein. Bei jeder der Stufen sollten Sie dem Empfänger aber die Möglichkeit geben, diesen Infoversand unabhängig vom Erhalt des eigentlichen Newsletters zu kündigen.

❑ **Konvertierung auf einer Landing Page**
Das ist der typische Startpunkt einer Nurturing-Kampagne in der Leadgenerierung. Ein potenzieller Kunde hat Ihr Angebot entdeckt und möchte z.B. das offerierte Whitepaper laden. In der ersten Stufe erhält er wie beschrieben das Whitepaper und Sie nutzen die weiteren Stufen, um mehr über ihn zu erfahren und ihn bis zur «Vertriebsreife» zu entwickeln.

❑ **Event – Messe/Roadshow**
Nutzen Sie ein Event, wie eine Messe, eine Infoveranstaltung oder eine Roadshow, um eine Nurturing-Kampagne zu starten. Sie können dazu dem Interessenten z.B. während des Events etwas überreichen (Whitepaper, Booklet, eBook usw.), das einen Call-to-action oder mehrere Handlungsaufforderung enthält. Nutzt er eine dieser Handlungsaufforderungen, wissen Sie nicht nur, dass er Interesse hat. Sie wissen auch, für welchen Produkt- oder Themenbereich er sich beispielsweise interessiert.

Inhalte von Nurturing-Kampagnen
Nurturing-Kampagnen bestehen überwiegend aus E-Mail-Aussendungen. Ein aktives Element kann aber z.B. auch ein Telefonat oder ein Besuch vor Ort sein. Nurturing-Kampagnen bestehen typischerweise aus

❑ E-Mails
  – E-Mail-Template für den Versand
  – Überschrift
  – Text für die E-Mail
  – Handlungsaufforderung (Call-to-action)
  – Angebot – Was soll die Nurturing-Stufe erreichen?
❑ Landing Page – Wo kann der Empfänger das Angebot anfordern?
  – Landing Page-Template
  – Überschrift
  – Text für Landing Page
  – Webformular für die Daten des Interessenten
  – Handlungsaufforderung (Call-to-action)
❑ Auslieferungsseite – Wo und wie bekommt der Empfänger das Angebot ausgeliefert?
❑ Thank-you-page – Hier können Sie sich bedanken, aber auch dem Interessenten weitere Angebote unterbreiten oder Daten von ihm abfragen.
❑ Webinar
❑ Event
❑ Telefonat
❑ Besuch

Formen von Nurturing-Kampagnen

Wie Sie oben vielleicht schon erkannt haben, gibt es verschiedene Formen von Nurturing-Kampagnen. Verschiedene Ziele, Phasen im Kaufprozess oder Stati Ihrer Interessenten im Leadprozess benötigen verschiedene Nurturing-Kampagnen. Es gibt kurzfristige Nurtures und mittel-/langfristige Nurturing-Kampagnen:

Kurzfristige Nurturing-Kampagnen:

❑ Willkommens-Nurture
❑ Themen-Nurture
❑ Produkt- bzw. Lösungs-Nurture
❑ Event-Nurture
❑ Sales-Nurture
❑ Warm-Up-Nurture

Mittel-/langfristige Nurturing-Kampagnen

❑ Background-Nurture
❑ Nurture für verlorene Projekte

Der **Welcome-Nurture** dient dazu, neue Kontakte aus Ihren Leadgenerierungsmaßnahmen zu begrüßen und ihnen aufeinander aufbauende Informationen anzubieten. Sie können damit z.B. auch eine Art «Weiche» realisieren. Dazu bieten Sie ihm z.B. nach der ersten Aussendung eine Auswahl von Themen oder weiterführenden Informationen an. Nimmt er eines der Angebote an, wird er z.B. in einen Themen-Nurture überführt. Nimmt er keines der Angebote an, läuft der Welcome-Nurture wie geplant weiter.

Wie oben beschrieben, kann der **Themen-Nurture** nach dem Welcome-Nurture folgen und den Interessenten weiter in die Themenwelt einführen. Dazu bieten Sie am Anfang allgemeine Informationen an und werden dann mit jedem Angebot immer spezifischer. Zum Ende der Themen-Nurture-Reihe können Sie den Interessenten dann entweder wieder in einen anderen Nurture (z.B. Produkt-Nurture) verzweigen lassen oder wenn er die entsprechenden Angebote annimmt, an den Vertrieb übergeben.

Je nach Komplexität Ihres Themas kann der **Produkt- bzw. Lösungs-Nurture** das richtige Mittel sein, wenn der Interessent begrüßt wurde, sich in Ihrem Themen-Nurture über das allgemeine Umfeld informiert hat und jetzt konkret wissen möchte, mit welchem Produkt, Angebot oder Lösung die Umsetzung erfolgen kann.

Es kann natürlich passieren, dass ein Interessent im Laufe der vorangegangenen Nurture-Kampagnen irgendwann einmal nicht mehr reagiert und keines Ihrer Angebote angenommen hat. Dann ist es nicht zielführend, ihn trotzdem weiter mit Angeboten zu «beschießen». Überführen Sie ihn dann besser in einen **Wake-Up-Nurture**, lassen ihm Zeit und kontaktieren ihn zu einem späteren Zeitpunkt wieder. Dieser Nurture hat eine niedrigere Versandfrequenz und bietet Inhalte an, die den Interessenten nicht überfordern, aber den Kontakt auch nicht abreißen lassen. Er ist ideal geeignet für Bereiche, die mit langen Kaufprozessen umgehen müssen.

Ein **Event-Nurture** ist sehr gut geeignet, um Ihre «Offline-Aktivitäten» wie Messen oder Events in Ihre «Online-Welt» zu übertragen. Er kann vor einem Event beginnen, um z.B. Besucher für das Event zu generieren und um die Nachbereitung optimal zu gestalten. Auslösendes Element kann aber z.B. auch die Messe selbst sein. Während des Besuches Ihres Messestandes füllt der Interessent am Stand einen Messebogen aus, auf dem er ein bestimmtes Inhaltsangebot anfordert. Daraufhin senden Sie ihm eine E-Mail mit dem Link zum Download. Sie können ihm aber auch schon am Messestand z.B. ein kleines Booklet aushändigen, das eine Handlungsaufforderung enthält, z.B. einen Anwenderbericht anzufordern. In beiden Fällen führen Sie ihn auf eine Landing Page, auf der er das Angebot laden bzw. anfordern kann. So können Sie nicht nur messen, wie erfolgreich Ihre Aktivitäten waren, Sie können den Interessenten auch automatisiert mit Ihren Nurturing-Kampagnen weiter betreuen.

Der **Booster-Nurture** reagiert auf bestimmte Auslöser in anderen Kampagnen. Auslöser können z.B. Interesse an Preisinformationen oder einem Angebot sein. Ein Auslöser kann aber z.B. auch das Interesse an Inhalten sein, die auf ein fortgeschrittenes Stadium im Kaufprozess schließen lassen.

TIPP

Achten Sie darauf, in Ihren anderen Nurturing-Kampagnen Auslöser für den Booster-Nurture einzubauen.

Der **Sales-Nurture** ist eine ganz besondere Nurturing-Kampagne. Wenn ein Lead vom Marketing an den Vertrieb übergeben wurde, endet ja normalerweise die Zuständigkeit vom Marketing und auch alle Nurturing-Kampagnen für den Interessenten. Unter Umständen kann es aber sinnvoll sein, den Lead auch während der Vertriebsbetreuung vom Marketing noch zu informieren. Dazu müssen die Stufen, Inhalte und Versandzeitpunkt aber eng mit dem Vertrieb abgestimmt werden. Dann kann der Vertrieb auf die Aussendungen aufsetzen und z.B. seine Anrufe entsprechend takten. Wie bei allen Nurturing-Kampagnen sollte der Absender der E-Mails immer der zuständige Vertriebsbetreuer sein. Beim Sales-Nurture ist das aber noch wichtiger.

Verzögert sich die Kaufentscheidung, aber der Lead soll trotzdem in der Vertriebsbetreuung bleiben, kann es sinnvoll sein, den «ruhenden» Interessenten in einen **Warm-Up-Nurture** zu schieben. Er erfüllt einen ähnlichen Zweck wie der Wake-Up-Nurture. Mit niedriger Versandfrequenz und geeigneten Inhalten wird der Kontakt zum Interessenten gehalten, um wieder in die aktive Vertriebsbetreuung einzusteigen, wenn bei ihm Interesse besteht.

Nach dem Kauf ist vor dem Kauf. Mit dem **AfterSales-Nurture** geben Sie Ihrem Kunden die adäquate Nachverkaufsbestätigung. Geben Sie ihm das gute Gefühl, dass er sich richtig entschieden hat und bei Ihnen gut aufgehoben ist. Nach einiger Zeit können Sie ihn mit diesem Nurture aber auch über weitere Angebote aus Ihrem Haus informieren. Der AfterSales-Nurture ist also ideal geeignet, um Up- und/oder Cross-Selling zu fördern.

Wie Sie sich nach diesem Ausflug in die Welt der Nurturing-Kampagnen vorstellen können, sind der Fantasie bei der Erstellung von Nurturing-Kampagnen kaum Grenzen gesetzt. Weitere Nurturing-Kampagnen kann man z.B. auch für Warenkorb-Abbrecher oder verlorene Projekte aufbauen.

In Bild 4.5 finden Sie den exemplarischen Aufbau, wie so eine «Nurturing-Welt» aussehen kann.

LEAD-NURTURING MAP

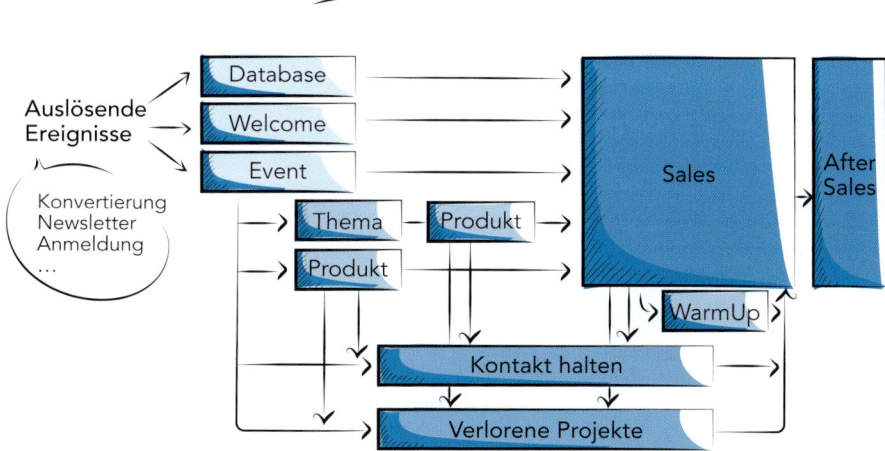

Bild 4.5

TIPPS FÜR LEAD-NURTURING

- ❏ Schreiben Sie immer mit einem persönlichen Absender.
- ❏ Nehmen Sie Bezug auf den vorhergehenden Kontakt – z.B. die Anforderung einer Checkliste.
- ❏ Bieten Sie Mehrwert!
- ❏ Sagen Sie Ihrem Interessenten, was er tun soll:
  - – Lesen Sie das ...
  - – Laden Sie hier ...
- ❏ Die Landing Page ist die Erweiterung Ihrer E-Mail.
- ❏ E-Mail und Landing Page müssen zusammenpassen.
- ❏ Nutzen Sie A/B-Tests:
  - – Testen Sie verschiedene Varianten.
  - – Messen und optimieren Sie!

Das können Sie verändern bzw. optimieren:

- ❏ das Wording des E-Mail-Betreffs,
- ❏ den Inhalt der E-Mail,
- ❏ das Angebot bzw. den nächsten Schritt, den Sie in der Mail anbieten,.
- ❏ den Zeitpunkt des E-Mail-Versands in Bezug auf das Stadium des Kaufprozesses,
- ❏ den Versandzeitpunkt – Tag, Uhrzeit.

Die Vorteile von Lead-Nurturing:

❑ verbesserte Conversion-Rate,
❑ Erhöhung der Anzahl qualifizierter Leads,
❑ Verkürzung des Kaufprozesses,
❑ Steigerung des Marketing-ROI,
❑ bessere Leads für Ihren Vertrieb.

Das Wichtigste in Kürze:
❑ Geben Sie Interessenten die Informationen, die für ihr Stadium im Kauf- bzw. Entscheidungsprozess relevant sind!
❑ Lernen Sie den Entscheidungs- und Kaufprozess Ihrer potenziellen Kunden kennen.
❑ Entwickeln Sie Webseitenbesucher mit relevanten Informationen, bis sie «kauf- bzw. vertriebsreif» sind!

Checkmap Kaufprozess

In Bild 4.6 finden Sie eine Vorlage für die Definition Ihres Kaufprozesses.

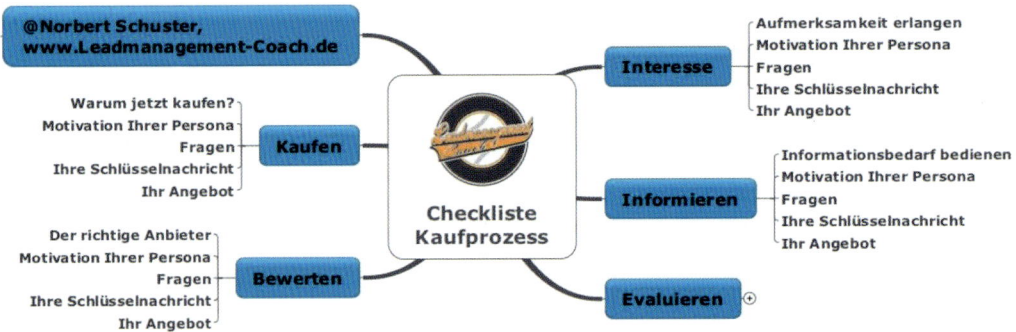

Bild 4.6

Diese Checkmap (Bild 4.6) können Sie sich auch unter **www.leadmanagement-download.de** herunterladen.

4.3   Progressive Profiling

In Abschnitt 2.3 über Buyer-Persona-Profilierung habe ich Ihnen empfohlen, möglichst viele Informationen über Ihre Wunschkunden zu sammeln. In Abschnitt 4.1 über die Konvertierung habe ich Sie davor gewarnt, zu viele Informationen von Ihren Wunschkunden bei der Konvertierung abzufragen – eigentlich ein Widerspruch, oder? Wie lösen wir diesen Widerspruch auf? Mit «Progressive Profiling» meistern wir diese Herausforderung. Wir fragen bei der Konvertierung möglichst wenige Daten ab, versuchen dann aber in den Nurturing-Stufen trotzdem möglichst viele Informationen über den Interessenten zu erfahren. Hier können wir in den verschiedenen Stufen des Nurturing-Prozesses Fragen stellen und so das Interessentenprofil immer weiter vervollständigen. Außerdem können Sie dem Interessenten in den verschiedenen Stufen relevanten Content z.B. zu Themen- oder Produktbereichen anbieten und ihn sich so quasi selbst qualifizieren lassen.

Was Sie beispielsweise vom Interessenten abfragen können:

Unternehmen:
❏ Firmengröße – Mitarbeiter, Umsatz, Niederlassungen usw.
❏ Unternehmensform
❏ Konzernzugehörigkeit
❏ Branche
❏ Sitz des Unternehmens
❏ Position des Interessenten
❏ Seine Rolle im Entscheidungsprozess
❏ Interessensschwerpunkte
❏ Geplantes Einsatzszenario
❏ Geplanter Kaufzeitpunkt
usw.

Person:
❏ Position
❏ Abteilung
❏ Management-Level
❏ Rolle im Buying-Center
❏ Interessen
❏ Bedarf
usw.

Wie können Sie Fragen im Leadmanagement-Prozess stellen?

Sie können Fragen direkt und indirekt stellen. Direkt Fragen stellen Sie z.B. auf Ihren Landing Pages. Dort platzieren Sie die Fragen im Webformular und bitten den Interessenten, eine Eingabe vorzunehmen, aus einer Liste auszuwählen oder eine Antwort zu markieren. Bei der indirekten Methode bieten Sie z.B. Links in Ihren E-Mails an oder Ihren Blogartikeln an. Durch das Klickverhalten erhalten Sie auch Antworten für die weitere Profilierung Ihrer Interessenten.

Manche Leadmanagement- bzw. Marketing-Automation-Systeme bieten Funktionen an, die Progressive Profiling unterstützen. So werden Interessenten z.B. nicht mehr nach Informationen gefragt, die sie schon einmal eingegeben haben. Das gilt zum einen für

Informationen, die man vom Interessenten abfragen kann, aber auch für Inhalte, die der Lead angefordert hat. Über «intelligente» Calls-to-action bekommt der Interessent Angebote (Whitepaper, eBooks usw.), die er schon einmal angefordert hat, nicht noch einmal angeboten. Stattdessen erhält ein «Alternativangebot», das im System für diesen Fall hinterlegt wurde.

4.4 Service-Level-Agreements (SLAs)

Als Service-Level-Agreement (SLA) – auch Dienstgütevereinbarung oder Dienstleistungsvereinbarung genannt – wird üblicherweise eine Vereinbarung zwischen Auftraggeber und Dienstleister für wiederkehrende Dienstleistungen bezeichnet. In dieser Schnittstellenvereinbarung werden Leistungseigenschaften wie Umfang der Leistung und die Reaktionszeit beschrieben. Im Kontext von Leadmanagement beschreibt sie die Schnittstelle zwischen Marketing und Vertrieb im Leadmanagement-Prozess. Definieren Sie dazu am besten mit Ihrem Marketing und Vertrieb Ihren idealen Interessenten (Buyer-Persona), seinen Kaufprozess und die entsprechenden Übergabeparameter. Mit diesen SLA-Vereinbarungen (**S**ervice **L**evel **A**greements) definieren Sie, was mit den Interessenten in welchem Stadium passieren soll. Das SLA ist quasi ein Vertrag zwischen Marketing und Vertrieb, der mit dem Ziel der optimalen Leadbetreuung und dem vertrieblichen Erfolg geschlossen wird. Manche Unternehmen definieren ihre SLAs wirklich als Vertragsdokument, das alle Beteiligten unterschreiben und sich damit verbindlich zur Einhaltung der Vereinbarungen verpflichten. Dort wird detailliert definiert, wer aus Marketing und Vertrieb zu welchem Zeitpunkt was in welcher Qualität zu erledigen hat.

Beispiele für Elemente der Vereinbarung:

❑ die «Buyer's Journey» Ihrer Interessenten
❑ die Definition des idealen Leads und die Abstufungen in der Lead-Qualifizierung
❑ die unterschiedlichen Stufen des Interesses im Kaufprozess, z.B.:
  – Anfrage
  – MQL – **M**arketing **Q**ualified **L**ead
  – SAL – **S**ales **A**ccepted **L**ead
  – SQL – **S**ales **Q**ualified **L**ead
  – Opportunity / Verkaufschance
❑ das Scoring der Interessenten → *Explizites* und *implizites Lead Scoring*. Mehr dazu erfahren Sie im folgenden Abschnitt.
❑ Wann wird der Lead vom Marketing an den Vertrieb übergeben?
❑ Welche Informationen erhält der Vertrieb über den Interessenten?
❑ Welche Aktion erfolgt durch den Vertrieb in welchem Zeitraum nach der Übergabe?
❑ Wie meldet der Vertrieb das Ergebnis an das Marketing zurück?
usw.

Das Service Level Agreement ist ein wichtiges Element im Leadmanagement-Prozess, das Ihnen hilft, Ihr Marketing und Ihren Vertrieb auf die gemeinsamen Ziele des Leadmanagements einzustimmen.

4.5   Lead-Scoring

Haben Sie einen guten Lead generiert, wenn die E-Mail-Adresse auf ein DAX-Unternehmen schließen lässt? Oder ist es ein «schlechtes» Lead, wenn der Interessent eine anonyme Mailadresse nutzt? Die Mailadresse alleine gibt Ihnen noch keinen Aufschluss über die Qualität Ihrer Interessenten. Die meisten Leads werden von Unternehmen nicht oder nur unzureichend bearbeitet. SiriusDecisions hat in einer Befragung festgestellt, dass 27% der 400 befragten Unternehmen die Leads an den Vertrieb übergeben, sobald diese auch nur «Hallo sagen». Das bedeutet, dass fast 30% der Unternehmen die generierten Leads ohne Qualifizierung an den Vertrieb übergeben. Wie qualifiziert man einen Lead im Marketing?

Entscheidend dafür sind das Profil und das Interesse bzw. die Aktivitäten der Interessenten. Passt die Position, die Branche, die Firmengröße usw. – das explizite Scoring? Und lässt die Aktivität des Leads auf ein ausreichendes Interesse schließen? Darüber gibt Ihnen das implizite Scoring Aufschluss. Dieses zweidimensionale Lead-Scoring-Modell unterstützt Sie dabei, das Potenzial eines Interessenten für Ihren Abschlusserfolg einzuschätzen.

Interessenten bewerten – das Lead-Scoring

Warum ist es überhaupt wichtig, Leads zu bewerten? Wenn sich ein Interessent für Ihr Angebot interessiert und einen Namen und eine E-Mail-Adresse in Ihr Landing Page-Formular einträgt, ist das ein guter erster Schritt. Sie können in der Regel davon aber nicht ableiten, wie interessant dieser Lead für Ihr Verkaufsziel ist. Ist es ein «schlechter» Lead, nur weil er eine anonyme E-Mail-Adresse eingibt? Oder ist es ein «guter» Lead, weil seine E-Mail-Adresse auf ein DAX-Unternehmen schließen lässt? Hinter der anonyme E-Mail-Adresse kann sich ein Entscheider, ein potenzieller Kunde verbergen und hinter der Adresse des DAX-Unternehmens ein Student, der nur für seine Bachelor-Arbeit recherchiert. Erst wenn Sie mehr Informationen über den Interessenten sammeln, können Sie ihn richtig bewerten. Das Lead-Nurturing ist ein wichtiges Element, um diese Informationen zu sammeln. Mit jeder Nurturing-Stufe können Sie weitere Informationen abfragen bzw. durch das Klickverhalten des Interessenten Rückschlüsse auf seine Interessen und sein Stadium im Kaufprozess schließen. Bleibt die Frage, mit welcher Methode Sie den Interessenten bewerten. Wie Sie sich sicher vorstellen können, gibt es mehrere Scoring-Modelle bzw. Systeme.

Scoring des Besucher-Verhaltens auf der Webseite

Es gibt Systeme, die beginnen schon zu «scoren», bevor sich der Interessent zu erkennen gegeben hat. Diese Systeme «beobachten» mit Hilfe der IP-Adresse die Webseitenbesucher und bewerten sie entsprechend ihrem Verhalten auf der Seite. Bewertet wird die Customer-Journey, also u.a. die Verweildauer auf der Seite und das Interesse für bestimmte Bereiche der Webseite. Dieses Wissen um die Customer-Journey kann sehr hilfreiche Informationen für die Profilierung Ihrer Buyer-Personas liefern. Mit diesem Wissen können Sie sich aber auch Aktionen bzw. Kampagnen für die verschiedenen Verhaltensmuster Ihrer Webseitenbesucher überlegen und automatisiert ablaufen lassen. Ein Beispiel: Sie kennen die Schmerzpunkte Ihrer Wunschkunden und bieten entsprechende Bereiche und Inhalte auf Ihrer Webseite an. Das oben beschriebene System erkennt einen bis dahin unbekannten

Webseitenbesucher und bewertet sein Verhalten auf Ihrer Seite. Sobald eine von Ihnen definierte Schwelle überschritten wird, löst das eine entsprechende Aktion aus. Das können z.B. folgende Aktivitäten sein:

❑ ein Pop-Up-Fenster, das entsprechend relevante, hilfreiche Informationen anbietet;
❑ ein Chatfenster, das dem Webseitenbesucher Hilfe bzw. persönliche Betreuung offeriert.
❑ Es gibt sogar CMS-Systeme, die auf Basis der Bewertung die Webseite in den folgenden Schritten dynamisch gestaltet und aufbaut. Im Gegensatz zum Pop-Up-Fenster bemerkt der Besucher so überhaupt keine Anpassung, obwohl ab dieser Stufe jede «Besucher-Gruppe» eine andere Webseite bzw. andere Inhalte zu sehen bekommt.

usw.

Diese Aktionen können natürlich auch Startpunkt einer Nurturing-Kampagne sein und so den Besucher schon sehr früh in Empfang nehmen und auf den Pfad der Konvertierung führen. Ich höre jetzt schon kritische Stimmen, die gemischte Gefühle bei so einer «Beobachtung» bzw. «Führung» haben. Das beschriebene System bewegt sich natürlich im rechtlich erlaubten Rahmen. Er werden nur Daten erhoben, die rechtlich unbedenklich sind. Solche Systeme werden ja dafür eingesetzt, um den Besuchern die Inhalte anzuzeigen, die für ihn relevant und hilfreich sind. Wenn ein guter Autoverkäufer sieht, dass sich ein Besucher im Autohaus nur in dem Bereich bewegt, wo die Kombis stehen, und sich diese Fahrzeuge interessiert anschaut, wird er diesem Besucher ja auch hauptsächlich Informationen über Kombis anbieten. Ich sehe darin eigentlich mehr ein Einstimmen auf das Kundenverhalten als eine Manipulation. Im Autohaus wie auf der Webseite entscheidet der Kunde, wann er Hilfe möchte und welche Angebote er vom Verkäufer / Anbieter annimmt. Schwerpunkt dieser Systeme ist die Konvertierung vom «anonymen» Webseitenbesucher zum «bekannten» Interessenten. Sie decken einen Teilbereich des gesamten Lead-Scorings im Leadmanagement-Prozess ab und können ihre Erkenntnisse z.B. in das Lead-Scoring eines Marketing-Automation-Systems einfließen lassen.

Lead-Scoring in Plattformen für Leadmanagement, Inbound-Marketing und Marketing-Automation

Es gibt Systeme, die nur die Aktivität bewerten und für jede Aktivität unterschiedliche Punkte vergeben. Wird eine bestimmte Schwelle überschritten, also hat der Interessent z.B. oft genug die Webseite besucht und eine gewissen Anzahl von Downloads getätigt, wird er an das CRM-System und an den Vertrieb übergeben. Bei dieser Methode sind Sie natürlich nicht davor gefeit, Ihren Vertrieb mit Infosammlern, dem Wettbewerb oder Studenten, die Informationen für eine Masterarbeit sammeln, zu demotivieren. Eine detailliertere Methode bietet das zweidimensionale Lead-Scoring-Modell. Darin bewerten Sie die expliziten und impliziten Daten eines Interessenten. Die expliziten Daten stellen dabei das Profil bzw. die Stammdaten des Interessenten dar. Sie helfen Ihnen, das Unternehmen und die Person einzuschätzen.

Die expliziten Daten sind Profildaten, wie wir sie schon beim «Progressive Profiling» (Abschnitt 4.3) benutzt haben:

Unternehmen:
- ❏ Firmengröße – Mitarbeiter, Umsatz, Niederlassungen usw.
- ❏ Unternehmensform
- ❏ Konzernzugehörigkeit
- ❏ Branche
- ❏ Sitz des Unternehmens
- ❏ Position des Interessenten
- ❏ Seine Rolle im Entscheidungsprozess
- ❏ Interessensschwerpunkte
- ❏ Geplantes Einsatzszenario
- ❏ Geplanter Kaufzeitpunkt

usw.

Person:
- ❏ Position
- ❏ Abteilung
- ❏ Management-Level
- ❏ Rolle im Entscheidungsprozess
- ❏ Rolle im Buying-Center
- ❏ Interessen
- ❏ Bedarf

usw.

Entsprechend dieser Daten können Sie z.B. eine A-D-Einstufung für das explizite Scoring vornehmen.

BEISPIEL

Einstufung	A	B	C	D
Rolle im Entscheidungsprozess	Entscheider/kann Budget freigeben	Suchen und Bewerten	Recherchieren/sichten	Keine
Anzahl Mitarbeiter	> 5000	> 1000	> 500	> 100

Die impliziten Daten wie z.B:
- ❏ Wie oft besucht der Interessent Ihre Webseite?
- ❏ Welche Downloads hat er durchgeführt?
- ❏ Welche Formulare hat er wie und wie oft ausgefüllt?
- ❏ Wie oft klickt er welche Links in Ihren E-Mails?
- ❏ An welchen Webinaren hat er teilgenommen?
- ❏ Hat er eine Testversion angefordert?
- ❏ Hat er ein Produktdatenblatt angefordert?
- ❏ Hat der Interessent eine Preisinformation geladen?
- ❏ Hat der Lead einen Anwenderbericht angefordert?
- ❏ Hat er eine Messe besucht?
- ❏ Ist der Interessent Mitglied in unserer XING-Gruppe geworden?

...

geben Ihnen einen Eindruck über das Engagement, die Aktivität und somit das Interesse des potenziellen Kunden. Für die implizite Bewertung, also das Aktivitätslevel, hat sich eine Punktebewertung etabliert. Für jede Aktivität erhält der Interessent zusätzliche Punkte und kann so im Aktivitätsindex immer interessanter für einen möglichen Abschluss werden.

BEISPIELE FÜR IMPLIZITES SCORING

Inhalte/Mehrwerte	Punkte
Webseitenbesuch	15
Download Whitepaper	15
Download eBook	20
Webinar-Teilnahme	25
Basisvideo angesehen	10
Produktvideo angesehen	15
E-Mail-Newsletter abonniert	15
Newsletter-Link geklickt	5
Hat × Tage nicht auf Angebote reagiert	−5
Newsletter Abonnement gekündigt	−10

Aus der Kombination von explizitem und implizitem Scoring ergibt sich ein aussagekräftigerer Wert als beim eindimensionalen Scoring.

Konstellationen beim Lead-Scoring

Profil passt, wenig Engagement
Ein Interessent mit einem Scoring-Wert A5 könnte z.B. grundsätzlich ein interessanter Kontakt für Ihren Vertrieb sein. Da er sich aber noch nicht intensiv mit Ihren Inhalten beschäftigt hat, ist er wahrscheinlich noch nicht reif für einen Vertriebskontakt und sollte mit entsprechenden Lead-Nurturing-Kampagnen weiterentwickelt werden.

Profil passt nicht, hohes Engagement
Der Interessent mit dem Score D150 zeigt großes Interesse, passt aber von seinem Profil wahrscheinlich nicht zu Ihrer Wunschkunden-Definition. Für diese Interessenten können Sie auch eine spezielle Nurturing-Kampagne entwerfen.

Profil passt, hohes Engagement
Der Lead A75 hat einige Male Ihre Webseite besucht, einige Ihrer Angebote wie Whitepaper, eBooks & Co. angenommen und Ihren Newsletter abonniert. Dieser Lead-Score lässt auf einen interessanten Vertriebskontakt schließen und könnte zu einem schnellen bzw. reibungslosen Abschluss führen.

Marketing und Vertrieb müssen dieses Bewertungssystem zusammen definieren und entscheiden, ab welchem Schwellwert der Interessent von der Marketing- in die Vertriebsbetreuung übergehen soll. Mit Hilfe einer Matrix, die das explizite und das implizite Scoring abbildet, können Sie dieses Bewertungssystem und den Schwellwert sehr gut visuell darstellen (Bild 4.7).

LEAD-SCORING MATRIX

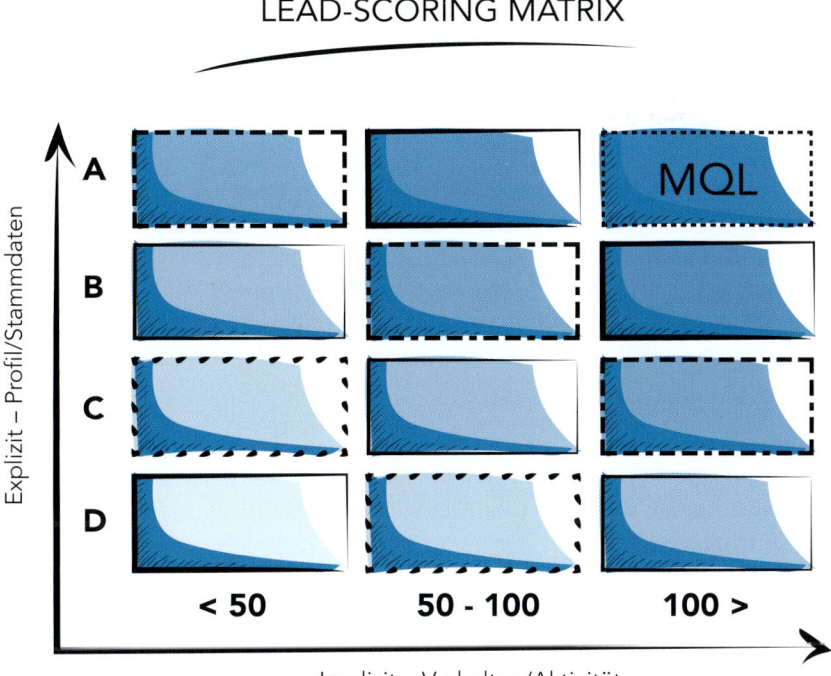

Implizit – Verhalten/Aktivität

Bild 4.7

Erreicht ein Interessent in diesem Beispiel (Bild 4.7) den Level A100, wird er zum MQL (**M**arketing **Q**ualified **L**ead) und wird an den Vertrieb übergeben. Wie diese Übergabe vonstatten geht, erfahren Sie im nächsten Abschnitt.

DEFINITION

Score
»A solid lead scoring approach not only helps to rank prospects against one another, but can smooth the lead flow and serve as the baseline for building a range of business rules that include ownership, role and activities."
[Quelle: SiriusDecisions, What's the Score]

4.6 Lead-Routing

Wenn ein Interessent den definierten Schwellwert für die Übergabe von der Marketing- in die Vertriebsbetreuung wie oben beschrieben erreicht hat, wird er an einen Vertriebsmitarbeiter übergeben. Dazu müssen Sie definieren, an wen und wie die Interessenten weitergereicht werden sollen. Kriterien für die Auswahl des Vertriebsmitarbeiters können z.B. folgende Parameter sein:

- ❑ die geografische Zuordnung des Interessenten,
- ❑ die Produktsparte, für die er sich interessiert hat,
- ❑ seine Branchenzugehörigkeit,
- ❑ die Größe des Unternehmens,
- ❑ eine Key-Account-Zuordnung bzw. Konzernzugehörigkeit.

Bei der Übergabe sollte der Vertriebsmitarbeiter möglichst umfassend über das Profil (explizites Scoring) und die Interessen bzw. das Verhalten (implizites Scoring) des Interessenten informiert werden. Je besser der Vertriebsmitarbeiter informiert ist, desto besser kann er den Interessenten einschätzen und seine Verkaufsstrategie darauf anpassen. Durch die Persona-Profilierung, den Nurturing-Prozess und das Lead-Scoring kristallisiert sich relativ schnell ein detailliertes Bild der Interessenten heraus, die Sie in Zukunft generieren werden. Mit diesen Informationen kann Ihr Marketing den Vertriebsmitarbeitern auch die passenden Inhalte und Mehrwerte für den letzten Abschnitt (Bottom-of-the-funnel) des Verkaufsprozesses an die Hand geben. Das können z.B. Anwenderberichte, ROI-Rechner und E-Mail-Vorlagen sein. Was der Vertriebsmitarbeiter in welchem Zeitraum mit dem Interessentenkontakt tun soll und wie er über die Ergebnisse Rückmeldung gibt, wurde in den SLAs definiert.

TIPP

Idealerweise weisen Sie Interessenten schon zum frühestmöglichen Zeitpunkt einem Vertriebsmitarbeiter zu und senden die E-Mails an den Interessenten mit der Absenderadresse dieses Vertriebsmitarbeiters. So spürt der Interessent den Übergabezeitpunkt vom Marketing an den Vertrieb nicht und es kann sich von Anfang an eine Beziehung zwischen dem Interessenten und dem betreuenden Vertriebsmitarbeiter entwickeln.

5 Systeme und Plattformen

Spätestens seit ich über Lead-Nurturing schreibe, werden Sie sich fragen, wie Sie das alles «von Hand» erledigen sollen. Die effiziente Umsetzung der oben beschriebenen Schritte kann nicht manuell erfolgen. Hierfür eignen sich entsprechende Leadmanagement- bzw. Marketing-Automation-Softwareplattformen. Diese Plattformen helfen Unternehmen, Workflows und Kampagnen zu definieren und die Prozesse automatisiert und auswertbar zu betreiben.

Diese Lösungen unterstützen Sie bei

- ❑ dem «Tracking» Ihrer Interessenten – Woher kommen sie? Wie haben sie gesucht? Wofür haben Sie sich interessiert? usw.;
- ❑ dem Aufbau von Landing Pages und Calls-to-action;
- ❑ Erstellung und Management von Lead-Nurturing-Kampagnen;
- ❑ der Generierung und Entwicklung von Interessenten (Lead-Nurturing);
- ❑ der Leadqualifizierung und Leadbewertung (Lead-Scoring);
- ❑ der Sammlung und Auswertung von Profilinformationen (Progressive Profiling);
- ❑ der Leadsteuerung (Lead-Routing);
- ❑ der Messung und dem Reporting aller Daten – Profile, Aktivitäten usw.;
- ❑ der Anbindung an CRM-Systeme

u.v.m.

An dieser Stelle kommt auch die Schnittstelle zum CRM-System zum Tragen. Vielleicht fragen Sie sich, warum Sie Ihr bestehendes CRM-System nicht für Ihr Leadmanagement nutzen können. Das CRM beginnt in der Regel mit einem Kontakt, also mindestens mit einer Person und einem Firmennamen. CRM-Systeme bieten Funktionen für die Erfassung, Verwaltung und Auswertung von

- ❑ Interessenten- und Kundendaten,
- ❑ Vertriebsaktivitäten,
- ❑ Wiedervorlagen,
- ❑ Kampagnen,
- ❑ Angebote, Forecasts, Opportunities

usw.

Die meisten Leadmanagement- bzw. Marketing-Automation-Plattformen erfassen und «tracken» aber Kontakt schon in einem viel früheren Stadium und bieten entweder andere oder ausgefeiltere Funktionen für das Leadmanagement. Die meisten Systeme für Leadmanagement bieten aber Schnittstellen zu den gängigen CRM-Systemen. Sie müssen nur selbst definieren, wann ein Lead vom Leadmanagement-/Marketing-Automation-System an das CRM übergeben werden soll. Ich habe Kunden, die übergeben ein Lead schon, sobald der Interessent eine Telefonnummer angegeben hat. In der Regel erfolgt die Übergabe aber erst, wenn die definierten Übergabewerte des Lead-Scorings erreicht sind. Idealerweise sollte Ihr CRM-System relevante Daten auch wieder in das Leadmanagement-/Marketing-Automation-System zurück spiegeln. So realisieren Sie ein «Closed-Loop-Reporting- bzw. -Marketing»-System und messen, welchen Anteil Ihre Marketingmaßnahmen am Umsatz bzw. Unternehmenserfolg haben. Auch hier ist aber wieder die Zusammenarbeit zwischen Marketing und Vertrieb entscheidend. Die im Marketing generierten Leads müssen dazu nicht nur an den Vertrieb übergeben werden, der Vertrieb muss seine Verkaufschancen (Forecast) und erzielten Umsätze im CRM-System dem Lead auch «sauber» zuordnen. Nur so kann die Zuordnung der Marketingaktivitäten zu den Vertriebsabschlüssen erfolgen.

Im Anhang A.2 finden Sie einige Anbieter von Leadmanagement-/Marketing-Automation-Systemen und Informationen über deren Schwerpunkte und Einsatzszenarien.

6 Leads im Vertrieb

6.1 Einführung

Welche Bedeutung hat der Vertrieb im modernen Leadmanagement-Prozess? Weiter oben haben Sie gelesen, dass Marketing und Vertrieb eng zusammenarbeiten müssen und dass Marketing das Kunden- und Markt-Know-how des Vertriebs für die Buyer-Persona-Profilierung und die Content-Sammlung benötigt. Sie haben auch gelesen, dass Interessenten 60% ihres Kaufprozesses schon absolviert haben, bevor sie den Kontakt zum Vertrieb des Anbieters aufnehmen. Braucht man dann den Vertrieb überhaupt noch oder ließe sich der letzte Abschnitt des Weges perspektivisch nicht auch noch automatisieren? Das mag bei einigen Produkten bzw. Angeboten funktionieren. Einige Bereiche, wie z.B. der Einzelhandel, leiden ja heute schon unter den neuen Entwicklungen des eCommerces.

In den meisten Geschäftsbereichen werden wir aber immer einen Vertrieb benötigen. Letztendlich kaufen immer Menschen bei Menschen. Genau dort liegt auch die Chance der Differenzierung und Neupositionierung für viele Unternehmen. Der Vertrieb hat einige Aufgaben, die nur ein Mensch richtig gut leisten kann:

❏ Er kann und sollte zuhören und herausfinden, was der Interessent wirklich möchte und was er benötigt. Das kann das Gleiche sein, muss es aber nicht. Dieses «Feingefühl» sollte ein guter «Vertriebler» haben. Aus seiner Erfahrung kann er Fragen stellen oder Bereiche beleuchten, die sich ein Interessent evtl. noch nicht gestellt bzw. betrachtet hat. → *Bedarfsanalyse*
❏ Viele Menschen haben schon schlechte Erfahrungen gemacht, wurden über den «berühmten» Tisch gezogen und haben Geld verloren. Nicht immer reden sie freizügig darüber. Ein guter Vertriebler erkennt auch unausgesprochene Fragen oder Bedenken und reagiert entsprechend.
❏ Vertrauen ist die wichtigste Voraussetzung für das Verkaufen. Ein potenzieller Kunde möchte immer wissen, ob er sich für das richtige Produkt / Dienstleistung und den richtigen Anbieter entscheidet. Dieses Vertrauen kann ein guter Vertriebler aufbauen und so das entscheidende Zünglein an der Waage für den Abschluss sein.
❏ Ein guter «Vertriebler» hat ein Gefühl dafür entwickelt, wann er zuhören und wann er reden sollte. Er weiß, wann ein Interessent «innerlich» schon gekauft hat und zum Kunden geworden ist. Er weiß, wann er die ultimative Frage nach dem Abschluss stellen kann oder sollte.

Modernes Leadmanagement verändert nicht nur das Marketing sondern auch den Vertrieb konzeptionell und operativ. Wie ist das jetzt mit dem Vertrieb? Sie haben viel über die Veränderungen im Kaufverhalten und die neuen Herausforderungen für das Marketing gelesen. In den vorhergehenden Kapiteln haben Sie auch gelesen, wie sich das Marketing darauf einstellen kann. Sie haben gelesen, dass Marketing eng mit dem Vertrieb zusammenarbeiten muss, um mehr und qualifiziertere Leads zu generieren. Wenn Sie all das anpacken und richtig umsetzen, wird sich Ihre Leadsituation stark verändern.

Und der Vertrieb? Bekommt der Vertrieb jetzt einfach nur mehr und bessere Leads, freut sich über «einfachere» Zielerreichung und mehr Provision? Ganz so einfach ist es nicht! Auch Ihr Vertrieb muss sich auf Veränderungen einstellen. Denn er bekommt in Zukunft nicht einfach nur mehr und bessere Leads, er bekommt auch «andere» Leads!

Die Leads haben schon eine ausgiebige Historie mit Ihrem Unternehmen. Es wäre nicht sonderlich zielführend, diese Historie zu ignorieren und so zu tun, als ob es diese Historie nicht gäbe. An dieser Stelle ist wieder eine enge Zusammenarbeit und Abstimmung zwischen dem Marketing- und dem Vertriebsleiter gefragt.

Was ist anders bei diesen Leads?

Buyer-Persona-Profilierung

Bevor diese Leads im Vertrieb landen, haben Sie sich schon sehr viele Gedanken über sie gemacht und viele Informationen gesammelt. Sie haben Ihre Buyer-Persona(s) definiert und herausgefunden, welche Schmerzpunkte sie haben, was sie antreibt und welches Ziel sie mit Ihrem Angebot erreichen möchten. Sie wissen z.B. auch, welchen Stellenwert Sicherheit, Dominanz, Fakten oder Neugier haben.

TIPP FÜR IHREN VERTRIEB

Dieses Wissen sollte der Vertrieb natürlich nutzen. Warum sollte er z.B. dem IT-Leiter einer großen deutschen Bank, der mit ziemlich hoher Wahrscheinlichkeit großen Wert auf Sicherheit legt, neueste, unerprobte Technologie anbieten? Sicher werden nicht alle Ihrer Vertriebsmitarbeiter bei der Buyer-Persona-Profilierung mitgewirkt haben. Daher sollten Sie alle Vertriebsmitarbeiter bzw. Mitarbeiter mit Interessenten-/Kundenkontakt briefen und auf Ihre potenziellen Wunschkunden (Buyer-Persona) einstimmen und eine Strategie für die vertriebliche Betreuung entwickeln.

Inhalte & Mehrwerte / Content-Marketing / Lead-Nurturing

Basierend auf Ihren Buyer-Persona-Profilen haben Sie relevante und hilfreiche Inhalte und Mehrwerte erstellt und distribuiert. Der Interessent hat Ihr Angebot angenommen und Ihre Inhalte geladen bzw. angefordert. Nach der Erstkonvertierung hat er sich für alle oder einige der weiterführenden Angebote (Whitepaper, eBooks, Webinare usw.) interessiert. An diesem Punkt ist Ihr Interessent also schon gut informiert.

TIPP FÜR IHREN VERTRIEB

Der Interessent kennt schon einen großen Teil «Ihrer Geschichte». Ihr Vertrieb sollte also nicht mit «Es war einmal ...» beginnen. Beim potenziellen Kunden erzeugt das nicht nur Langeweile, er fühlt sich auch nicht respektiert und individuell beraten. Wenn Sie ein Arzt an einen anderen Spezialisten überweist, kennt er auch schon Ihre Vorgeschichte und hat Ihre «Krankenakte» gelesen. Er beginnt nicht noch einmal mit einer Basis-Anamnese. Stellen Sie also Ihren Vertrieb auf die Vorgeschichte Ihres Interessenten ein und sorgen Sie dafür, dass Ihr Vertrieb «Ihre Geschichte» genau so spannend weiter erzählt, wie sie im Marketing begonnen hat.

Sie müssen auch davon ausgehen, dass der Interessent nicht nur Ihren Lead-Nurturing-Prozess durchlaufen hat. Er kennt evtl. auch die Inhalte und Argumente Ihrer Marktbegleiter. Ihr Interessent ist also mit ziemlicher Sicherheit sehr gut informiert. Je nach Kenntnisstand und Erfahrung Ihrer Vertriebsmitarbeiter ist er evtl. sogar besser informiert als Ihr Vertriebsmitarbeiter. Es wäre sehr hilfreich und empfehlenswert, die Inhaltsangebote Ihrer Marktbegleiter zu kennen und Ihre Vertriebsmitarbeiter regelmäßig zu schulen. Sie sollten immer einen Informationsvorsprung vor Ihren Interessenten halten können.

Durch Ihre Lead-Nurturing-Kampagnen und Ihr Lead-Scoring wissen Sie, welche Inhalte und welche Darreichungsformen von Inhalten der Interessent bevorzugt. Dieses Wissen kann Ihr Vertrieb auch nutzen, um dem potenziellen Kunden entsprechende vertriebsbegleitende Inhalte in der «richtigen» Form anzubieten. Hat er z.B. an allen Webinaren zu einem bestimmten Themenbereich teilgenommen, wird er sich sicher über weitere ähnliche Webinar-Vorschläge des Vertriebsmitarbeiters freuen.

6.2   Leadbearbeitung im Vertrieb

Großes wurde bis hierher schon vollbracht! Sie wurden gefunden, haben Ihre Wunschkunden richtig angesprochen und sie mit den passenden Inhalten bis zur Vertriebsreife entwickelt. Jetzt muss der Vertrieb aktiv werden und die im Service-Level-Agreement definierten Schritte unternehmen. Die Hauptaufgaben des Vertriebs in dieser Phase sind die Qualifizierung des Interessenten, die Bedarfsanalyse und der Abschluss. Dazu nimmt der Vertrieb den Kontakt zum Interessenten auf. In der Regel wird das mit einem Telefonat umgesetzt. Jetzt stellen sich aber weitere Fragen.

Die Reihenfolge der Bearbeitung

Der Vertriebsmitarbeiter wird ja sehr wahrscheinlich bzw. hoffentlich nicht am Schreibtisch sitzen und «aggressiv» auf neue Leads warten. Er hat sicher laufende Akquise-Projekte zu bearbeiten, Kundentermine wahrzunehmen und Angebote zu erstellen. Mit welcher Priorität wird er die neuen Leads vom Marketing bearbeiten? Das können Sie ihm überlassen und hoffen, dass das Service-Level-Agreement eingehalten wird. Oder Sie bauen auch hier eine Struktur auf. Ich weiß, das ist nicht immer einfach. In der Regel wird der Marketingleiter, der Sie mit recht hoher Wahrscheinlichkeit als Leser dieses Buches sind, das nicht für die Mitarbeiter des Vertriebsleiters definieren können. Idealerweise sollte das aber zwischen Marketing- und Vertriebsleiter geklärt werden. Das Ergebnis kann ja beispielsweise eine Prioritätenliste wie diese sein:

❏ Priorität A: Angebote schreiben und abgegebene Angebot nachfassen
❏ Priorität B: Neue Leads aus dem Marketing kontaktieren
❏ Priorität C: Ältere Vertriebskontakte bzw. C-D Kontakte nachfassen
...

Dann folgt natürlich gleich die nächste Frage:

6.3 Leadqualifizierung im Vertrieb

Wie qualifiziert der Vertrieb den Interessenten?

Das «Klassiker» für die Qualifizierung im Vertrieb sind die B.A.N.T.-Kriterien. Dabei versucht der Vertriebsmitarbeiter folgende Kriterien in Erfahrung zu bringen:

B.A.N.T.-Kriterien:
- ❏ **B = Budget**
  Hat das Unternehmen das Budget bzw. darf der Ansprechpartner über das Budget entscheiden?
- ❏ **A = Authority**
  Sprechen wir mit der richtigen Person, dem Entscheider? Welche Rolle hat er im Buying-Center des potenziellen Kunden?
- ❏ **N = Need**
  Hat der Interessent akutes Interesse und haben wir die richtige Lösung?
- ❏ **T = Time**
  Wann soll der Kauf bzw. die Bestellung realisiert werden?

Natürlich gibt es auch hier noch viele andere Systeme, die Sie für die Interessenten-Qualifizierung im Vertrieb nutzen können. Sie können die vier Basis-Parameter z.B. um weitere Parameter, die für Sie relevant sind, ergänzen. Beispiele für weitere Parameter:

- ❏ **U/B = Unique / Besonderheiten**
  Gibt es Besonderheiten wie z.B. gesetzliche Regelungen oder einen vorangegangenen Kauf, die eine Entscheidung bzw. einen Kauf beeinflussen können?
- ❏ **C/W = Competitor / Wettbewerb**
  Hat der Interessent auch bei einem Wettbewerber angefragt? Wenn ja, welches Mitbewerber-Unternehmen?

Auch hier können Sie die einzelnen Parameter gewichten und eine Abstufung der Interessenten vornehmen.

Exemplarische Einstufung der Leads im Vertrieb:

Einstufung	A-Lead	B-Lead	C-Lead	D-Lead
Budget	Ja	Ja	Ja	Nein
Authority	Ja	Nein	Nein	Nein
Need	Ja	Ja	Ja	Nein
Time	Ja	Ja	Nein	Nein

- ❏ **A-Lead**
  Die «schönste aller Welten»: Das Unternehmen hat das Budget, der Vertrieb spricht mit der richtigen Person, das Unternehmen hat Bedarf an Ihrer Lösung und der Kaufzeitpunkt ist relativ nah. So soll es sein.
- ❏ **B-Lead**
  Es passt fast alles. Der Vertrieb spricht nur noch nicht mit der richtigen Person. Das ist aber eine lösbare Herausforderung. Wahrscheinlich kommt das Lead aus einer

Fachabteilung und/oder wurde mit der Recherche beauftragt. In diesem Fall muss der Vertriebler den Interessenten überzeugen und den Kontakt zum Entscheider aufbauen. Idealerweise kann der Vertrieb auf Content vom Marketing zurückgreifen, der speziell für den Entscheider konzipiert wurde und damit über den Recherchierenden den Weg zum Entscheider bahnen.

❑ **C-Lead**

Das ist nicht ganz die «schönste aller Welten», aber nicht hoffnungslos: Das Unternehmen hat das Budget und die Lösung passt. Die Zeit für eine Entscheidung bzw. einen Kauf ist aber noch nicht gekommen und der Ansprechpartner ist noch nicht der «Entscheidende». Also ein Lead mit geringer Priorität, der unter Umständen auch mit einer entsprechenden Nurturing-Kampagne weiter betreut werden könnte.

❑ **D-Lead**

Diese Einstufung erklärt sich eigentlich von selbst. Keiner der wichtigen Parameter ist bis dahin erfüllt. Somit sollte sich der Vertrieb hier erst einmal nicht engagieren.

Wie oben beschrieben, ist das nur eine exemplarische Einstufung. Natürlich gibt es dazwischen noch mehr Varianten, die definiert bzw. eingeordnet werden müssen. In diesem Beispiel ist die Antwort immer nur JA oder NEIN. Sie können die Erfüllung der einzelnen Fragen auch noch mit einem Punktesystem (z.B. Schulnotensystem 1 bis 6) abbilden. Damit erreichen Sie feinere Nuancen bei der Bewertung eines Interessenten und der Vertriebsleiter kann u.U. besser steuern.

Wenn Sie über eine Einstufung von Interessenten nachdenken, sollten Sie auch überlegen, wie Sie mit einem drohenden «Nein» des Interessenten umgehen. Wenn Sie alle Argumente, Referenzen usw. eingesetzt haben, wie soll sich Ihr Vertrieb verhalten, wenn der Interessent trotzdem «abdriftet»? Wann lassen Sie einen Interessenten los bzw. wie stark setzt Ihr Vertrieb auf Überzeugen und Nachhaken (*Pushy Sales*)? Das ist eine Grundsatzentscheidung und solle nicht dem einzelnen Vertriebler überlassen werden. Ein «überredeter» Kunde bringt Ihnen vielleicht erst einmal einen willkommenen Umsatz, entwickelt sich aber evtl. zu einem «schlechten» Kunden und einer «negativen» Referenz.

6.4 Bis zum Abschluss

Nach der Übergabe des Leads vom Marketing an den Vertrieb und der Qualifizierung bzw. Bedarfsanalyse durch den Vertrieb wird der Interessent zur «Opportunity» (Verkaufschance) und je nach Umfeld oder Struktur erfolgen dann alle oder einige dieser weiteren Schritte der Leadbearbeitung:

❑ Präsentation
❑ Engineering
❑ Angebotserstellung
❑ Teststellung
❑ Forecasting
❑ Abschluss
❑ Nachbereitung
❑ Up-/Cross-Selling

Eine besondere Herausforderung bei der Leadbearbeitung ist das Nachfassen von versendeten Informationen oder Angeboten. Hat der Interessent die schon erhalten und gelesen? Wann ist der beste Zeitpunkt, um nachzufassen? Etliche Stunden kostbarer Arbeitszeit müssen Vertriebsmitarbeiter für das Nachfassen aufwenden, nur um immer wieder zu hören: «Tut mir leid, hatte noch keine Zeit, Ihre Unterlagen zu sichten.» Leistungsfähige E-Mail-Tools geben zwar Auskunft darüber, ob eine E-Mail den Empfänger erreicht hat und ob er die E-Mail geöffnet hat. Sie verraten aber nicht, ob die versendeten Informationen (z.B. PDF im Anhang) auch gelesen wurden.

Auch für diese Herausforderung gibt es mittlerweile Lösungen aus dem Marketing-Automation-Umfeld. Statt die Informationen direkt an den Interessenten zu versenden, platziert man sie mit diesen Lösungen in einem «Demand-Center» und verweist in der E-Mail darauf. Sobald der Interessent den Link anklickt und im Demand-Center ein Video anschaut oder ein Dokument lädt, wird ein Alarm ausgelöst und der Vertriebsmitarbeiter kann diesen günstigen Moment nutzen, um den Interessenten zu kontaktieren. Der Nutzen dieses Vorgehens liegt auf der Hand:

❑ Kostbare Arbeitszeit im Vertrieb wird gespart.
❑ Die Effizienz im Akquiseprozess wird optimiert.
❑ Der Interessent fühlt sich besser betreut.

Idealerweise reißt im gesamten Leadbearbeitungsprozess der Kommunikationsfluss zwischen Vertrieb und Marketing nicht ab und der Vertrieb spiegelt erlangtes Wissen über die entsprechenden Wunschkunden in das Marketing zurück. Mal gewinnt man, mal verliert man. Unabhängig davon, ob Sie den Kunden gewonnen oder verloren haben, optimieren Sie Ihren Lead- und Akquisitionsprozess, wenn der Vertrieb Erkenntnisse aus dem Interessentenkontakt an das Marketing zurück meldet.

Das können z.B. sein:

Allgemein

❑ Gibt es aus diesem Interessenten-Kontakt Erkenntnisse für das Buyer-Persona-Profil, Ihre Contentangebote, Ihre Lead-Nurturing-Kampagnen oder Ihr Lead-Scoring?
❑ Ist der Kunde bereit, für eine Kundenstimme oder einen Anwenderbericht zur Verfügung zu stehen?
❑ Wird der Kunde Ihr Unternehmen weiterempfehlen?

Gewonnen

❑ Warum haben Sie den Lead gewonnen?
❑ Welche Argumente haben die Kaufentscheidung zu Ihren Gunsten beeinflusst?
❑ Welche Marktbegleiter waren noch in der Auswahl?

Verloren

❑ Warum haben Sie den Interessenten verloren?
❑ In welchem Stadium haben Sie den Interessenten verloren?
❑ Hat der Kunde überhaupt gekauft?

– Wenn ja: Gegen welchen Marktbegleiter haben Sie verloren?

– Wenn nein: Was hat ihn vom Kauf abgehalten?

❑ Welches der B.A.N.T.-Kriterien wurde nicht erfüllt?

❑ Haben Sie «einfach nur mal verloren» oder gibt es besondere Gründe?

Wie oben beschrieben, helfen diese Informationen zum einen bei der Optimierung Ihres Leadprozesses. Wenn Sie sich an den Abschnitt 4.2 über Lead-Nurturing erinnern, habe ich Ihnen dort Nurturing-Kampagnen für verlorene Projekte vorgestellt. Ihre Vertriebs-mitarbeiter sollen sich im Klaren sein, dass jedes verlorene Projekt durch entsprechende Lead-Nurturing-Kampagnen wieder ein «Hot Lead» werden könnte. Sie sollten diese Leads also entsprechend einordnen und Ihrem Marketing auch wertvolle Informationen über verlorene Projekte/Leads nicht vorenthalten.

Spätestens nach dem Kauf wird der gewonnene Kunde evtl. wieder zum Interessenten für ein höherwertiges oder neues Produkt. Aber natürlich nur, wenn er zufrieden ist. Hier schließt sich der Kreis zum Anfang des Buches. Dort habe ich Ihnen den «Zero Moment of Truth» vorgestellt. Erinnern Sie sich? Sie sollten in diesem Moment präsent sein und vom potenziellen Kunden wahrgenommen werden. Sie sollten aber unbedingt auch posi-tiv wahrgenommen werden. Diese positive Wahrnehmung kann entscheidend durch die Bewertungen Ihrer Kunden beeinflusst werden. Konnten sich früher vielleicht einige Vertriebler noch die **A**UA(**A**nhauen, **U**mhauen, **A**bhauen)- bzw. «Drücker-Kolonnen»-Mentalität leisten, ist das in Zeiten von Internet und Social Media definitiv vorbei. Heute bewerten Kunden ihre Lieferanten und Dienstleister öffentlich. Kunden haben eine Stim-me, sie erheben sie und sie wird gehört. Natürlich sollte das nicht der einzige Grund sein, einen Kunden fair zu behandeln und ihn für Ihr Unternehmen zu begeistern. Ihr Vertrieb sollte diese (Social Media-)Mechanismen aber trotzdem kennen, sich entsprechend ver-halten und z.B. auch aktiv um Empfehlungen und Bewertungen bitten.

Noch eine Bemerkung zum Ende des Kapitels: Wenn Sie Ihre Buyer-Persona(s) definiert haben und Ihre Leadgenerierungsmaßnahmen (Inbound- und Outbound-Marketing) ent-sprechend eingesetzt haben, werden Sie mehr Interessenten eines bestimmten Typus ge-nerieren. An dieser Stelle sollten Sie sich die Frage stellen, ob Ihre Vertriebsmitarbeiter bzw. deren Arbeitsweise überhaupt zum Typus dieser Leads passen. Natürlich müssen bzw. können Sie nicht Ihre komplette Vertriebsmannschaft austauschen. Sie sollten aber trotzdem einmal darüber nachdenken:

❑ Wer aus Ihrem Vertriebsteam passt zu welcher Buyer-Persona? So können Sie den Vertriebsmitarbeiter für die Betreuung Ihrer neu generierten Wunschkunden einsetzen, der am besten zu Ihnen passt und am besten auf die Interessen und die Kaufmotive Ihrer Interessenten eingehen kann.

❑ Modernes Leadmanagement wird die Arbeitsweise Ihrer Marketing- und Vertriebs-abteilung ändern. Sie müssen sich neuen Herausforderungen stellen und «Wechsel-Bereitschaft» aufbringen. Überlegen Sie daher, wer aus Ihrem Marketing- und Vertriebsteam diesen neuen Weg wahrscheinlich mit Motivation mitgehen wird. Evtl. ist es sinnvoll, mit diesen Mitarbeitern eine «Pilot-Gruppe» aufzubauen und erste Erfahrungen zu sammeln. So kämpfen Sie nicht von Anfang an gegen innere Widerstände.

❑ Wie stimmen Sie Ihr Vertriebsteam auf diese neue Vorgehensweise und die neue Art der Leads ein?

Sehr hilfreich ist es, wenn Sie die Stärken und Motive ihres Vertriebsteams kennen. Mit einer Motiv-Struktur-Analyse erkennen sie diese und können Ihr Team nicht nur entsprechend fördern, sondern so auch die «passenden» Vertriebsmitarbeiter für die Betreuung Ihrer Interessenten einsetzen. Aus meiner Erfahrung eignet sich das «Reiss-Profil» sehr gut, um die Motivstruktur von Vertriebsmitarbeitern zu erkennen und sie entsprechend zu fördern.

DEFINITION

Das Reiss-Profil ist ein unterstützendes Diagnoseinstrument, das für die Bestimmung der menschlichen Motivation genutzt wird. Als solches erfasst es ein weites Spektrum der individuellen Persönlichkeit. Es liefert ein Persönlichkeitsprofil, das sehr differenzierte Aussagen zur individuellen Motivation, den Werten und dem prognostizierbaren Verhalten einer Person abbildet. Das Reiss-Profil ist eine ideale Basis für Beratungs- und Coachingprozesse, aber auch für Marketing- und Vertriebsaktivitäten. Die Basis des Reiss-Profils ist ein psychologisches Testverfahren, das von Professor Dr. STEVEN REISS in den 1990er-Jahren entwickelt wurde. [Quelle: http://www.das-wolf-format.de/lebensmotive/]

Gastbeitrag Leadbearbeitung im Vertrieb: STEPHAN HEINRICH

Leads sind dazu da, in Umsatz verwandelt zu werden. Allerdings wird das vermutlich nicht bei allen Leads klappen. Manche werden zählbare Ergebnisse liefern und andere nicht. Aber wie können wir möglichst früh entscheiden, welche wertvoll sind und welche nicht?

Viele Vertriebsorganisationen scheitern, weil sie keine guten Prozesse nutzen, um die weniger guten Chancen schnell herauszufiltern. Warum ist das so? Menschen tendieren dazu, unter Verlustangst schlechte Entscheidungen zu treffen. Aus diesem Grund treffen Verkäufer schlechte Entscheidungen, wenn es um das Aussortieren von Leads geht. Verkäufer tendieren dazu, große Mengen von Leads vor sich herzuschieben. Sie wandern von Wiedervorlage zu Wiedervorlage. Es werden immer mehr und die Frustration steigt; eine wahre Sisyphos-Aufgabe. Und das, obwohl es so einfach wäre, die weniger interessanten Leads schnell auszusortieren, damit der Überblick erhalten bleibt.

In diesem Beitrag finden Sie Ideen, wie Sie sich Werkzeuge schaffen, um Ihr Gehirn zu überlisten und schon frühzeitig Licht in das Dunkel der Leads zu bringen. In Bezug auf die Beurteilung von Leads und den Forecast empfehle ich das Prinzip der Messung in Verbindung mit der empirischen Ermittlung der Wahrscheinlichkeit. Ich empfehle Ihnen, grundsätzlich so vorzugehen:

1. Schaffen Sie sich ein sinnvolles System an Messwerten, die die Verkaufschancen eindeutig in Phasen einteilen. Beispielsweise:

- Phase F: Erster Verdacht – Latenter Bedarf
- Phase E: Konkreter Nutzen geklärt

- Phase D: Entscheider bekennt Handlungsabsicht
- Phase C: Konkrete Verhandlungen und annehmbares Angebot
- Phase B: Mündliche Auftragserteilung
- Phase A: Auftragsabschluss

2. Legen Sie klare und eindeutige Kriterien fest, um die Projekte zweifelsfrei in diese Phasen einzuordnen. Dabei ist wichtig, dass es keine Grauzonen oder Interpretationsspielraum gibt. In diesem Beispiel kann die Phase E erst beginnen, wenn vorher in einem Gespräch geklärt wurde, welchen Nutzen der Kunde konkret erwartet. Phase D beginnt erst, wenn der Entscheider identifiziert wurde und Ihnen gegenüber erklärt hat, dass er beabsichtigt, kurzfristig zu investieren.

3. Ermitteln Sie empirisch, in welcher Phase wie viele Projekte endgültig verloren werden. Daraus lässt sich im Umkehrschluss eindeutig bestimmen, mit welcher Wahrscheinlichkeit Projekte in einer bestimmten Phase später erfolgreich sein werden.

4. Stoppen Sie das Schätzen von Prozentzahlen. Schaffen Sie stattdessen nachprüfbare Merkmale, die die Phase der Verkaufschance zweifelsfrei festlegen. Legen Sie dann die ermittelte Prozentzahl auf die Auftragswerte und erhalten Sie so eine gewichtete Auftragswahrscheinlichkeit. Ganz ohne individuelle Bewertungen und ohne den Einfluss von Euphorie oder Pessimismus erhalten Sie so wesentlich bessere Ergebnisse.

Zombies sind unsterblich

Wie viele Untote sind in Ihrer Lead-Liste? Manchen davon sollte man in der Manier alter Dracula-Filme endlich den Holzpflock ins längst verweste Herz schlagen. Gut, das war ein drastisches Bild. Und genau solche Bilder benötigen wir, um in der konkreten Situation die richtige Entscheidung zu treffen.

Nehmen wir die vielleicht wichtigste Aufgabe zuerst: Das beherzte Selektieren der guten von den schlechten Chancen. Bestimmt kennen Sie das Märchen vom Aschenputtel. «Die Guten ins Töpfchen, die Schlechten ins Kröpfchen», lautet das berühmte Zitat. Aschenputtel musste die Linsen aus der Asche heraussortieren und die Tauben halfen ihr. Daher die Guten ins Töpfchen, zum Essen für die Menschen, und die anderen ins Kröpfchen. «For the birds», wie ein amerikanischer Ausspruch lautet, also: überflüssig.

Wenn man manche Vertriebsorganisationen betrachtet, stellt man fest, dass Verkäufer dazu neigen, eine vermeintliche Linse aus dem Staub zu fischen, sie abzuputzen, daran zu riechen, evtl. sogar im Mund zu säubern und sie dann mutlos wieder zu den anderen in die Asche zu legen. Kennen Sie das? Sie melden sich zum dritten oder vierten Mal bei einem «interessanten Kontakt» und der sagt sinngemäß: «Danke, dass Sie sich melden. Das Thema ist noch immer sehr interessant für uns. Allerdings ist es im Moment nicht passend. Lassen Sie uns doch in drei bis vier Monaten noch einmal telefonieren.» Und wenn Sie ganz ehrlich sind, ist das fast der identische Wortlaut, den Sie bei den Telefonaten zuvor ebenfalls zu hören bekommen haben.

Eine distanzierte Betrachtungsweise macht sofort klar, dass das keine attraktive Chance mehr ist. Nichts hat sich bewegt. Es wird immer wieder alles verschoben. Vielleicht denken Sie jetzt, Hartnäckigkeit wäre angebracht. «Jetzt dranbleiben», ruft Ihnen vielleicht eine Stimme aus den Tiefen Ihrer ersten Vertriebstrainings zu. «Verkaufen beginnt beim Nein», echot durch Ihren Kopf? Dieser Spruch kann getrost auf der Müllhalde der Vertriebsgeschichte entsorgt werden. So sehr das hier aus der Distanz offensichtlich und klar ist, so wenig funktioniert es in der Praxis.

Warum? Weil wir uns selbst manipulieren. Was bei nüchterner Betrachtung von außen offensichtlich ist, erscheint ganz anders, wenn wir selbst involviert sind. Je mehr wir in eine Sache investiert haben, desto schwerer ist es, sie aufzugeben. Je mehr Zeit, Geld oder Herzblut wir bereits in ein Projekt, einen Kunden oder eine Beziehung investiert haben, desto schwerer fällt es uns, einen Schlussstrich zu ziehen – auch wenn eine nüchterne Betrachtung einen sofortigen Abbruch der Bemühungen sinnvoll erscheinen lässt. Fast immer ist es viel wirtschaftlicher, die frei gewordenen Ressourcen in andere Projekte zu stecken, statt mit rosa Brille immer wieder die eigenen Misserfolge zu wiederholen.

Vielleicht kennen Sie die alte Weisheit der Dakota-Indianer? Bestimmt haben Sie sie schon einmal gehört oder gelesen: «Wenn Du merkst, dass Du ein totes Pferd reitest: Steig ab!» Wenn ich diesen Aspekt mit den Teilnehmern meiner Seminare diskutiere, dann wird schnell klar, dass diese Weisheit im Prinzip klar ist, jedoch in der Praxis kaum Anwendung findet. Verkäufer neigen dazu, ihre toten Pferde sozusagen zu schultern und zum nächsten Wasserloch zu schleppen. Das tun sie in der irrationalen Hoffnung, dass dann wieder alles gut wird. Wird es aber nicht.

Kann man sich Rat von Profis holen, die ähnliche Situationen tagtäglich zu meistern haben? Wie würde wohl ein Team der Notfallmedizin an so eine Aufgabe herangehen, wenn der Verdacht besteht, dass der Patient tot ist? Sicher würde die erste Maßnahme ein Versuch der Wiederbelebung sein. Sagen wir mit einem Defibrillator, eingestellt auf 100 Joule. Angenommen, der erste Versuch glückt nicht. Was dann? Ich nehme an, es gäbe einen zweiten Versuch. Aber was würde sich im Vergleich zum ersten Versuch ändern? Mit Sicherheit die Dosis. Ein professionelles Team würde sicher nicht den lieben langen Nachmittag immer wieder die gleiche Handlung bei gleich bleibendem Misserfolg durchführen. Die Alternative heißt: Eskalation!

Ärzte haben zumeist den Eid abgelegt, jeden Versuch zu nutzen, um Menschen zu retten. Und dennoch gibt es einen Moment, in dem ein Arzt mit der nötigen professionellen Distanz feststellt, dass der Patient nicht zu retten ist. Das gelingt, weil im Vorfeld die Abfolge der Eskalationsstufen festgelegt wurde. Das ist sehr ähnlich zu der Situation, in der Verkäufer stecken. Sie wollen jeden potenziellen Kunden gewinnen und dennoch gibt es den Moment, in dem man erkennt, dass es nicht geht. Verkäufer können sich diese Entscheidung enorm erleichtern, wenn sie die Abfolge der Eskalationsstufen vorher festlegen.

Bestimmt kennen Sie die Situation, dass Sie mit einem potenziellen Kunden sprechen und er sagt sinngemäß: «Rufen Sie mich in drei Monaten noch einmal an.» Sie machen sich eine Notiz. Nehmen wir an, Sie führen später ein weiteres Gespräch und jetzt hören Sie: «Die Sache ist für uns immer noch interessant, aber im Moment ist wenig Zeit dafür. Rufen Sie mich in drei Monaten nochmal an.» Und jetzt raten Sie mal, was Sie weitere drei Monate später hören: «Im Moment ist Urlaubszeit. Lassen Sie uns in drei Monaten sprechen.» Kennen Sie diese Situationen?

Sie können sofort Abhilfe schaffen: Legen Sie einen Eskalationsplan fest. Entscheiden Sie, wie oft Sie sich vertrösten lassen wollen. Einmal? Zweimal? Oder noch öfter? Egal wie oft, aber legen Sie fest, wann Sie neue Maßnahmen einsetzen. Und dann planen Sie vorab, wie Sie reagieren, um (bildlich gesprochen) von 100 auf 150 oder 200 Joule hochzuschalten. Hier ein paar erste Ideen, was Sie sagen könnten, wenn Sie zum x-ten Mal vertröstet werden:

«Herr Kunde, wie ich sehe, ist das Thema für Sie im Moment nicht akut. Wir sind sehr darauf bedacht, niemanden zu seinem Glück zu zwingen. Daher darf ich Sie nicht mehr anrufen. Es steht Ihnen allerdings frei, mich jederzeit zu kontaktieren, wenn Sie den besprochenen Nutzen für sich realisieren möchten.»

«Herr Kunde, wir nehmen das Thema Datenschutz sehr ernst. Weil wir in keiner Geschäftsbeziehung stehen, darf ich Sie ab jetzt nicht mehr anrufen. Allerdings können Sie diesen Bann brechen, indem Sie mich anrufen, sobald Sie bereit sind, die besprochenen Nutzeffekte in Ihrer Bilanz sichtbar zu machen.»

Denken Sie, das wäre zu provokant? Ja, vielleicht ist es frech. Aber sicher hilft es dabei, die Kruste zu brechen und entweder neu zu beginnen oder Freiraum für andere interessante Chancen zu erzeugen. Ich bin davon überzeugt, dass durchschnittliche Vertriebsorganisationen mindestens 15% ihrer Zeit mit völlig sinnlosen Vertriebsaktivitäten verschwenden, obwohl bei nüchterner Betrachtung schon vorher klar war, dass keine Aussicht auf Erfolg bestand. Wenn Sie sich einen Eskalationsplan zurechtlegen, können Sie diese 15% Zeitreserve für Ihre Organisation sinnvoll einsetzen – und wer würde das nicht wollen?

Um ganz sicher zu gehen, definieren Sie ein Verfallsdatum. Wie bei verderblichen Lebensmitteln geben Sie dem Lead ein Verfallsdatum, sobald es an den Vertrieb geht. Die Zeitspanne legen Sie je nach Branche und Geschäftsmodell selbst fest. Zu diesem Datum verschwindet das Lead aus der Liste. Endgültig. Immer. Alle wissen das.

So stellen Sie sicher, dass Sie nicht getäuscht werden von vermeintlich langen Listen von Verkaufschancen, die beim ersten Sonnenstrahl zu Staub zerfallen werden. Der Vertrieb bekommt die Möglichkeit, frühzeitig die Chancen zu klären. Vielleicht haben Sie auch schon festgestellt: Die besten Chancen sind ohnehin diejenigen, die innerhalb kurzer Zeit von der ersten Kontaktaufnahme zur Entscheidung reifen.

Aber wie kann man den Reifeprozess professionell vorantreiben?

In den 80er Jahren des letzten Jahrhunderts hatte ein großes Unternehmen ein völlig neues, zusätzliches Geschäftsfeld eröffnet. Um dieses neue und zukunftsweisende Geschäftsfeld schnell erfolgreich zu machen, kam man auf die naheliegende Idee, die besten Verkaufsmitarbeiter aus dem alten, angestammten Geschäftsbereich in den neuen Bereich zu bringen, damit dieser schnellstmöglich am Markt etabliert wird. Gesagt, getan.

Einige Monate später stellte sich jedoch heraus, dass die bislang erfolgreichen Verkäufer im neuen Geschäftsfeld nur noch mittelmäßige Leistung erbrachten. Einige wenige von ihnen waren gut oder sehr gut, aber die große Masse erbrachte keine guten Ergebnisse. Halten wir nochmals fest: Sie waren vorher, mit anderen Produkten, die besten Verkäufer des Unternehmens. Sie hatten alle eine lange Historie des Erfolgs und waren nachweislich sehr gut. Zuhören, Auftreten, Eloquenz, Empathie und Überzeugungskraft hatten und haben sie noch immer. Was vorher zum Erfolg führte, war jetzt allerdings offenbar kein Garant für Erfolg mehr. Was war geschehen?

Bei dem Unternehmen handelte es sich um einen Weltkonzern, der mit Fotokopierern eine marktbeherrschende Stellung hatte und nun den neuen Geschäftsbereich «Paper Output Management» gründete. Der wesentliche Unterschied: Bislang ging es um Produktgeschäft, jetzt sollten Projekte verkauft werden, bei denen Unternehmen mit großem Ausstoß an individuellen Drucksachen (beispielsweise der Rechnungsdruck der Deutschen Telekom) auf die digitalen Drucker umgestellt werden. Früher Produkte – jetzt Lösungen. Die Komplexität des Angebotes war enorm gestiegen.

Um das Problem zu lösen, beauftragte das Unternehmen damals eine Unternehmensberatung, um herauszufinden, welche Verhaltensweisen der wenigen erfolgreichen Verkäufer den Erfolg ausmachten und was die Star-Verkäufer, die jetzt nicht mehr erfolgreich waren, dazulernen mussten. Das Ergebnis wurde von Neil Rackham unter dem Titel «SPIN Selling» veröffentlicht. Sicher hat sich seit den 80er Jahren Einiges weiter entwickelt. Allerdings ist der Kern seiner Erkenntnisse von damals noch immer sehr relevant. Er fand heraus, dass man die gestellten Fragen nach deren Ziel unterteilen kann. Und er fand heraus, dass das Mengenverhältnis der unterschiedlichen Fragetypen den Erfolg vorherbestimmt. Das bedeutet, dass Verkäufer, die bestimmte Fragen ausreichend oft stellten, erfolgreicher waren als andere, die wiederum andere Fragen öfter stellten.

Die Unterteilung der Fragen in vier Kategorien ist noch immer sinnvoll. Allerdings würde ich die Definition der vier Fragetypen aus heutiger Sicht so formulieren:

- Fakten
  Fragen, die sich auf die aktuelle Situation beziehen und überprüfbare Fakten abfragen.

- Motiv
  Fragen, die Probleme, Schwierigkeiten und Unannehmlichkeiten aufdecken, die ein potenzieller Kunde beseitigen möchte.

- Schmerzen
  Fragen, die auf den Handlungsdruck abzielen und erkennen lassen, welche Bedeutung die Problemlösung hat.

- Nutzenerwartung
  Fragen, die ermitteln, was erfüllt sein muss, um aus Sicht des Klienten eine akzeptable Lösung erzielt zu haben.

Wenn Sie Lösungen, Projekte oder komplexe Produkte mit hohem Anteil an Individualisierung verkaufen, dann ist es für Sie wichtig zu wissen, dass vor allem die beiden letzten Fragetypen erfolgsentscheidend sind. Nur wenn Sie Handlungsdruck gefunden haben und der Kunde eine klare und attraktive Vorstellung von seinem gewünschten Ergebnis formuliert, werden Sie erfolgreich sein. Wohlgemerkt: Das gilt nicht für einfache Produkte oder austauschbare Dienstleistungen. Da genügt es völlig, wenn das Problem identifiziert und eine adäquate Lösung geboten wird.

Wenn Sie als Organisation mit persönlichem Einsatz von Verkäufern Leads qualifizieren, dann ist anzunehmen, dass Sie Geschäfte mit einem hohen Ertrag pro Abschluss machen. Sonst wäre das kaum rentabel. Demnach dürfte es für Sie sehr relevant sein, genau diese beiden Fragetypen aufmerksam zu nutzen, sobald Sie das Problem des Kunden ausreichend verstanden haben.

Wenn Sie in diese Thematik tiefer einsteigen möchten, können Sie jederzeit unter profi. visionselling.de einen kostenlosen Kurs für den professionellen Vertrieb an Geschäftskunden abonnieren.

Stephan Heinrich unterstützt Menschen dabei, profitable Beziehungen zu Geschäftskunden aufzubauen und dauerhaft zu erhalten.
www.stephanheinrich.com

7 Analyse und Optimierung

Nur das, was man messen kann, kann man auch optimieren! Wenn Sie Ihren Leadgenerierungsprozess aufgebaut haben, wird es Zeit, über die Optimierung und Steigerung der Effizienz nachzudenken. Was möchten Sie mit Leadmanagement erreichen? Was ist Ihr wichtigstes Ziel? Sie können auf fast allen Ebenen messen und so Ursache und Wirkung in Bezug setzen. Das «große» Ziel von Leadmanagement ist die Generierung von mehr bzw. besseren Interessenten, deren Entwicklung bis zur Vertriebsreife und die Übergabe an den Vertrieb. Welche einzelnen Werte gemessen werden sollen, hängt vom Unternehmen, der Branche und den individuellen Zielen ab. Wenn Sie keine Ziele setzen und nicht messen, können Sie auch nicht optimieren. Eine Kundin hat mir dazu neulich ein sehr passendes Zitat von Günther Schulze-Fürstenow gesendet:

«Hannibal hat doch auch nicht gesagt: Ich möchte was mit Elefanten machen. Sondern: Ich will nach Rom!»

Zu viele Messungen machen aber auch keinen Sinn. Fangen Sie am besten mit einigen Werten an und bauen Sie Ihre Metrik bei Bedarf weiter aus. Eine sehr wichtige Information ist aus meiner Sicht, welche Ergebnisse durch welche Aktivitäten ausgelöst wurden. Wobei Ergebnisse auf den verschiedensten Ebenen erzielt werden können.

First action

Dieser Begriff beschreibt, durch welche Aktivität ein Interessent zum Erstkontakt animiert wurde. Also warum und wie kam ein potenzieller Kunde auf Ihre Webseite und hat zum ersten Mal ein Formular auf einer Landing Page ausgefüllt? Eine wichtige Information, um Ihre Aktivitäten, Kanäle und Kosten zu bewerten, die Besucher für Ihre Webseite generieren.

Last action

Der Begriff «Last action» beschreibt die letzte Marketingaktion, die den Kunden dazu bewogen hat, den Kontakt zu Ihrem Vertrieb aufzubauen – eine wichtige Information, die zeigt, wie gut Sie den Entscheidungs- und Kaufprozess Ihrer Kunden verstanden haben und wie gut Ihre Nurturing-Kampagnen funktionieren.

BEISPIEL

Sie haben eine XING-Gruppe aufgebaut und potenzielle Kunden eingeladen. In der Gruppe haben Sie über Ihr Thema informiert und Fragen der Gruppenmitglieder beantwortet bzw. diskutiert. Ein Gruppenmitglied hat Ihre Einladung, eine Checkliste zu laden, angenommen und seine Daten auf Ihrer Landing Page eingetragen. Danach hat er ein eBook geladen, an einem Webinar teilgenommen und schließlich mit einem Ihrer Vertriebsmitarbeiter gesprochen und letztendlich gekauft. Dieser Kunde wurde ursächlich durch Ihre Aktivitäten in XING generiert (First action) und Sie können ihn Ihren XING-Aktivitäten und den dadurch verursachten Kosten zuordnen – eine wichtige Information, um über den weiteren Umfang Ihrer XING-Aktivitäten (mehr Aktivität / Kosten, Zustand beibehalten, Aktivitäten optimieren oder stoppen) zu entscheiden. Das Webinar war die letzte Marketingaktivität (Last action), bevor der Kunde mit dem Vertrieb in Kontakt kam. Wichtig zu wissen, um die Konvertierung von Lead zum Kunden zu bewerten und den Verkaufsabschluss vorzubereiten.

Schritte für die Analyse & Optimierung

Analyse-Programme
Wie in Abschnitt 3.2.1 über Webseiten-Optimierung schon beschrieben, können Sie Tools zum Tracking Ihrer Webseite wie Google-Analytics™ oder **www.econda. de** nutzen. Alle E-Mail-, Leadmanagement- und Marketing-Automation-Tools bzw. Plattformen liefern Ihnen auch Daten, die Sie für die Optimierung Ihrer Aktivitäten nutzen können.
Wie Sie mit den Daten umgehen sollten:

Ziel-Fokussierung
Finden Sie heraus, was Sie optimieren möchten. Wollen Sie mehr Besucher für Ihren Blog generieren oder mehr Webseitenbesucher zu Leads konvertieren? Suchen Sie dann permanent nach Optimierungspotenzialen.

Ziele definieren
Definieren Sie messbare Ziele mit einem zeitlichen Bezug. Beispiel: «In den nächsten x Wochen möchten wir y mehr Leads auf unserer Webseite generieren.»

Optimierung
Welche Ihrer Aktivitäten haben funktioniert und helfen Ihnen, Ihre Ziele zu erreichen? Ist es sinnvoll, diese Aktivitäten zu erweitern? Welche Kampagnen haben noch Optimierungspotenzial? Gibt es Aktivitäten, die Sie eventuell ganz stoppen bzw. überdenken sollten?
Von Ihren Zielen und Ihren Schwerpunkten können Sie Ihre Metrik ableiten.
Was Sie z.B. messen können:
- ❏ Anzahl der eingehenden Links
- ❏ Webseitenbesucher
- ❏ Neue Besucher
- ❏ Wiederkehrende Besucher
- ❏ Rate Besucher / Leads
- ❏ Klicks
- ❏ Konvertierungsrate
- ❏ Leads
- ❏ Newsletter-Abonnenten
- ❏ Click-Through Rate (CTR)
- ❏ Kunden – aufgeschlüsselt nach:
  - – Aktivitäten
  - – Quellen

- Kampagnen
- Branchen
- Keywords
- Zeitraum ...

ERGEBNIS

Das Wichtigste in Kürze:

❑ Definieren Sie Ziele!

❑ Messen und optimieren Sie stetig!

❑ Finden Sie heraus, wie Ihr Marketing zur Erreichung Ihrer Unternehmensziele beitragen kann!

8 Status quo Leadmanagement

Status quo Leadmanagement – Stand 2014

Nur wenige Unternehmen können es sich leisten, **nicht** regelmäßig neue Interessenten zu generieren und diese zu Neukunden zu entwickeln. Das war schon immer eine große Herausforderung für Unternehmen. In Zeiten von globalem Wettbewerb, Internet und Social Media ist diese Aufgabe nicht gerade einfacher geworden. Nichtsdestotrotz werden die meisten Leads von Unternehmen nicht oder nur unzureichend bearbeitet. Aber selbst mit erfolgter Übergabe der Leads an den Vertrieb ist noch nichts gewonnen. Die Qualität der Leads muss passen. Trotz dieser Tatsachen haben die meisten Unternehmen im deutschen Sprachbereich diesen unternehmenskritischen Prozess des Leadmanagements noch nicht oder nur unzureichend definiert und entsprechende Maßnahmen eingeleitet. Sie betreiben Interessentengenerierung nicht strategisch und geplant oder nutzen immer noch die klassischen Wege zur Neukundengewinnung.

Daher wird modernes Leadmanagement immer wichtiger für den Erfolg von Unternehmen werden. Das kann man an der deutlich gestiegenen Besucherzahl des Lead Management Summit 2014 ablesen. Die Vorträge der Referenten zeigen, dass einige Unternehmen die Phase der Überlegung, Planung und ersten Schritte schon hinter sich haben. Sie haben Leadmanagement- bzw. Marketing-Automation-Plattformen schon implementiert und die ersten Aktivitäten und Kampagnen gestartet. Wie ist der aktuelle Stand zum Thema Leadmanagement in Deutschland? Beim 2. Leadmanagement Summit (April 2014 in München) wurden alle Teilnehmer befragt und die Ergebnisse in einer «Kleinen Marktstudie zum Thema Leadmanagement» zusammengefasst.

Anzahl der Studienteilnehmer: 134

Ihre Position im Unternehmen

- ❑ Fachabteilung   68 / 50,7%
- ❑ Teamleiter   41 / 30,6%
- ❑ Geschäftsleitung   25 / 18,6%

Im Unternehmensbereich

- ❑ Marketing   106 / 79,1%
- ❑ Vertrieb   31 / 23,1%
- ❑ Sonstige   5 / 3,7%

Betriebsgröße des Unternehmens (weltweit)

- ❑ bis 50 Mitarbeiter   28 / 20,8%
- ❑ bis 100 Mitarbeiter   13 / 9,7%
- ❑ bis 500 Mitarbeiter   29 / 21,6%
- ❑ bis 1000 Mitarbeiter   30 / 22,3%
- ❑ bis 5000 Mitarbeiter   12 / 8,9%
- ❑ mehr als 5000 Mitarbeiter   22 / 16,4%

Unternehmenstyp
- ❏ Industrie .... 50 / 37,3%
- ❏ Dienstleister .... 67 / 50%
- ❏ Agentur .... 13 / 9,7%
- ❏ Keine Angabe .... 4 / 2,9%

Einsatz von Leadmanagement und Marketing-Automation

Welche Ziele wollen Sie mit Leadmanagement erreichen?
- ❏ Umsatz steigern? .... 102 / 76,1%
- ❏ Vertriebsunterstützung .... 100 / 74,6%
- ❏ Bessere Messbarkeit .... 80 / 59,7%
- ❏ Entlastung des Marketings .... 28 / 20,8%
- ❏ Kosteneinsparungen .... 29 / 21,6%

Welchen Bedarf haben Sie im Leadmanagement?
- ❏ mehr Leads generieren .... 99 / 73,8%
- ❏ Leads qualifizieren .... 100 / 74,6%
- ❏ Kunden binden .... 52 / 38,8%
- ❏ Sonstiges .... 11 / 8,2%

Setzen Sie bereits eine Marketing-Automation-/Leadmanagement-Plattform ein?
- ❏ Ja .... 52 / 38,8%
- ❏ Nein .... 44 / 32,8%
- ❏ in Planung .... 38 / 28,3%

Falls ja
Seit wann? Frühester Zeitpunkt: 2007 / Spätester Zeitpunkt 2014

Welches System?
Am häufigsten: Evalanche, Eloqua

Wie zufrieden sind Sie mit Ihrer derzeitigen Marketing-Automation-Lösung?
- ❏ sehr zufrieden .... 14 / 10,4%
- ❏ zufrieden .... 19 / 14,2%
- ❏ geht so .... 12 / 9%
- ❏ weniger zufrieden .... 5 / 3,7%
- ❏ gar nicht .... 2 / 1,5%

Falls nein

Verwenden Sie ein E-Mail-Marketing-Tool, um Ihre Newsletter-Abonnenten zu verwalten und Mails zu versenden?
- ❏ Ja .... 91 / 68%
- ❏ Nein .... 29 / 21,6%

Wenn ja, welches :
1. Evalanche, 2. Mailingwork, 3. InxMail

Welche Hersteller von Marketing-Automation-Tools sind Ihnen bekannt?
- Adobe Neolane   33 / 24,6%
- Dymatrix   15 / 11,2%
- Exact Target /Sales Force   58 / 43,3%
- HubSpot   68 / 50,7%
- Marketo   66 / 49,3%
- Oracle Eloqua   80 / 59,7%
- SAS   20 / 14,9%
- SC Networks (Evalanche)   53 / 39,6%
- Silverpop   50 / 37,3%
- Unica IBM   17 / 12,7%
- Sonstige   10 / 7,5%

Setzt Ihr Unternehmen Web-Tracking zum Verfolgen der Besucherströme Ihrer Website ein?
- Ja   117 / 87,3%
- Nein   15 / 11,2%

Verknüpfen Sie Ihr Website-Tracking mit persönlichen Profilen der Besucher?
- Ja   39 / 29,1%
- Nein   83 / 61,9%

Setzen Sie bereits Lead Scoring ein?
- Ja   42 / 31,3%
- Nein   86 / 64,2%

Anhand welcher Kriterien definieren Sie im Prozess die Qualität eines Leads?
- Anzahl angeforderter Marketingmaterialien   53 / 39,6%
- Besuche der Unternehmenswebsite   48 / 35,8%
- Wiederholte Aktionen des Kontakts   76 / 56,7%
- Persönliche Kontaktanfrage   76 / 56,7%
- Weitere   16 / 11,9%

Wann wird ein Lead bei Ihnen an die Vertriebsabteilung übergeben?
- Ein Medium wurde angefordert   53 / 39,6%
- Mehrere Medien wurden angefordert   48 / 35,8%
- Persönlicher Kontakt gewünscht   84 / 62,7%
- Besuch auf der Unternehmenswebsite   10 / 7,5%

Welche Trends sehen Sie in 2014 im Leadmanagement (Top 3)?
- Content-Marketing   98 / 73,1%
- CRM Anbindung   70 / 52,2%
- Integration von Social Media   42 / 31,3%
- Kundenbindung   44 / 32,8%
- Prozessintegration   62 / 46,3%
- Sonstiges   14 / 10,4%

Kommentar und Deutung der Umfrageergebnisse:

Wer beschäftigt sich derzeit in den Unternehmen mit Leadmanagement?

Diese Zahlen zeigen, dass sich derzeit vorwiegend das Marketing mit dem Thema Leadmanagement beschäftigt. Selten ist der Vertrieb hier der Schrittmacher. In der Regel stellt der Marketingleiter das Thema der Geschäftsführung und der Vertriebsleitung vor und treibt die entsprechenden Maßnahmen.

Welche Ziele sollen mit Leadmanagement erreicht werden?

Die Zahlen der Umfrage zeigen die inhaltlichen Treiber von Leadmanagement. Immer mehr Marketingleiter erkennen, dass sie die vorgegebenen Umsatz- und Lead-Ziele mit den klassischen Marketing-Methoden (Outbound-Marketing) nicht mehr erreichen. Der Druck auf das Marketing, mess- und skalierbar Lead zu generieren und so den Vertrieb mit besseren Leads zu unterstützen, wird immer größer. Kosteneinsparung und die Automatisierung von Prozessen spielen nur eine untergeordnete Rolle.

Wo liegen die Schwerpunkte des Bedarfs?

Der Schwerpunkt des Einsatzbereiches von Leadmanagement liegt in der Generierung und in der Bewertung von neuen Leads. Zwei Herausforderungen überwiegen hier:

- ❑ Das Unternehmen hat generell zu wenig Leads.
- ❑ Es sind ausreichend Interessenten vorhanden, die Qualität passt aber nicht. Der Vertrieb sollte sich nur um «Sales-ready»-Leads kümmern.

Wie stark haben sich Leadmanagement und die entsprechenden Plattformen schon verbreitet?

Leadmanagement ist in Deutschland angekommen. Bisher zwar noch nicht flächendeckend, deutschlandweit, aber schon über 70% der Befragten setzen entsprechende Plattformen ein oder planen Maßnahmen zur Implementation in Kürze. Diese Unternehmen werden damit wichtige Erfahrungen sammeln, wertvolles Know-how aufbauen und sich so einen entscheidenden Wettbewerbsvorteil sichern.

Wo sehen die Befragten Trends und Herausforderungen für Leadmanagement?

Die Umfrageergebnisse geben einen Hinweis auf die größten Herausforderungen der Unternehmen bei der Implementierung und Umsetzung von Leadmanagement-Maßnahmen.

Der Erstellung von relevantem Content und Mehrwerten kommt eine entscheidende Rolle im Leadmanagement-Prozess zu. Ohne Empathie für und detaillierte Kenntnis über die Wunschkunden (Buyer-Persona) werden die erstellten Inhalte ihre Aufgabe nicht oder nur unzureichend erfüllen.

Die Notwendigkeit, dass Marketing und Vertrieb eng zusammen arbeiten und einen integrierten Leadmanagement-Prozess gemeinsam aufbauen, spiegelt sich auch in der notwendigen Anbindung der Systeme wider. CRM-Systeme bieten derzeit **nicht** die erforderlichen Funktionen für Leadmanagement. Daher müssen die Schnittstellen zwischen Leadmanagement-

Plattformen und CRM-Systeme aufgebaut werden. In Zukunft werden diese Systeme sicher zusammenwachsen und so den gesamten Leadmanagement-Prozess «nahtlos» abbilden.

Unternehmen, die ein modernes Leadmanagement aufbauen, können lt. einer Studie der Lenskold Group mit einem um 41% stärkeren Wachstum rechnen.
[Quelle: Marketing ROI-Studie Lenskold Group, http://www.lenskold.com/content/research/LenskoldGroup_Lead_Gen_Effectiveness_Report_2013.pdf]

Mit erfolgreichem Leadmanagement:

☐ generieren Sie bessere Leads,
☐ führen Sie die richtigen Interessenten (Leads) durch den Verkaufstrichter (Funnel) zum gewünschten Ergebnis: Auftrag/Kauf,
☐ entwickeln Sie mehr Interessenten bis zur Vertriebsreife,
☐ kümmert sich Ihr Vertrieb um die erfolgversprechendsten Interessenten,
☐ werden Ihre Marketingaktivitäten transparenter und der Beitrag zum Unternehmenserfolg messbar.

Handlungsempfehlung für erfolgreiches Leadmanagement

1. Starten Sie mit Plan und Strategie! – Dabei sollten Vertrieb **und** Marketing am Tisch sitzen.
2. Definieren Sie, wen Sie erreichen möchten. Die klassische Definition der Zielgruppe alleine reicht dafür nicht aus! Definieren Sie Ihre Wunschkunden mit dem Buyer-Persona Konzept.
3. Erstellen Sie relevante und attraktive Inhalte für Ihre Wunschkunden – Leitfäden, Checklisten, Whitepaper, eBooks usw.
4. Publizieren Sie. Nutzen Sie Ihre Website, Ihren Unternehmensblog und die für Ihre Wunschkunden relevanten Social-Media-Kanäle, um Reichweite aufzubauen und Ihre Inhalte zu verteilen.
5. Achten Sie darauf, dass Sie anonyme Webseitenbesucher zu «bekannten» Interessenten konvertieren. Tauschen Sie Ihre Inhalte gegen die Daten (Name, E-Mail) des Interessenten und sein Opt-In.
6. Überlegen Sie, wie Sie Ihre Interessenten mit relevanten Inhalten durch den Verkaufstrichter entwickeln können. Bauen Sie dazu die entsprechenden Lead-Nurturing-Kampagnen auf.
7. Definieren Sie in Ihren SLAs (Service Level Agreements), wer, was, wann und wie in Ihrem Leadmanagement-Prozess zum gemeinsamen Erfolg beisteuern muss.
8. Entwickeln Sie Ihr Lead-Scoring-Modell und definieren Sie, wie Sie Interessenten und ihre Aktivitäten bewerten und wann der Interessent von der Marketing- in die Vertriebsbetreuung übergeben wird!
9. Bauen Sie ein effizientes Lead-Routing auf, um Ihre Vertriebsmitarbeiter bestmöglich auf den Interessenten vorzubereiten und den potenziellen Kunden optimal zu betreuen. Messen Sie, welche Aktivitäten welche Ergebnisse produzieren und optimieren Sie die Aktivitäten entsprechend.

9 Anwender-Interviews

Ich hoffe, ich konnte Ihnen mit meinem Know-how, meinen Erfahrungen und meiner Sicht auf Leadmanagement eine Hilfe an die Hand geben, um diesen wichtigen Prozess für Ihr Unternehmen zu verstehen und aufzubauen. In diesem Kapitel möchte ich noch ein paar weitere Stimmen zu Wort kommen lassen. Stimmen von Unternehmen, die einen Teil des Weges schon gegangen sind und sich schon seit längerer Zeit mit Leadmanagement beschäftigen. Sicher finden Sie auch dort noch ein paar wichtige Tipps für Ihr Unternehmen.

Übersicht der Anwender-Interviews:

THOMAS DÜKER
Marketing, E-Business
AEB GmbH
Stuttgart

DAVID PETRIKAT
Marketing Program Manager Europe
Damovo Deutschland GmbH & Co. KG
Düsseldorf

RENÉ RINK
Leiter Business Channel Marketing
Telefonica Germany GmbH & Co. oHG
München

CHRISTIAN HESELHAUS
Director Sales & Business Development EMEA
GWAVA EMEA GmbH
Ahaus

THOMAS DÜKER

Thomas Düker
Marketing, E-Business
AEB GmbH
www.AEB.de

Was bietet Ihr Unternehmen an und welche Leads möchten Sie mit Leadmanagement generieren und entwickeln?

Unter dem Begriff «Global Supply Chain Management» bietet AEB Software und Services für Außenwirtschaftsprozesse, Supply-Chain-Optimierung und die operative Logistikabwicklung. Die Software von AEB unterstützt sowohl alle Logistik- als auch Außenhandelsprozesse wie Transportmanagement, Zollabwicklung und Exportkontrolle in einer durchgängigen Lösung – automatisiert, effizient und sicher.

Mithilfe des Leadmanagements sollen Unternehmen ausfindig gemacht werden, die einen Bedarf daran haben, bestehende Potenziale in ihrer Supply Chain durch höhere Transparenz und den Einsatz moderner IT-Systeme zu heben.

Welche Position haben Sie im Unternehmen?

Teamleitung Marketing Promotion

Wann und warum haben Sie begonnen, sich mit dem Thema Leadmanagement zu beschäftigen?

AEB hat angefangen, sich im Jahr 2011 mit dem Thema Leadmanagement zu beschäftigen. Motivation für die kontinuierliche Weiterentwicklung in diesem Bereich sind die Vereinfachungen und Möglichkeiten, die automatisiertes Leadmanagement bietet. Insbesondere in den Bereichen des Online- und Content-Marketings lassen sich Werkzeuge der Marketing-Automation mehrwertstiftend einsetzen. Einen wichtigen Bestandteil des Leadmanagements stellt das Permission Marketing dar, das konsequent umgesetzt wird: Kontakte erhalten nach dem Pull-Prinzip lediglich Informationen, die sie explizit angefordert haben. Jeder Kontakt verwaltet so beispielsweise selbstbestimmt seine Abonnements zu unterschiedlichen Themen. Erste Erfahrungen belegen, dass dies ein guter Weg ist – allerdings liegt noch ein gutes Stück des Wegs vor uns.

Was sind Ihre größten Herausforderungen bei der Leadgenerierung?

Einigung innerhalb der Vermarktung (Vertrieb, Account Management, Marketing) über die Qualität der generierten Kontakte und die Schwelle, ab der eine persönliche Bearbeitung einsetzt. Die gemeinsame Arbeit, Bewertung und Weiterentwicklung der Leads erfordern kontinuierliche Abstimmung.

Wie haben Sie Marketing und Vertrieb vereint? Wie arbeiten Marketing und Vertrieb heute zusammen?

Vertrieb und Marketing nähern sich sowohl in Projekten als auch im Alltagsbetrieb an. Ausgangspunkt ist das gemeinsame Verständnis einer Vermarktung, die Kontakte durchgängig von der Kontaktanbahnung bis zum Abschluss betrachtet. Auf beiden Seiten herrscht Neugier über die Arbeitsweisen der Kollegen. Der Austausch findet laufend statt. Die derzeitige Situation zeichnet sich durch den Wunsch aller Beteiligten nach höherer Transparenz und gemeinsamer Definition des Leadmanagements aus.

Welchen Content bieten Sie Ihren Wunschkunden und wie generieren Sie Content?

AEB legt viel Wert auf die Erstellung und Verbreitung von hochwertigem Content. Für verschiedene Medien existieren Redaktionsteams, die in enger Zusammenarbeit mit anderen Abteilungen Inhalte für die jeweilige Zielgruppe erstellen. Kontakte tragen sich eigenständig für Fachinformationen zu unterschiedlichen Themen ein und beziehen dann lediglich die gewünschten Inhalte. Dadurch wachsen E-Mail-Verteiler vielleicht etwas langsamer, aber dafür nachhaltig und mit zufriedenen Abonnenten. Diese Vorgehensweise mag etwas mehr Zeit und Geduld kosten; allerdings spiegelt das Feedback der Abonnenten zum erhaltenen Content wider, dass wir eine gute Strategie verfolgen.

Wie scoren Sie? Was und wie messen Sie?

Unterschiedliche Medien (z.B. Broschuren, White Paper, Webinare, …) sind mit Punktzahlen versehen, die in das Bewertungssystem einfließen. Personenbezogene Daten werden ausschließlich nach Einwilligung des Kontakts in die Richtlinien zu Datenschutz und Datensicherheit verarbeitet. Tracking einzelner Webseitenbesuche und deren Einbezug in die Bewertung eines Kontakts findet nicht statt. Das Scoring befindet sich in einem stetigen Optimierungsprozess. Erfahrungen und Impulse führen dazu, dass Kriterien ausgenommen werden oder wegfallen und Schwellwerte angepasst werden.

Welche Nurtures nutzen Sie?

Die effektivsten Instrumente im Bereich des Nurturing sind die AEB-Fachinformationen (AEB-Newsletter sowie Fachinformationen zu unterschiedlichen Themen), die regelmäßig per E-Mail versendet werden, sowie die AEB-Webseite. Kontakte bekommen automatisiert lediglich nachgelagerte Informationen (z.B. nach einem Download), wenn sie dies explizit beim Download von Unterlagen wünschen und ihre Einwilligung dafür geben.

Wie binden Sie Ihr CRM-System an?

Zwischen CRM und unserem Tool zur Marketing-Automation besteht derzeit eine unidirektionale Schnittstelle in das CRM. Hierbei werden E-Mail-Versendungen abgerufen und in die Historie des Ansprechpartners im CRM ergänzt. Das schafft Transparenz und ermöglicht allen Kollegen eine ganzheitliche Sicht auf die Kommunikation mit ihren Ansprechpartnern.

Ihre Top 5 – Was sollte man unbedingt tun? Und was sollte man unbedingt vermeiden?

Was sollten Unternehmen unbedingt tun?

1. Gemeinsames Verständnis zu den Zielen des Leadmanagements mit allen beteiligten Kollegen
2. Diskussion zu Bestandteilen des Lead-Bewertungsmodells unter Berücksichtigung der vertrieblichen Anforderungen

3. Aufnahme und Definition von Prozessen, Rollen und Verantwortlichkeiten
4. Regelmäßiger Austausch zwischen den Abteilungen, gemeinsames Verständnis von beständiger Weiterentwicklung
5. Schritt für Schritt vorgehen, ständige Weiterentwicklung

Was sollte vermieden werden?
1. Zu großes Projekt zum Start, zu wenig Zwischenschritte und Meilensteine
2. Ungenügende Einbindung aller beteiligten Kollegen
3. Zu wenig Invest in Prozessdefinition
4. Auswahl eines Tools ohne vorherige Definition der eigenen Bedürfnisse
5. Ungenügende Transparenz in der internen Kommunikation

Die größte Panne
Pannen lassen sich nicht vermeiden und treiben die Verbesserung weiter voran. In meinem Fall zum einen eine teilweise unzureichende Einbindung der Kollegen im Vertrieb und zum anderen zeitweise eine zu frühe Weitergabe generierter Kontakte. In beiden Fällen hat der intensive Austausch geholfen, die Akzeptanz weiter aufrechtzuhalten.

Ihr schönster Erfolg
Anruf einer Kollegin in einem der ersten Projekte mit Online-Qualifizierung mit der Info, dass ein online generierter Kontakt im Vermarktungsprozess erfolgreich die nächste Stufe in der persönlichen Bearbeitung erreicht hat.

Wo befinden Sie sich auf dem Weg zu «idealen» Leadmanagement?
Mittendrin. Ich bezweifle auch, dass der Weg jemals zu Ende sein wird. Wir machen Fortschritte in den Bereichen, mit denen wir uns beschäftigen. Allerdings gehen auch die Ideen für Weiterentwicklungen und Verbesserungen nicht aus.

Was hat sich seit dem Einsatz von LM verändert?
Die Abteilungen in der Vermarktung arbeiten enger zusammen, wenn es um die Generierung vermarktungsrelevanter Kontakte geht. Es findet ein konstruktiver Austausch zu Qualität und Menge der Kontakte, deren gewünschten Eigenschaften sowie möglicher Strategien erster Herangehensweisen im Direktkontakt statt. Seitens unserer Kontakte erhalten wir durchweg positives Feedback zum angebotenen Content sowie zu Frequenz und Länge der versendeten Inhalte.

Vielen Dank, Herr Düker, für das Leadmanagement-Interview!

DAVID PETRIKAT

David Petrikat
Marketing Program Manager Europe
Damovo Deutschland GmbH & Co. KG
www.Damovo.de

Was bietet Ihr Unternehmen an und welche Leads möchten Sie mit Leadmanagement generieren und entwickeln?
Damovo bietet weltweit Technologielösungen, die an den Bedürfnissen der Kunden ausgerichtet sind. Durch einen beratenden Ansatz, der auf 40 Jahren Erfahrung basiert, unterstutzen wir unsere Kunden bei ihren Geschaftsherausforderungen. Wir mochten gerne Interessenten finden, die in unseren Themen den Mehrwert für ihr Geschäftsmodell entdecken und mit uns gemeinsam entwickeln möchten.

Welche Position haben Sie im Unternehmen?
Marketing Programm Manager Europe, d.h., dass ich vor allem für die Projekt-Orchestrierung rund um CRM, Marketing-Automation und die digitalen Marketingkanäle verantwortlich bin.

Wann und warum haben Sie begonnen, sich mit dem Thema Leadmanagement zu beschäftigen?
Wir beschäftigen uns seit ca. 2 Jahren mit dem Thema. Der ausschlaggebende Grund war, dass wir einen innovativen Ansatz für das Neukundengeschäft gesucht haben, der uns auch bei der Bestandskunden-Betreuung unterstützt.

Was sind Ihre größten Herausforderungen bei der Leadgenerierung?
Für ein B2B-Unternehmen, das keine ausgeprägte Markenbildung hat, ist die qualitative Reichweiten-Erzielung die größte Herausforderung.

Wie haben Sie Marketing und Vertrieb vereint?
Durch Gespräche miteinander. Man versucht beide Parteien an einen Tisch zu bekommen und klar zu machen, dass beide die gleichen Ziele verfolgen und man nur gemeinsam Erfolg haben kann. Sicherlich ist auch die detaillierte Ausarbeitung der einzelnen Rollen und Erwartungshaltungen wichtig, genau wie definierte Verantwortungsbereiche und Übergabepunkte.

Wie arbeiten Marketing und Vertrieb heute zusammen?
Viel enger als vorher. Der Zugewinn an Transparenz in beiden Abteilungen führte zu einem besseren Gesamtverständnis.

Wie haben Sie Ihre «idealen» Leads definiert?

Wichtig bei der Definition war es für uns, die vielen weichen Faktoren auf einen objektiv nachvollziehbaren Wert zu bringen, der dann auch noch in einer Datenbank abgebildet werden kann.

Der Definitionsprozess für den idealen Lead passierte natürlich gemeinsam mit Vertrieb, Marketing und Geschäftsleitung.

Welchen Content bieten Sie Ihren Wunschkunden und wie generieren Sie Content?

Wir möchten nicht über Technologielösungen und Features philosophieren. Ziel ist es, Inhalte zu schaffen, die aufzeigen, wie Technologie bei Geschäftsherausforderungen unterstützen kann und somit ein Unternehmen nachhaltig positiv beeinflusst. Nicht nur im IT-Bereich selber, sondern und insbesondere auch in den Fachabteilungen.

Welche Nurtures nutzen Sie?

Natürlich heißen wir alle unsere Interessenten erst einmal willkommen. Als erklärungsbedürftiges B2B-Unternehmen nutzt man die Chance, gleich noch ein paar Beispiele von Lösungen und Kunden vorzustellen. Danach geht es in den jeweiligen Lösungsthemen weiter.

Wie scoren Sie?

Wir nutzen eine Scoring-Mischform aus impliziten und expliziten Faktoren. Diese Werte werden in eine Buchstaben-Zahlen Kombination und einen Lead-Funnel Stage überführt.

Was und wie messen Sie?

Der wichtigste Messpunkt für das Marketing ist die Übergabe von qualifizierten Leads in den Vertrieb mit den entsprechenden vor und nachgelagerten Zahlen.

Wann wird ein Lead vom Marketing an den Vertrieb übergeben?

Wenn die vereinbarten Kriterien erfüllt sind. Diese wurden mit dem Vertrieb abgestimmt und auf Datenbankwerte bezogen.

Wie binden Sie Ihr CRM-System an?

Über eine vorgefertigte und später nachkonfigurierte Schnittstelle der beiden Anbieter (Marketing-Automation und CRM).

Ihre Top 5: Was sollte man unbedingt tun? Und was sollte man unbedingt vermeiden?

1. Strategie definieren (am besten unter Einbezug von Marketing, Vertrieb und Geschäftsleitung)
2. Nicht alles auf einmal versuchen – Technologie-gestütztes Leadmanagement ist keine Revolution, sondern eine Evolution.
3. Content-Erstellung sicherstellen – der Content-Hunger beim Leadmanagement ist unstillbar!
4. Technologisch aufs richtige Pferd setzten – dafür muss man seine Anforderungen kennen!
5. Inhouse-Expertise aufbauen – das komplexe Thema auf nur einer Schulter abzuladen ist gefährlich.

Die größte Panne

Im internationalen Kontext kann es manchmal schwierig sein, die Kontakte immer mit der richtigen Sprache zu erreichen.

Ihr schönster Erfolg

Zu sehen, wie das erste generierte Lead zum Vertrieb geht.

Wo befinden Sie sich auf dem Weg zu «idealen» Leadmanagement?

Wie weit man als Unternehmung ist, ist schwer zu sagen – oft fehlt auch die Vergleichsmöglichkeit. Leider ist auch der Weg nicht abgesteckt. Man weiß nur, dass es der richtige Weg ist, wenn die Transparenz und das Zahlenwerk stimmen.

Was hat sich seit dem Einsatz von LM verändert?

Das abteilungsübergreifende Arbeiten, nicht nur zwischen Marketing und Vertrieb, hat deutlich zugenommen. Außerdem sind die Möglichkeiten des Marketings gestiegen, Erfolge messbar zu reporten.

Vielen Dank, Herr Petrikat, für das Leadmanagement-Interview!

CHRISTIAN HESELHAUS

Christian Heselhaus
Director Sales & Business Development EMEA
GWAVA EMEA GmbH
www.gwava.eu

Was bietet Ihr Unternehmen an und welche Leads möchten Sie mit Leadmanagement generieren und entwickeln?
Wir sind ein Hersteller von E-Mail-Archivierungs- und Security-Software. Wir möchten Geschäftskunden-Leads generieren und so weit entwickeln, dass wir sie an den Vertrieb übergeben können.

Welche Position haben Sie im Unternehmen?
Director Sales & Business Development EMEA

Wann und warum haben Sie begonnen, sich mit dem Thema Leadmanagement zu beschäftigen?
Vor ca. 2 Jahren

Was sind Ihre größten Herausforderungen bei der Leadgenerierung?
Die Zeit, die man investieren muss

Wie haben Sie Marketing und Vertrieb vereint?
Beide Teams kennen das eingesetzte HubSpot-System, was als Schnittstelle der Abteilungen dient. Die abteilungsübergreifende Kommunikation ist aufgrund von HubSpot häufiger geworden, da beide Abteilungen in die Prozesse eingebunden wurden. Die Tätigkeit beider Abteilungen ist dadurch transparenter geworden, was den Teamgeist fördert. Wir trennen sogar nicht mehr in Marketing und Vertrieb, sondern sehen uns als ein großes «SMARKETING»-Team.

Wie arbeiten Marketing und Vertrieb heute zusammen?
Siehe oben

Wie haben Sie Ihre «idealen» Leads definiert?
Der Kontakt kommt z.B. über eine Kampagne (z.B. LinkedIn-Anzeige) rein und lädt sich ein angebotenes Dokument herunter. Der Kontakt kehrt mehrmals zur Webseite zurück und informiert sich, lädt gegebenenfalls weitere Dokumente herunter. Abschließend fordert er eine Produkt-Demo an.

Welchen Content bieten Sie Ihren Wunschkunden und wie generieren Sie Content?
Branchenspezifischen Content, Produktinformationen in aller Ausprägung. Videos oder Webinaraufzeichnungen, Whitepaper, eBooks ...

Welche Nurtures nutzen Sie?
Blog, Mail, um die Kontakte auf weitere Angebote aufmerksam zu machen

Wie scoren Sie?
Bisher leider nicht

Was und wie messen Sie?
Wir nutzen die Standardwerte, die uns HubSpot liefert, wie z.B. Webseiten-Besuche und daraus resultierende Kontakte, Quoten der Landing-Page-Kampagnen z.B. über LinkedIn-Anzeigen, Blogging views und E-Mail-Quoten.

Wann wird ein Lead vom Marketing an den Vertrieb übergeben?
Erst, wenn die Kontakte eine Web-Demo oder Preisanfrage stellen

Geben Sie uns ein paar Zahlen aus Ihrer Arbeit?
Innerhalb des ersten Jahres der HubSpot-Nutzung wurden 700 neue Kontakte für die Datenbank generiert.

Wie binden Sie Ihr CRM-System an?
Leider gar nicht aus diversen Gründen. Wäre aber wünschenswert.

Ihre Top 5: Was sollte man unbedingt tun? Und was sollte man unbedingt vermeiden?
1. Zeitplanung
2. Ziele setzen
3. Analysieren
4. Der Webauftritt muss auf Leadgenerierung ausgerichtet sein (CTAs usw.)
5. Bloggen

Die größte Panne
Zum Glück noch keine größeren Pannen

Ihr schönster Erfolg
Der erste Kunde, der ausschließlich über das Lead-Nurturing via HubSpot gewonnen wurde

Wo befinden Sie sich auf dem Weg zu «idealen» Leadmanagement?
Immer noch am Anfang. Die Möglichkeiten sind noch nicht voll ausgeschöpft, auch weil wir HubSpot noch nicht voll ausschöpfen.

Was hat sich seit dem Einsatz von LM verändert?
Aktionen sind messbar und transparent geworden. Der Output ist größer, dadurch werden mehr Leads generiert.

Vielen Dank, Herr Heselhaus, für das Leadmanagement-Interview!

René Rink

René Rink
Leiter Business Channel Marketing
Telefonica Germany GmbH & Co. oHG
www.telefonica.com

Was bietet Ihr Unternehmen an und welche Leads möchten Sie mit Leadmanagement generieren und entwickeln?

Die Telefonica Germany, bekannt unter anderem mit der Premiummarke O$_2$, bietet Telekommunikationslösungen für Privat- und Geschäftskunden an.

Mein Aufgaben- und Zielgebiet umfasst hier die Vermarktung von Lösungen für Geschäftskunden – vom Selbstständigen bis zum Unternehmen mit über 1000 Mitarbeitern, somit also ein großes Feld mit unterschiedlichen Anforderungen.

Mobilfunk, Festnetzlösungen, Standortvernetzungen und neue Themen wie mobiles Arbeiten, wo viele Anwendungen in der Cloud drunter fallen. Es ist also komplex und z.T. auch sehr erklärungsbedürftig. Eine richtige Herausforderung.

Welche Position haben Sie im Unternehmen?

Ich darf bei Telefonica das Business Channel Marketing verantworten.

Wann und warum haben Sie begonnen, sich mit dem Thema Leadmanagement zu beschäftigen?

Das Thema Leadmanagement begleitet mich schon seit ein paar Jahren – seit ich die Aufgabe hatte, Leads für den Vertrieb zu generieren. Hier bin ich natürlich den normalen Weg gegangen, wie man halt Leads generiert. Messen, Veranstaltungen … Cold Call Outbound:

Schnell ist jedoch klar geworden:

Die Leads haben bei Weitem nicht die Qualität und auch nicht die richtige Menge, um einen großen, relevanten Einfluss auf das Geschäft zu haben.

Was sind Ihre größten Herausforderungen bei der Leadgenerierung?

In der Vergangenheit war es die ausreichende Anzahl an qualifizierten Leads.

Überhaupt zu definieren, wie ein qualifizierter Lead für den Vertrieb auszusehen hat, mit dem auch gearbeitet werden kann, war eine große Herausforderung.

Interessanter war es jedoch, die Leads wirklich zu qualifizieren, dass sie «projektbereit» sind.

Mit projektbereit meine ich hier, dass wir sehr wahrscheinlich mit dem Vertrieb einen Termin beim Interessenten bekommen und auch tatsächlich ein Projekt mit einer echten

Abschlusswahrscheinlichkeit daraus entsteht. Denn die normale Lead- bzw. Terminakquise zeigte oft, es waren nette Kaffee-Termine. Selbst wenn der Lead nach den sogenannten B.A.N.T.-Kriterien qualifiziert war, konnte auf einen Erfolg keine gute Prognose gegeben werden. Oft war der Entscheider gar nicht interessiert … oder das Angebot wurde nur als Gegenangebot für den Bestandsanbieter benötigt. Deshalb musste der NEUE Weg her, Leads fast auf Autopilot zu generieren, die ein tatsächliches Interesse vorweisen und wo wir auch schon im Vorfeld «vorverkaufen» konnten. Der Einsatz der Marketing-Automation-Plattform Eloqua lieferte uns hier die technische Basis.

Wie haben Sie Marketing und Vertrieb vereint?
Vereint ist vielleicht übertrieben. Gesunde Skepsis bleibt natürlich immer bestehen. Aber durch gemeinsame Workshops konnten wir ein gemeinsames Verständnis schaffen, was Leads bedeuten, wie wir sie gemeinsam definieren und was wir uns gegenseitig in der Bearbeitung wünschen. Ein wichtiger Erfolgsfaktor ist natürlich auch das Erkennen und Verstehen der Chance für das Geschäft von meinen verantwortlichen Sales-Kollegen. Denn wenn das Thema Leadmanagement nicht vom Vertrieb unterstützt bzw. sogar gefördert wird, dann hat es, glaube ich, jeder Marketier – egal wie gut er ist – sehr schwer. Die Überzeugung, die Begeisterung der Führungsmannschaft war der schwierigste, aber wichtigste Teil auf dem Weg zu einem erfolgreichen Leadmanagement im Geschäftskundenbereich.

Wie arbeiten Marketing und Vertrieb heute zusammen?
Eng. Was das bedeutet?

Wir haben automatisierte Prozesse geschaffen. Wir wissen ganz genau, wie wir die Leads an den Vertrieb geben, was damit passiert. Wir bekommen in Echtzeit Rückmeldung über die Qualität. Können somit unsere Kampagnen anpassen, unsere Leadquellen optimieren, mit unseren Dienstleistern sprechen und auch permanent unser Scoring verfeinern.

Auf der anderen Seite ist ein Vertrauen in das Marketing entstanden. «Es kommen wertvolle Leads.» Das ist wichtig, dass die innere Einstellung positiv dem Thema Lead gegenüber ist. Denn wenn der Vertrieb sich über einen Lead freut, dann steigert das auch den Erfolg massiv.

Innere Haltung. Deshalb freut es mich besonders, dass der Vertrieb nun aktiv daran arbeitet, neue Kontakte in unser Leadsystem zu erfassen. Eloqua ist nun ein fester Bestandteil in der täglichen Kaltakquise am Telefon. Denn jeder Vertriebler hat verstanden: 1 von 10 Kunden möchte nur einen Termin. Aber wenn er von den 9 Nein-Sagern auch nur im Schnitt 3 bis 4 in das System bekommt, wird er von diesen 4 Nein-Sagern in den nächsten 3 bis 6 Monaten **einen** wieder als qualifizierten Lead bekommen. Seine Arbeit ist nicht umsonst, sondern er kann die scheinbare Niederlage des einzelnen Telefonates in einen Gewinn für sich ummünzen.

Er verlagert den Lead, den Termin, nur in die Zukunft. Und schafft somit eine weitere Basis für seinen zukünftigen Erfolg. Und zwar ganz automatisch, weil wir die Arbeit bis zum Termin für ihn übernehmen. Das ist bequem und effizient. Jeder Vertriebler liebt so etwas …

Wie haben Sie Ihre «idealen» Leads definiert?
Darüber möchte ich nicht so viel verraten, denn dies ist natürlich ein langfristiger Prozess mit viel Try & Error.

Nur so viel: B.A.N.T. hat nicht die Relevanz, wie wir am Anfang dachten.

Auch andere klassische Kriterien, die man vielleicht noch aus der Cold-call-Zeit kennt, sind nicht unbedingt so relevant. Auch ein hyperaktiver Interessent ist nicht unbedingt besser als ein normal Interessierter. Ich kann hier wirklich nur sagen: ausprobieren, ausprobieren und mit dem Vertrieb sprechen.

Welchen Content bieten Sie Ihren Wunschkunden und wie generieren Sie Content?
Content ist immer eine Herausforderung. Gerade bei der Vielzahl der Produkte und Lösungen. Denn hier ist ein Umdenken notwendig. Eine «Gebrauchsanweisung» oder Tarifblatt ist kein Content. Den Value-Ansatz zu verankern, dem Interessenten schon bevor er gekauft hat so viel Wert zu geben, ist neu. Auch die Art, dies aufzubauen war neu. Wie gestalte ich die Webinare richtig? Wie sieht ein Whitepaper aus, das auch wirklich Mehrwert bringt anstatt nur das Produkt anzupreisen?. Trotzdem haben wir es geschafft, die ganze Bandbreite von Whitepaper über Webinare anzubieten.

Welche Nurtures nutzen Sie?
Die Frage verstehe ich nicht richtig. Dazu wäre ja die Frage zu klären, welche Arten es gibt.
  Ich unterscheide zwei Arten:
a) die Produkt-Sequenzen als Nurture
b) die Regelkommunikation, die zwar verkauft, aber auch einfach nur Beziehungen aufbaut.

Wir verwenden beide Arten des Nurtures.
  Die Interessenten starten mit der Produktsequenz, um danach in die Regelkommunikation zu kommen. Von hier ab haben sie die Chance, wenn Interesse besteht, andere Produkte kennen zu lernen. Aber sie lernen noch viel mehr kennen. Das Unternehmen, unsere Kompetenzen, Tipps und Tricks. Wir sind unterhaltend. Und das schafft Beziehung. Denn wie es immer so schön heißt: Leadmanagement und Nurturing sind wie ein Dating-Prozess ... und wir machen nicht nur Speed-Dating, sondern gehen auch die Sache ruhig und gelassen an … Ganz erwachsen und entspannt.

Wie scoren Sie?
Wir nutzen natürlich das sehr gute Scoring-Modell von Eloqua nach expliziten und impliziten Kriterien.
  Explizit sind ja die sichtbaren Attribute eines Leads … inkl. der B.A.N.T.-Kriterien. Implizit ist das Verhalten. Hier haben wir unser Scoring auf unsere Kampagnen abgestimmt. Was gar nicht so einfach ist, denn es entspricht nicht dem Standard, wie es viele B2B-Firmen machen. Das bedeutete viel auszuprobieren und zu testen. Aber jetzt sind wir sehr zufrieden. Jedes Unternehmen sollte sein eigenes Modell haben und auch selbst entwickeln. Dadurch lernt man wirklich am meisten.

Was und wie messen Sie?
Wir messen so ziemlich alles. Ist auch o.k., denn ich habe ein System entwickelt, das dafür sorgt, dass man auch bei über 847 KPIs nicht den Überblick verliert.
  Ich nenne es das SMART-Number-Konzept.
  Gestützt von einem Self-BI-Cockpit zahlen alle KPIs auf Assets ein. Ein Asset ist hier ein Kernwert eines Unternehmens, das Wert hat und in der Zukunft Wert & Umsatz generieren kann. Ein Beispiel hier wäre für ein Asset z.B. die Größe der aktiven Interessenten in meiner Eloqua. Dieses Asset sagt mir, dass ich hier in der Zukunft neue Leads zu

unzähligen Produkten generieren kann. Die dazugehörigen KPIs zahlen alle auf dieses Asset ein. So kann ich in dem Beispiel schnell den Überblick darüber haben, ob die aktuellen Marketing-Maßnahmen Wert schaffen und mein Asset vergrößern oder nicht. Ein Blick auf meine SMART Number und ich habe den Überblick, ob es in diesem Bereich gut läuft oder ob ich Zeit mit dem Team verbringen muss, um dieses Thema zu korrigieren.

Wann wird ein Lead vom Marketing an den Vertrieb übergeben?

Wenn der Lead einen bestimmten Leadscore erreicht hat. Ziemlich einfach. Ausnahme: Interessent droht mit Termin …von sich aus …dann stehen wir dem natürlich nicht im Weg.

Geben Sie uns ein paar Zahlen aus Ihrer Arbeit?

Ungern, denn erstens ist es schwer vergleichbar.

Zweitens bin ich der Meinung, dass man zwar Open Rates und Klickthrouhgs messen kann, aber welchen Einfluss sie auf die tatsächlichen Abschlüsse haben usw. sehe ich gespalten. E-Mails mit den niedrigsten Open Rates haben z.B. die meisten direkten Leads gebracht. Also vorsichtig mit dem, was man misst. Am Ende zählt, was in der Kasse ist. Eine 100%-Open Rate, aber dafür kein Lead, ist nicht hilfreich.

Wie binden Sie Ihr CRM System an?

Eloqua hat eine gute Schnittstelle mit Salesforce, was unser CRM-System ist.
Somit kein so Riesen-Thema … zumindest in der Theorie.

Ihre Top 5: Was sollte man unbedingt tun?

1. Ausprobieren und mutig sein.
2. Den Vertrieb ins Boot holen, aber nicht das Steuer geben.
3. Vertrauen haben in das, was man tut. Es ist neu und braucht seine Zeit.
4. Erfolge feiern und drüber reden. Gerade neue Themen brauchen Fans.
5. 80:20-Regel nutzen. Den perfekten Nurture, die perfekte E-Mail gibt es nicht.

Was sollte man unbedingt vermeiden?

1. Den perfekten Lead zu wollen. Es sind trotzdem Menschen und diese ticken alle individuell.
2. Zu Tode optimieren. 80:20-Regel. Lieber eine weitere kleine Kampagne erstellen, statt die Headline in E-Mail 5 30-mal umzubauen.
3. Demokratisch zu sein. Wenn 8 Leute im Raum sind, gibt es 12 Meinungen zu jeder Headline, Inhalt usw. Einen Weg finden und den verfolgen.
4. Angst haben. Frei nach dem Motto: Jeder «Unsubscribe» ist gut, denn der hätte eh nicht bei uns gekauft … Es nicht jedem Interessenten recht zu machen.
   Selbst den Ton angeben. Die passenden Interessenten, die man auch haben möchte, werden bleiben, die unpassenden sortieren sich selbst aus.
5. Nicht oft genug E-Mails versenden. Jede E-Mail ist eine weitere Chance … jede nicht versendete E-Mail eine vergebene Chance.

Die größte Panne

Hahaha, wir hatten unser Scoring beim Launch die ersten Wochen nicht aktiviert.

Es fiel dann irgendwann auf, dass sich viele Interessenten von sich aus meldeten und Termine wollten, aber kein einziger als gescorter Lead rauskam.

Komisch bei einer Revolution, die selbst die Cold Call Conversions ver-x-fachte.

Ihr schönster Erfolg

Aktuell sind wir unter den letzten 4 Bewerbern beim internationalen Markie Award von Eloqua. Wir hoffen auf den Sieg.

Wo befinden Sie sich auf dem Weg zu «idealen» Leadmanagement?

Ich zeichne immer das Bild unseres Werdegangs mit der Ausbildung unserer Kinder.

Die erste Kampagne war Kita. Die zweite Kampagne war Kindergarten. Jetzt überspringen wir schon die Grundschule mit der dritten Kampagne …

Aber das Abitur haben wir noch nicht und ich sowie mein Team brennen darauf, die Hochschule des Leadmangements im nächsten Jahr zu «besuchen». Wir wachsen und lernen jeden Tag. Jeder Tag ist eine neue Herausforderung, eine neue Idee. Es gibt so unendlich viel zu tun.

Was hat sich seit dem Einsatz von LM verändert?

Der Job macht noch mehr Spaß.

Aber auch der Vertrieb sieht Erfolge, extra Geschäft, was es vorher so nicht gab. Der Austausch mit dem Vertrieb ist entspannter, freundschaftlicher.

Und nicht zuletzt, vom Marketing Controller zum Mittagessen eingeladen zu werden passiert auch nicht jedem Marketing-Manager …

Anscheinend gefällt das nicht nur Managern, wenn Marketing messbar ist und Erfolge transparent dargestellt werden können.

Vielen Dank, Herr Rink, für das Leadmanagement-Interview!

10 Die rechtlichen Aspekte von Leadmanagement (Gastkapitel Dr. CARSTEN ULBRICHT)

Leadmanagement bietet neue spannende Möglichkeiten, Neukunden für die Produkte und Dienstleistungen zu gewinnen, aber auch Bestandskunden zu pflegen. Wie in den Vorkapiteln bereits beschrieben, spricht vieles dafür, dass entsprechende Strategien und Maßnahmen der Akquise und des Kundenbeziehungsmanagements über systematisches Leadmanagement mehr Erfolg versprechen als z.B. die simple Kaltakquise via E-Mail-Marketing. Zahlreiche Profilinformationen können helfen, potenzielle Kundengruppen deutlich besser zu identifizieren, als dies z.B. beim reinen E-Mail-Marketing möglich ist.

Was bei diesem wachsenden Trend und den Möglichkeiten nicht übersehen werden sollte, sind die bestehenden rechtlichen Grenzen, die bei entsprechenden Marketingmaßnahmen über Leadmanagement natürlich genauso zu beachten sind wie bei traditionelleren Maßnahmen. Diese ähneln den Rahmenbedingungen beim E-Mail- oder anderen Permission-Marketingmaßnahmen und sollen einen angemessenen Ausgleich zwischen den (Werbe-)Interessen der Wirtschaft schaffen, aber auch dem Kundeninteresse vor übermäßiger «Werbebelästigung» dienen.

Entscheidend ist dabei vor allem der im Buch beschriebene Konvertierungsprozess, in dem die noch anonymen Webseitenbesucher sich durch eigene Angaben (z.B. im Rahmen eines Call-to-action) selbst identifizieren sollen.

Wie im nachfolgenden Beitrag ausgeführt werden wird, sind bei der Erhebung und Verarbeitung von solchen (Kunden-)Daten die datenschutzrechtlichen Vorgaben ebenso anzuwenden wie die im Wettbewerbsrecht festgelegten Grenzen der Ansprache von Kunden. So ist davon auszugehen, dass § 7 Abs. 2 Nr. 3 UWG, der für die Zusendung von weiteren Informationen oder Werbung per E-Mail die vorherige Zustimmung des Empfängers voraussetzt (sog. *Permission-Marketing*), auch für die Kundenakquise über Leadmanagement gilt. Unternehmen, die sich diesen perspektivischen Möglichkeiten nähern wollen, ist eine rechtzeitige Auseinandersetzung mit den rechtlichen Implikationen zu raten. Oft lassen sich die gesetzlichen Anforderungen (z.B. der Zustimmungsvorbehalt) erfüllen, wenn man die notwendigen Erklärungen im Rahmen der Möglichkeiten des Leadmanagements abbildet.

10.1 Gesetzliche Rahmenbedingungen

10.1.1 Datenschutzrecht

Bei der «Identifizierung» des Besuchers der jeweiligen Leadmanagement-Präsenz, bei der der Besucher eigene Angaben im Rahmen eines «Call-to-action» eingeben soll, stellen sich zunächst datenschutzrechtliche Fragen. Dabei regeln das **B**undes**d**atenschutzgesetz (BDSG) bzw. das **T**ele**m**edien**g**esetz (TMG), ob personenbezogene Daten der Besucher erhoben, gespeichert und verarbeitet werden dürfen. Personenbezogene Daten sind nach § 3 BDSG alle Einzelangaben über persönliche oder sachliche Verhältnisse einer bestimmten oder bestimmbaren natürlichen Person (Betroffener). Wenn also im Rahmen der Kundenakquise Name, Adresse, E-Mail, Interessen usw. erhoben oder verarbeitet werden, sind die datenschutzrechtlichen Vorgaben zu beachten. Eine entsprechende Datenverarbeitung ist für solche Kundendaten nur unter engen Grenzen zulässig.

Im Bereich des Leadmanagements kommen vor allem die folgenden Erlaubnistatbestände in Betracht:

Mit Einwilligung

Nach § 28 Abs. 1 S. 1 BDSG kommt eine Datenverarbeitung in Betracht, wenn der Betroffene zuvor über den jeweiligen Dateneinsatz aufgeklärt worden ist und ausdrücklich (auch elektronisch) eingewilligt (Opt-in) hat. Dabei ist stets auf die Möglichkeit des Widerrufs der Einwilligung hinzuweisen.

Erforderlichkeit für Rechtsgeschäft

Personenbezogene Daten dürfen nach § 28 Abs. 1 S. 1 BDSG auch verarbeitet werden, wenn diese für die Begründung, Durchführung oder Beendigung eines rechtsgeschäftlichen oder rechtsgeschäftsähnlichen Schuldverhältnisses mit dem Betroffenen erforderlich ist.

Listenprivileg

Nach dem sogenannten Listenprivileg (§ 28 Abs. 3 S. 2 BDSG) können bestimmte Daten auch ohne Einwilligung zum Zwecke der Eigenwerbung eingesetzt werden, wenn Daten bei Betroffenen erhoben worden sind oder aus allgemein zugänglichen Quellen stammen.

Über einen der genannten Erlaubnistatbestände lassen sich die Erhebung, Speicherung und Verarbeitung von Kundendaten oft rechtskonform ausgestalten. Dabei sollte allerdings beachtet werden, dass jede Stufe der Datenverwendung (d.h. Datenerhebung, Datenspeicherung, Datenverarbeitung, eventuell Datenweitergabe) jeweils legitimiert werden können sollte. Nur weil eine bestimmte Art der Datenerhebung zulässig war, heißt nämlich nicht, dass die weitergehende Datenverarbeitung ohne Weiteres zulässig ist. Im Ergebnis sollte also jede Leadmanagement-Webseite eine rechtskonforme Datenschutzerklärung vorhalten, die alle Informationen enthält, welche Daten erhoben und wie diese genutzt werden sollen. Indem der potenzielle Kunde dieser Erklärung ausdrücklich zustimmt (Opt-in), erklärt er wirksam seine Einwilligung, was den Marketer in die Lage versetzt, die Daten auch vorbehaltlich eines Widerspruchs entsprechend zu speichern, zu verarbeiten usw.

10.1.2 Wettbewerbsrecht

Danach stellt sich dann aber die Frage, wie die Interessenten oder Kunden im weiteren Verlauf angesprochen und weitergehend aktiviert werden sollen bzw. dürfen.

Dabei ist vor allem der bereits genannte § 7 Abs. 2 Nr. 3 UWG zu beachten, der für Werbung per «elektronischer Post» (wie z.B. E-Mail) die vorherige Zustimmung des Adressaten fordert.

Nach dieser Vorschrift liegt eine unzumutbare Belästigung immer dann vor, wenn Werbung unter Verwendung einer automatischen Anrufmaschine, eines Faxgerätes oder eben elektronischer Post versandt wird, ohne dass eine vorherige ausdrückliche Einwilligung des Adressaten vorliegt. Unter Zugrundelegung der Definition von «elektronischer

Post» in der europäischen Datenschutzrichtlinie für elektronische Kommunikation gilt diese Regelung für jede über ein öffentliches Kommunikationsnetz verschickte Text-, Sprach-, Ton- oder Bildnachricht, die im Netz oder im Endgerät des Empfängers gespeichert werden kann, bis sie von diesem abgerufen wird.

Damit fallen neben «klassischen» E-Mails nach überwiegender Rechtsmeinung wohl auch direkte Nachrichten in den «Posteingang» innerhalb eines sozialen Netzwerkes unter diese Regelung. Genauso wie die E-Mail sind entsprechende Nachrichten in der Regel kostenlos und eignen sich so auch für die massenhafte Versendung von Botschaften und damit insbesondere für Werbung, womit diese auch vom Regelungszweck unter die oben genannte Vorschrift fallen dürften.

Aufgrund der Anwendbarkeit von § 7 Abs. 2 Nr. 3 UWG auf Nachrichten an die gewonnenen Interessenten bzw. Kunden per E-Mail oder über soziale Netzwerke dürfte jede entsprechend an einen privaten Posteingang adressierte Werbenachricht ohne vorherige ausdrückliche Einwilligung stets eine unzumutbare und damit unzulässige Belästigung darstellen.

Konsequenterweise gelten diesbezüglich dann auch die Verbote des § 7 Abs. 2 Nr. 4 UWG für Werbung mit einer Nachricht, bei der die Identität des Absenders, in dessen Auftrag die Nachricht übermittelt wird, verschleiert oder verheimlicht wird oder bei der keine gültige Adresse vorhanden ist, an die der Empfänger eine Aufforderung zur Einstellung solcher Nachrichten richten kann.

Wer also im Rahmen von Leadmanagement-Maßnahmen zulässigerweise (Werbe-) Botschaften bzw. Informationen per E-Mail oder über die Sozialen Netzwerke versenden möchte, sollte die üblichen Grundsätze des «Permission-Marketing» (Opt-in) bzw. die Erlaubnistatbestände des § 7 Abs. 3 UWG berücksichtigen. Sonst drohen eine Abmahnung des Empfängers bzw. Dritter, mögliche Maßnahmen des Plattformbetreibers und möglicherweise auch erhebliche Bußgelder. Gefährlich ist auch die Verschleierung eines etwaigen Werbecharakters in solchen internen Nachrichten, weil dann auch weitergehende Ansprüche der Wettbewerber aus §§ 4 Nr. 3 und Nr. 11 UWG begründet werden könnten.

Bei jedweder Form von Werbung sind darüber hinaus die weiteren etwas allgemeineren Regelungen des Gesetzes gegen den unlauteren Wettbewerb (UWG) zu beachten.

10.2   Zusammenfassung

Auch bei Leadmanagement-Kampagnen sind die rechtlichen Vorgaben einzuhalten. Potenzielle und bestehende Kunden können und dürfen demnach per E-Mail und/oder in sozialen Netzwerken nicht einfach mit werblichem Hintergrund «angesprochen« werden oder mit weiteren Informationen «bespielt» werden.

Vielmehr sind die nachfolgend aufgeführten datenschutz- und wettbewerbsrechtlichen Vorgaben zu beachten.

Dabei regelt das Datenschutzrecht (BDSG) die Fragen, wie und unter welchen Voraussetzungen Daten erhoben und verarbeitet werden dürfen. Das Wettbewerbsrecht regelt die Frage, wie und über welche Kanäle Interessenten zukünftig mit Informationen versorgt werden dürfen, um diese so weitergehend zu Kunden zu konvertieren.

Das Wichtigste in Kürze:

❏ Klären Sie die Interessenten und potenziellen Kunden vor der Erhebung der Leaddaten (z.B. in einer Datenschutzerklärung) darüber auf, welche Daten Sie erheben und wie Sie diese nutzen.

❏ Holen Sie die Zustimmung zu dieser Datenschutzerklärung in nachweislicher Form vor der jeweiligen Datenerhebung bzw. -verarbeitung ein.

❏ Holen Sie die Zustimmung im Hinblick auf die zukünftige Kontaktaufnahme bzw. Informationsvermittlung (per E-Mail, über Social- Media-Kanäle usw.) ein.

Dr. CARSTEN ULBRICHT ist ein auf Internet und Social Media spezialisierter Rechtsanwalt und für den Standort Stuttgart verantwortlicher Partner der Kanzlei Bartsch Rechtsanwälte mit den Schwerpunkten IT-Recht, Marken-, Urheber- und Wettbewerbsrecht sowie Datenschutz. Im Rahmen seiner anwaltlichen Tätigkeit berät Dr. ULBRICHT nationale und internationale Mandanten in allen Rechtsfragen des Internet und Social Media sowie zu allen Themen des Electronic und Mobile Commerce.

Neben seiner umfangreichen Referententätigkeit setzt er sich seit 2007, als einer der ersten Rechtsanwälte in Deutschland, in seinem Weblog unter **www. rechtzweinull.de** intensiv mit den rechtlichen Implikationen des Web 2.0 und der sozialen Medien auseinander. Dabei berichtet er nicht nur über neueste Entwicklungen in Rechtsprechung und Diskussionen in der Literatur, sondern analysiert auch digitale Geschäftsmodelle auf ihre rechtlichen Erfolgs- und Risikofaktoren. In seinem Ende Oktober 2013 in 2. Auflage erschienenen Buch «Social Media & Recht – Praxiswissen für Unternehmen» fasst Dr. Ulbricht die wichtigsten rechtlichen Fragen in einem Praxisratgeber zusammen. Das im Haufe-Verlag erschienene Werk beschreibt dabei die verschiedenen rechtlichen Implikationen, die Unternehmen im Rahmen der Umsetzung einer abgesicherten Social-Media-Strategie beachten.

11 Leadmanagement in der Praxis – Das Vorgehen der UDG United Digital Group (Gastkapitel SIMON LOEBEL, UDG GMBH)

Die meisten Unternehmen, die zu uns kommen, haben eines der folgenden Probleme: Sie haben aus dem Marketing heraus zu wenig Interessenten, die sie dem Vertrieb übergeben können. Oder sie stellen fest, dass Wege und Methoden, die für die Akquise von Neukunden in der Vergangenheit gut funktioniert haben, immer weniger ergiebig sind. Womöglich haben sie auch zunächst scheinbar Interessenten. Sobald sich der Vertrieb aber mit ihnen im persönlichen Gespräch beschäftigt, stellt sich heraus, dass sie eigentlich kein echtes Umsatzpotenzial haben. Und der Vertrieb hat mit ihnen seine kostbare Zeit vertan. Besonders ärgerlich ist aber die Situation, wenn man gar nicht merkt, dass bei einem potenziellen Kunden eine Beschaffung ansteht. Man bekommt das dann womöglich erst mit, wenn man zur Abgabe eines Angebots aufgefordert wird. Der präferierte Lieferant steht eventuell bereits fest und man darf selbst nur noch mithelfen, den Preis durch ein Konkurrenzangebot zu drücken.

Und diese Probleme spiegeln sich auch im Marketingkanal «Online» wider. Die Webseite von Unternehmen wird bei einschlägigen Suchen nicht gefunden. Unternehmen haben zu wenig Besucher auf ihren Webseiten. Und wenn sie Besucher haben, dann springen diese schnell wieder ab. Man fragt sich dann, wer war das, der meine Webseite besucht hat, und was wollte er? Und warum ist er so schnell wieder verschwunden? Schafft man es schließlich, dass sich die Webseitenbesucher zu erkennen geben, beschwert sich wieder der Vertrieb darüber, dass mit diesem Kontakt nichts anzufangen sei.

Ursache der Probleme: ein veränderter Kaufprozess

Was sind die Ursachen für diese Probleme? Bis ein Interessent etwas kauft, durchläuft er typischerweise verschiedene Phasen: Zunächst stellt er fest, dass er ein Problem hat, das er lösen muss. Dann sucht er nach grundsätzlichen Möglichkeiten, wie er sein Problem überhaupt lösen könnte. Danach konzentriert er sich auf eine Lösungsart, schaut sich dazu verschiedene Anbieter dieser Lösungsart an und vergleicht sie. Abschließend entscheidet er sich für einen Anbieter und kauft. Der tatsächliche Prozess ist unterschiedlich lang – je nachdem, wie komplex das Produkt ist.

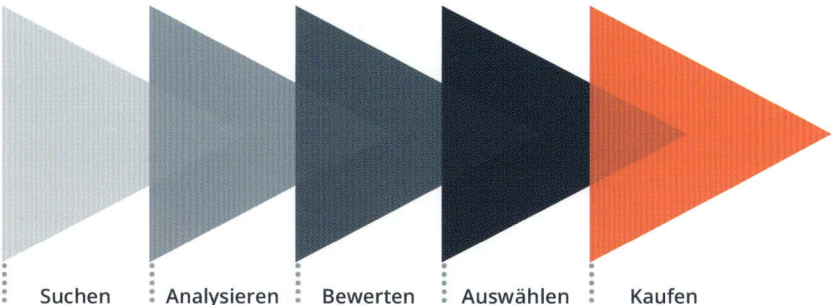

Bild 11.1   Typische Schritte, die ein Kunde im Lauf eines Kaufprozesses geht

Fängt ein potenzieller Kunde an, sich im Web zu seinen Fragestellungen zu informieren, passiert häufig Folgendes: Er findet die Webseite des Anbieters bei seiner Recherche nicht, weil er mit ganz anderen Überlegungen und Fragen sucht, die vom Anbieter auf dessen Webseite überhaupt nicht thematisiert werden. Und wenn solch ein Interessent doch irgendwie auf diese Webseite kommt, dann findet er nicht das in der inhaltlichen Tiefe, was er sucht, und springt ab. **Die Folge: wenige Leads oder Leads, die nicht wirklich qualifiziert sind.**

Wie der Kunde in der Recherchephase eines Kaufs vorgeht, hat sich also fundamental verändert. Wenn man sich als Anbieter darauf nicht einstellt, macht sich das im Online-Marketing vor allem an drei Stellen bemerkbar:

1. Viele Unternehmen verwenden viel Mühe und Budget, um die Sichtbarkeit ihrer Produkte und Marke zu verbessern. **Damit steigen sie mit ihrer Marketingkommunikation aber viel zu spät in den Kaufprozess ihres Kunden ein.** Denn sie lassen die Phase der Problem- und Lösungsrecherche außer Acht. Die Folge: Ein riesiges Potenzial von Interessenten wird in ihrem Informationsinteresse nicht abgeholt und findet den Anbieter nicht. Also können sie in der Recherchephase weder von ihm lernen noch Vertrauen zu ihm als möglichem Lösungspartner aufbauen.

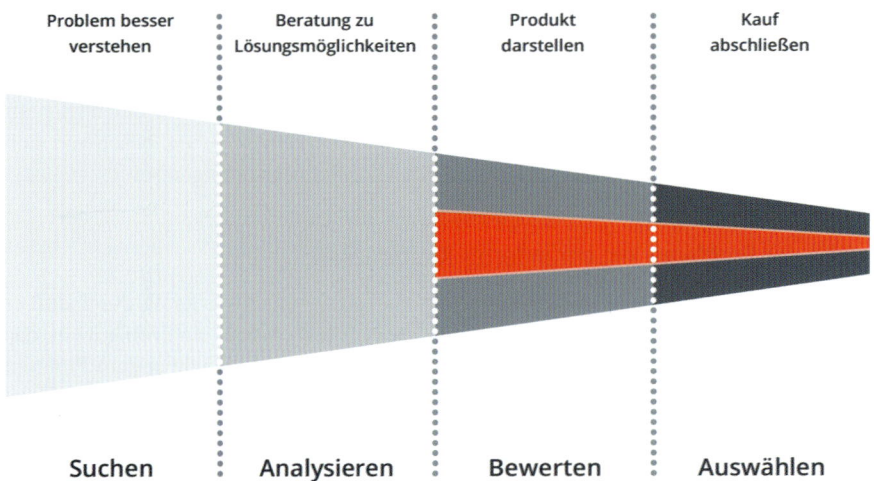

Problem besser verstehen	Beratung zu Lösungsmöglichkeiten	Produkt darstellen	Kauf abschließen
Suchen	**Analysieren**	**Bewerten**	**Auswählen**

Bild 11.2   Der späte Einstieg in die Marketingkommunikation verschenkt massiv Kundenpotenzial

2. Dass ihre Webseite über Suchmaschinen schlecht zu finden ist, versuchen viele Unternehmen auszugleichen, indem sie unter Umständen teure Werbemaßnahmen fahren: Sie schalten Bannerwerbung, werben mittels Google AdWords oder machen in Social-Media-Plattformen Promotion. Je nach Qualität dieser Kampagnen können sie den Traffic zu ihrer Webseite erhöhen. **Aber was passiert, sobald ein Interessent auf der Webseite aufschlägt und nicht den Inhalt in der Tiefe findet, nach dem er gerade sucht? Er klickt sofort weg.** Hier vernachlässigen die Unternehmen ein großes Potenzial zum Teil teuer erkaufter Interessenten, die sich nicht als konkreter Kontakt zu erkennen geben und daher weder im Marketing noch im Vertrieb weiterbehandelt werden können.

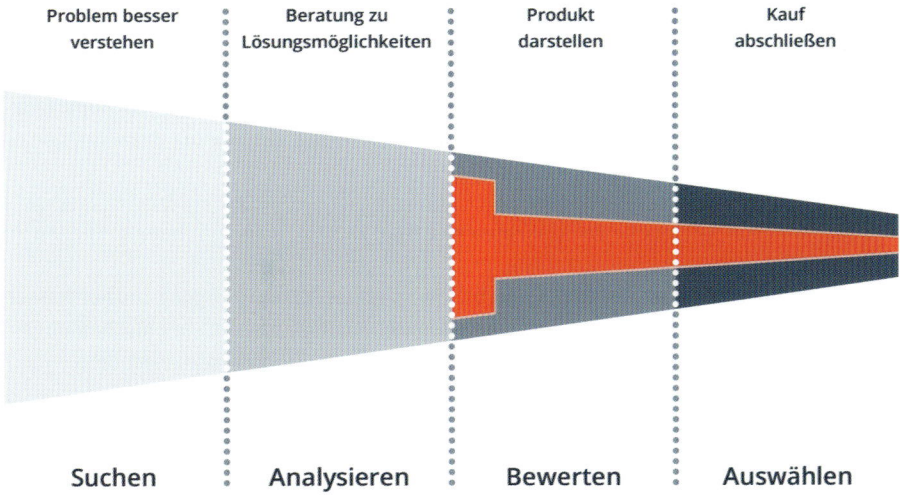

Bild 11.3 Promotion an der falschen Stelle steigert vielleicht die Sichtbarkeit, aber nicht die Leadgenerierung

3. Und wenn man es zu allem Überfluss auch noch handwerklich schlecht macht, dann wird die eigene Webseite nicht gefunden, selbst wenn das Mindset des Kunden und die angebotenen Informationen auf der Webseite des Anbieters übereinstimmen. **Womöglich hat man vieles dafür getan, von Google als unwichtiger Informationsanbieter bewertet zu werden.** Hier verschenkt man wiederum riesiges Potenzial: Eigentlich hat man dem Suchenden Relevantes zu sagen, aber er sieht einen nicht. Man hat mit viel Aufwand vieles richtig gemacht. Aber eben nicht alles.

Bild 11.4 Die Kombination aus relevantem Content und SEO verhindert unnötig verschenkte Chancen

Was muss das Ziel guten Online-Marketings sein?

Schlussendlich ist es heute die Hauptaufgabe des Marketings, möglichst frühzeitig auf dem Radar des Kunden aufzutauchen. Und zwar exakt dort, wo er während seines Kaufprozesses zu Recherchezwecken entlang navigiert. Inbound-Marketing bzw. Leadmanagement als Marketingstrategien stellen genau diese Ziele in den Mittelpunkt ihres Vorgehens.

Es geht im Online-Marketing primär darum:

- ❑ überhaupt für potenzielle Interessenten **sichtbar** zu sein, also von ihnen gefunden zu werden;
- ❑ diese Interessenten in einem zielgerichteten Kommunikationsvorgang **immer besser kennen zu lernen**, um sie im richtigen Moment – nämlich wenn sie entscheidungsfähig und entscheidungsbereit sind – an den Vertrieb übergeben zu können.

Um diese Ziele erreichen zu können, müssen vor allem drei Aspekte bedacht und umgesetzt werden:

- ❑ Damit man Marketingkommunikation überhaupt so gestalten kann, dass sie wirkt, muss man **ein deutliches und klares Bild vom Gegenüber haben, mit dem man kommunizieren will.** (Vgl. dazu Abschnitt 2.3 Buyer-Persona-Konzept – Welchen Kunden hätten Sie denn gerne?)
- ❑ Und zwar mit relevantem Content. Relevant heißt hier, dass man auf die konkreten Informationsbedürfnisse der Persona eingeht. Sprich: **Man muss die eigene Kommunikation so gestalten, dass sie dem Adressaten in seiner Situation tatsächlich weiterhilft.** Dabei ist es in den seltensten Fällen damit getan, nur über das eigene Produkt zu sprechen. Das wird im Beschaffungsprozess häufig erst zu einem vergleichsweise späten Zeitpunkt wichtig. Vielmehr muss man dem potenziellen Kunden erst einmal helfen, seine Situation und die grundsätzlichen Lösungsmöglichkeiten besser zu verstehen. Man muss ihn im wahrsten Sinne des Wortes beraten.
- ❑ Damit für den Adressaten die Kommunikation tatsächlich relevant wird, muss er **die richtigen Informationen aber auch zum richtigen Zeitpunkt bekommen**. Dabei ist wichtig zu wissen, in welcher Phase seines Kaufprozesses er ist. In jeder Phase muss er bestimmte Fragen klären und sich bestimmtes Wissen aneignen, um im Entscheidungspfad voranschreiten zu können. Also gilt es für den Anbieter herauszufinden, welche Fragen den Interessenten gerade beschäftigen.

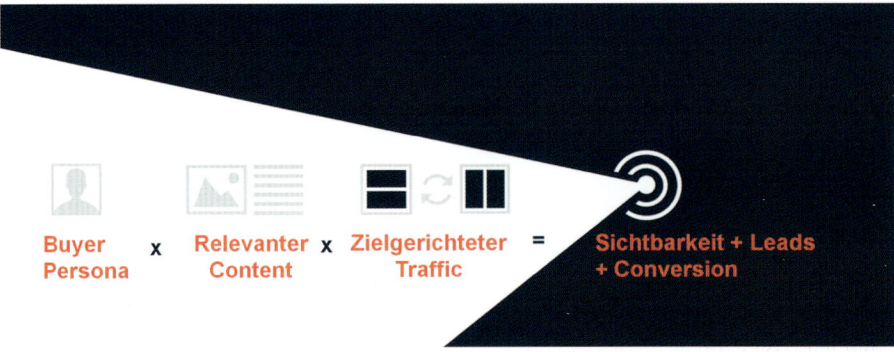

Bild 11.5   Ist einer der Inbound-Faktoren Null, können auch die Marketingziele nicht erreicht werden

Das Vorgehensmodell Track-Think-Make

Als Agentur, die für ihre Kunden Lösungen für eine nachhaltige Entwicklung ihres Geschäfts entwickelt, geht die UDG United Digital Group auch bei der Implementierung von Leadmanagement nach ihrem bewährten Track-Think-Make-Prozess vor: Am Anfang steht mit Track die ausführliche Analyse des Status quo. In der Think-Phase erarbeiten wir entsprechend der Projektziele die grundlegende Strategie und Konzeption, die wir in der Make-Phase dann mit unserer ganzen Agenturkompetenz umsetzen.

Track – Die Analyse des Status quo

Typischerweise beginnen wir mit einem ein- oder zweitägigen Workshop mit den wichtigsten Beteiligten und Betroffenen beim Kunden. Dabei erarbeiten wir ein gemeinsames Verständnis dafür, was Leadmanagement eigentlich ist und wie es diesem Kunden konkret weiterhelfen kann, seine Ziele zu erreichen. Zudem tragen wir im Workshop gemeinsam wichtige Informationen zusammen, die für die weiteren Schritte benötigt werden. Wir schauen uns zum Beispiel dabei an,

- ❑ welche Schwerpunkte im Marketing aktuell gesetzt werden,
- ❑ wie die Leadgenerierung und der Leadprozess heute aussehen,
- ❑ wie Marketing und Vertrieb momentan zusammenarbeiten,
- ❑ wie Content in der Marketingkommunikation eingesetzt wird,

…

Danach machen wir uns an die Analyse. Wichtige Fragen dabei sind: Wie lassen sich die Wunschkunden charakterisieren, die mit dem Leadmanagement-Programm erreicht werden sollen? Wie ist das aktuelle Nutzerverhalten auf den Online-Kanälen des Kunden? Wie verläuft der typische Kaufprozess des idealen Kunden? … Des Weiteren schauen wir uns die Ziele von Marketing und Vertrieb an.

Außerdem kümmern wir uns in der Track-Phase auch schon mal um **den wichtigsten Treibstoff für den Leadmanagement-Motor: den Content**. In einem Content-Audit analysieren wir die vorhandenen Marketinginhalte und klassifizieren sie unter Leadmanagement-Gesichtspunkten. Wir überlegen uns, welcher Content auch für die neue Herangehensweise genutzt werden kann, welchen man entsprechend überarbeiten kann und wo es noch Lücken gibt, für die neue Inhalte erstellt werden müssen.

Sehr häufig ist auch eine **grundlegende SEO-Analyse** ratsam, um harte Daten zu bekommen, wie der Status quo der Auffindbarkeit des Webauftritts ist und wo es eventuell gravierende Probleme gibt, die man schnellstmöglich beheben sollte. Für alle nur denkbaren Anforderungen in diesem Themenfeld können wir als Full-Service-Digitalagentur unsere langjährige Erfahrung in der Suchmaschinenoptimierung von Online-Auftritten wirksam werden lassen.

Think – Strategie und Konzeption

Im nächsten Schritt erarbeiten wir die **Strategie** für das Leadmanagement. Anhand der in der Track-Phase erhobenen Informationen definieren wir dabei die Buyer-Personas und dokumentieren, wie ihre jeweiligen Kaufprozesse aussehen. Das wiederum ist die Basis für die **Konzeption des Contents** und der Kontaktpunkte, mit denen die Buyer-Personas in Berührung kommen sollen: Wir überlegen uns, welche Inhalte mit welchem Kommunikationsziel in welchen Contentformen (z.B. als Blogbeitrag, als Webinar, als eBook, ...) auf welchen Kanälen präsentiert werden.

Im Zusammenhang mit den Überlegungen zum Content muss zudem auch bedacht werden, wie man die potenziellen Interessenten aktiv auf die eigenen Inhalte aufmerksam macht. Das können bezahlte Werbemaßnahmen wie Google AdWords, eine gezielte Mitwirkung in der Fachcommunity (z.B. über Social Media) oder klassische PR-Maßnahmen sein.

Ein wichtiges Ziel ist es, dass sich Interessenten während ihres Rechercheprozesses zu erkennen geben (zum Beispiel über Webformulare). Für diese entwickeln wir ein Vorgehen, wie man sie gezielt weiterinformiert – und zwar entsprechend der Phase des Kaufprozesses, in der sie sich befinden. Dieses **Lead-Nurturing** erfolgt typischerweise mit Hilfe von Marketing-Automationssystemen. Dort werden bestimmte Kommunikationsabläufe vorab festgelegt, die nach typischen Aktionen des Interessenten (wie zum Beispiel dem Download eines eBooks) eine automatisierte E-Mail-Kommunikation mit ihm absolvieren.

Bestmöglich vernetzt werden müssen Marketing und Vertrieb. Sowohl für Marketing wie auch Vertrieb müssen klar definierte Rollen und Aufgaben im Kundenbearbeitungsprozess vereinbart werden.

Natürlich möchte man relativ schnell wissen, ob man auf dem richtigen Weg ist. Dazu müssen die Ziele, die das Leadmanagement-Programm verfolgen soll, mit **Kennzahlen** hinterlegt werden. Dabei muss sowohl das Erreichen strategischer wie auch taktischer Ziele beobachtet werden. Kennzahlen, die über **taktische Ziele** Auskunft geben, sind zum Beispiel

- ❑ Wie häufig wurde eine bestimmte Seite aufgerufen?
- ❑ Wie viel Traffic kommt über organische Suchergebnisse zustande?
- ❑ Wie häufig wurde ein bestimmter Content aufgerufen bzw. heruntergeladen?
- ❑ Wie ist das Verhältnis zwischen Traffic und Leadgenerierung?
- ❑ Wie sind die Konversionsraten einer spezifischen Landing Page?

Diese taktischen Kennzahlen teilen mit, wie gut bestimmte Aktionen im Leadmanagement-Programm funktionieren. Die **strategischen Kennzahlen** wiederum nehmen in den Blick, ob und wie wirtschaftlich das Gesamtvorgehen ist. Es geht unter anderem darum, Folgendes herauszufinden:

- ❑ Wie hoch sind die Kosten pro generiertem Lead?
- ❑ Wie hoch sind die Kosten pro Kunde?
- ❑ Wie entwickelt sich der Return-on-Invest des Inbound-Programms?

Make – Umsetzung und kontinuierliche Verbesserung

Alle diese Vorbereitungen haben vor allem zum Ziel, dass die Strategie möglichst zielgenau und erfolgsorientiert umgesetzt werden kann. In der Make-Phase erledigen wir auf technischer Ebene das **Setup der Infrastruktur:** Wir richten das Marketing-Automationssystem ein, integrieren dort die existierende Webseite, um bestehenden Traffic in das System zu routen, und erstellen Landing Pages für Konversionsvorgänge sowie Templates für das E-Mail-Marketing. Wenn möglich, synchronisieren wir das Marketing-Automationssystem mit dem CRM und ERP, um eine durchgängige Sicht auf den Kunden und seine Aktivitäten vom ersten Kontakt bis zum Umsatz mit ihm zu ermöglichen. Und bevor es losgehen kann, muss natürlich erst einmal der Adressbestand konsolidiert und in die Automationssoftware hochgeladen werden.

Beim Thema Content steht am Anfang auf der Agenda, **möglichst gut für wichtige Suchwörter/-phrasen gefunden zu werden**. Wir nehmen uns den Bestandscontent vor und überarbeiten ihn. Und dann geht es ja nicht nur darum, mehr Traffic durch Content zu erzeugen, der auf typische Suchanfragen hin erstellt wurde. Man will ja die Besucher der Webseite auch aus der Anonymität herausholen und kennen lernen. Oder anders gesagt: einen **Lead generieren**. Auch hierfür wird Content benötigt. Und zwar wertiger Content wie eine Checkliste oder ein Report mit wichtigen Statistiken, für den Interessenten bereit sind, ihre Kontaktdaten zu hinterlassen. Auch das muss geplant und erstellt und schließlich über Landing Pages und Formulare in die Automationslösung eingebunden werden.

Nachdem dieses Fundament gebaut wurde, geht die Content-Arbeit in den Regelbetrieb über und nimmt **die kontinuierliche Redaktionsarbeit** auf. Das heißt, es wird die zielgenaue Weiterentwicklung des Content-Ökosystems geplant und umgesetzt. Basis der Redaktionsarbeit sollte auf alle Fälle ein Redaktionsplan und -kalender sein. Dort wird klar definiert, welches Thema in welcher Form wann in welchem Kanal publiziert werden soll. Und welche strategischen Vorgaben (wie zum Beispiel welche Persona-Ansprache oder welche Phase des Kaufprozesses) dieses konkrete Content-Element unterstützen soll.

In gewissen Situationen bietet es sich an, bestimmte Content-Elemente mit **Performance-Marketing-Werkzeugen** wie PPC-Anzeigen bei Google, Social Ads zum Beispiel in Facebook oder mit klassischer Display-Werbung zu promoten. Hier kann die UDG United Digital Group als Full-Service-Digitalagentur kompetent weiterhelfen. Und natürlich auch, wenn es darum geht, das Leadmanagement-Programm mit Affiliate-Marketing zu vernetzen.

Im Regelbetrieb des Leadmanagement-Programms ist das **Lead-Nurturing** eine unserer Kernleistungen: Interessenten, die sich über Leadgenerierungsaktionen zu erkennen gegeben haben, müssen konsequent weiterentwickelt und -qualifiziert werden. Dieser Qualifizierungsprozess hat zwei Stoßrichtungen: eine kundenbezogene und eine anbieterbezogene.

Für den **Kunden** gilt: Am Ende des Prozesses soll er eine Kaufentscheidung treffen. Damit er diese Entscheidung treffen kann, werden ihm passgenau für sein Vorwissen, sein Interesse und seine Fragen Informationen in Form von Content-Bausteinen angeboten. So wird er nach und nach befähigt, die Kaufentscheidung wohlinformiert treffen zu können. Und wenn er sich eine umfassende Wissensbasis zu allen Aspekten der Lösung seines Problems verschaffen konnte, wird auch die Bereitschaft bei ihm steigen, die Kaufentscheidung zu treffen.

Auch für den **Anbieter** ist der Qualifizierungsprozess ein umfassender Lernvorgang: Über die Interaktionen des Interessenten im Fortgang des Lead-Nurturing lernt er den Interessenten immer besser kennen. Zum einen kann er nach und nach immer detailliertere Informationen über ihn erheben. Das schafft er, indem er für wichtige und interessante Content-Bausteine über die Basiskontaktdaten hinaus weitere Informationen über den Interessenten abfragt. Diese geben Auskunft über Kaufinteresse, Projektumfang und -wahrscheinlichkeit. Zum anderen zeigt sein Interaktionsverhalten mit dem Content: Wofür interessiert er sich gerade? Wofür nicht? Wie intensiv beschäftigt er sich mit bestimmten Inhalten? Und dergleichen mehr. Diese Informationen über den Kontakt ergeben nach und nach ein Bild, ob er tatsächlich ein ernstzunehmender Interessent ist, der in das eigene Profil vom idealen Kunden passt. Denn nur dann übergibt man ihn schließlich an den Vertrieb für die 1:1-Kommunikation.

Fazit

Zu wenig Leads? Die vorhandenen Leads nicht ertragreich genug? Leadmanagement und Inbound-Marketing können die Lösung für diese Probleme sein. Das Internet und die Suchmaschinen haben die Kunden ermächtigt, sich umfangreich schlau zu machen, ohne mit einem Anbieter Kontakt aufnehmen zu müssen. Diesem fundamentalen Wandel im Zugang zu Informationen müssen Unternehmen in ihrer Marketing-Kommunikation gerecht werden. Sie müssen ihre **Kommunikation ganz auf das Informationsbedürfnis des Interessenten ausrichten**: Wer genau ist mein möglicher Kunde? Welche Fragen stellt er sich im Kaufprozess? Welche Tiefe an Informationen erwartet er in den Antworten? Mit welchen Suchphrasen sucht er Informationen? Über welche Kanäle erreichen ihn Botschaften? ... Diesen Anforderungen an die Marketingkommunikation gerecht zu werden, ist für viele Unternehmen eine echte Herausforderung. Schafft man aber den Schritt zur echten kundenzentrierten Online-Kommunikation, wird man mit **messbaren Ergebnissen seiner Marketingbemühungen** belohnt. Und was man messen kann, kann man konsequent optimieren. Bessere Ergebnisse bei den Suchmaschinenabfragen, mehr Traffic und eine höhere Konversionsrate werden die Folge sein.

Zudem: Mit dieser Vorgehensweise kann man **sehr viel früher mit einem Interessenten in Kontakt kommen** – unter Umständen sogar noch zu einem Zeitpunkt, an dem er selbst noch nicht so recht weiß, was sein Problem genau ausmacht, und schon gar nicht, wie er es konkret lösen könnte. Das erfordert eine Methode, mit dem Kunden längerfristig in Kontakt zu bleiben, ihn in seinem Rechercheprozess zu unterstützen und ihn gezielt zu informieren. In einer 1:1-Kommunikation skaliert das sicher nicht. Schon gleich gar nicht, wenn man davon ausgeht, dass sich die Zahl der Webseitenbesucher deutlich erhöhen wird, wenn man eine Informationsinfrastruktur schafft, die Interessenten sehr viel früher in ihrem Rechercheprozess anspricht. Hier helfen Lösungen zur **Automatisierung von Marketingprozessen**: einerseits, um mit einem Vielfachen an potenziellen Kunden im Kontakt zu bleiben – und zwar, indem man ihnen das zukommen lässt, wofür sie sich aktuell wirklich interessieren; andererseits, um mehr über diese möglichen Kunden zu lernen – sei es über die Auswertung ihres Informationsverhaltens in den digitalen Kanälen, sei es durch Informationen, die sie explizit über sich preisgeben.

Die UDG United Digital Group als digitale Full-Service-Agentur mit umfassender Kompetenz zu allen digitalen Fragestellungen hilft hierbei, die richtigen Prioritäten zu setzen und **zielsicher die Online-Kommunikation an die neuen Herausforderungen anzupassen**.

Über UDG United Digital Group

Die UDG United Digital Group ist die führende Agentur für digitale Markenführung im deutschsprachigen Raum. Sie entwickelt für Marken Digitalisierungsstrategien, realisiert einzigartige Markenerlebnisse und führt diese messbar zum Erfolg. Dabei verbindet sie höchst innovativ einen umfassenden Erfahrungs- und Kompetenzvorsprung von Spezialeinheiten intelligent und effizient mit der Ganzheitlichkeit und der strategischen Kompetenz einer großen Agenturmarke – konsequent über die ganze Bandbreite der vorhandenen Disziplinen.

An zwölf Standorten in Deutschland sowie in London (UK) bieten mehr als 650 Mitarbeiter der UDG United Digital Group das komplette Leistungsspektrum an. Mit einem Honorarumsatz von rund 60 Millionen Euro im Jahr 2013 nimmt die UDG die Spitzenposition unter den größten deutschen Full-Service-Digitalagenturen ein. Hauptsitz der Agentur ist Hamburg.

Ansprechpartner: Simon Loebel
Weitere Informationen unter: www.udg.de

Schlusswort

Vielen Dank, dass Sie mein Leadmanagement-Buch gelesen haben.

Sollten Sie Fragen zu den beschrieben Themen oder Informationen zu den vorgestellten Möglichkeiten haben, freue ich mich auf Ihre Kontaktaufnahme. Schreiben Sie mir einfach eine Nachricht an **leadmanagementcoach@strike2.de** oder eine Nachricht / Kontaktanfrage in Xing: **www.xing.com/profile/Norbert_Schuster**

Ich wünsche Ihnen, dass ...

❏ Ihr Marketing und Ihr Vertrieb gemeinsam einen erfolgreichen Leadmanagement-Prozess implementieren;
❏ Sie Ihre Wunschkunden kennen (lernen) und ihren Kaufprozess (besser) verstehen;
❏ Ihre Wunschkunden Ihre relevanten und hilfreichen Inhalte «verschlingen»;
❏ Ihre Wunschkunden in Scharen zu Ihrem «Interessenten-Wasserloch» kommen;
❏ Sie sich über eine überdurchschnittliche Konversionsrate freuen können;
❏ Sie mehr qualifizierte Leads generieren, sie zur Vertriebsreife entwickeln und viele Abschlüsse mit ihnen generieren;
❏ Ihr Marketing mess- und skalierbar zum Unternehmenserfolg beiträgt;
❏ die Übergabe Ihrer Interessenten vom Marketing an den Vertrieb reibungslos und für alle Seiten zielführend abläuft;
❏ sich Ihr Vertrieb über viele, gut qualifizierte Leads freut.

Viel Spaß beim Lesen dieses Buches und viel Erfolg bei der Umsetzung Ihrer Leadmanagement-Strategie.

Norbert Schuster

Anhang

A.1 Checklisten / Bestandsaufnahme

Bestandsaufnahme: Ihr Unternehmen

Ihr Unternehmen – Beschreiben Sie Ihr Unternehmen in max. 2 bis 3 Sätzen. – «Elevator-Pitch»

_____
_____
_____

Wer sind Ihre «typischen» Kunden?

_____
_____
_____

Welche Zielgruppen adressieren Sie?

_____
_____
_____

Ihr Angebot (Produkte, Dienstleistungen, Service usw.) – Was bieten Sie an?

_____
_____
_____

Nutzen – Welchen Nutzen bieten Sie Ihren Kunden?

_____
_____
_____

Ihr Markt – In welchem Marktumfeld bewegen Sie sich?
Branche(n):

_____
_____
_____

Zielgruppe(n):

_____
_____
_____

Ansprechpartner:

_____
_____
_____

Kundenbereiche:

❏ B2C

❏ B2B

❏ Unternehmen

   – Einzelfirmen

   – KMU

   – Konzerne

❏ Verbände

❏ Schulen / Hochschulen

❏ Behörden / Öffentliche Hand / Kommunen

❏ _____

Zutreffendes bitte ankreuzen

Firmengröße – Wie groß sind Ihre typischen Kunden: _____

Ihr Wettbewerb:

_____

_____

_____

Bestandsaufnahme: Ihr Marketing

Was möchten Sie mit Ihrem Marketing erreichen?

❏ Interessenten gewinnen   Anteil in %: _____

❏ Kundenbindung aufbauen/pflegen   Anteil in %: _____

❏ Image / Bekanntheit aufbauen und pflegen   Anteil in %: _____

❏ Informationskanal für Kunden und Partner aufbauen   Anteil in %: _____

❏ Online-Reputation meines Unternehmens aufbauen   Anteil in %: _____

❏ Über den Markt auf dem Laufenden bleiben   Anteil in %: _____

Sind Sie mit der Anzahl und der Qualität Ihrer Leads zufrieden?

❏ Ja

❏ Nein

Sind Sie mit der Bearbeitung der Leads durch Ihren Vertrieb zufrieden?

❏ Ja

❏ Nein – Warum?

_____

_____

_____

_____

Ihre Marketing-Aktivitäten / Aktivitäten zur Leadgenerierung – Was tun Sie, um Interessenten zu generieren? Wie beurteilen Sie die jeweiligen Aktivitäten?
Aktivität   **Status quo – Ergebnisse – Zufrieden?**

❑ Print-Anzeigen   _____
❑ Online-Anzeigen / Banner   _____
❑ Telefonische Kaltakquisition   _____
❑ Google AdWords   _____
❑ Mailings   _____
❑ Messen   _____
❑ Events / Roadshows   _____
❑ Webseite   _____
❑ Partner / Kooperationen   _____
❑ PR / Öffentlichkeitsarbeit   _____
❑ Empfehlungsmarketing   _____
❑ _____   _____
❑ _____   _____
❑ _____   _____

Was ist dabei Ihre größte Herausforderung?
_____
_____
_____
_____

Haben Sie eine Definition für Ihren «idealen Interessenten» bzw. Wunschkunden?
_____
_____
_____
_____

Können Sie messen bzw. zuordnen, welche Aktivitäten und welche Kanäle welche Kosten produzieren und welche Ergebnisse generieren?
_____
_____
_____

Wie viele Leads (Interessenten) generieren Sie insgesamt pro Monat?
_____

Wie viele Webseitenbesucher haben Sie gesamt pro Monat?
_____

Nimmt die Anzahl der Besucher auf Ihrer Webseite in den meisten Monaten zu?
_____

**Konvertieren Sie Ihre Webseitenbesucher zufriedenstellend zu Interessen-
ten? Wie viele Leads liefert Ihre Webseite pro Monat?**

Wie viel Prozent der Leads konvertieren zu Kunden?:
_____ %

Wie können Interessenten mit Ihnen auf Ihrer Webseite in Kontakt treten?
❏ Webformular
❏ E-Mail
❏ Telefon
❏ Rückruf-Wunsch
❏ Chat
❏ _____

Was passiert, wenn ein Interessent bei Ihnen anfragt?
❏ Interessent wird qualifiziert (siehe nächste Frage)
❏ Interessent wird an den Vertrieb übergeben
❏ Interessent erhält E-Mail vom zuständigen Vertriebsbetreuer
❏ Interessent wird sofort vom zuständigen Vertriebsbetreuer angerufen
❏ Interessent erhält vom Marketing / Innendienst gewünschte Unterlagen bzw.
   Informationen
❏ _____
❏ _____
❏ _____

**Wie qualifizieren Sie Interessenten im Marketing? – Methode, Kriterien, Auswir-
kungen**

**Haben Sie definiert, wann ein Interessent von der Marketing/Innendienst-Betreuung
in die Vertriebsbetreuung wechselt? Ja/Nein**

**Wie würden Sie die Zusammenarbeit zwischen Ihrem Marketing und Vertrieb be-
schreiben?**

Wie gehen Sie mit Leads um, die noch nicht «kaufreif» sind?
❏ Wiedervorlage im Vertrieb
❏ Zurück in die Marketing-Betreuung

_____
_____

Wie meldet der Vertrieb die Leadqualität und das Ergebnis der Leadbearbeitung an das Marketing zurück?
_____
_____
_____

Nutzen Sie Social Media? Wenn ja, welche Kanäle/Plattformen nutzen Sie?
❑ Blog – URL: _____

❑ XING
  – Persönliche Profile
  – XING-Gruppe: _____

❑ LinkedIn
  – Persönliche Profile
  – LinkedIn-Gruppe: _____

❑ Facebook
  – Unternehmensseite: _____

❑ Twitter: _____

❑ Google+
  – Unternehmensseite: _____

Nutzen Sie E-Mail-Marketing bzw. versenden Sie einen Newsletter? Status quo – Sind Sie mit den Ergebnissen zufrieden?
_____
_____
_____

Welche Erfahrungen haben Sie mit Social-Media-Aktivitäten?
_____
_____
_____
_____

Was und wie oft posten Sie in diesen Kanälen?
_____
_____
_____

Ihre Systeme – Welche Systeme nutzen Sie?

❏ Adressverwaltung: _____

❏ CRM: _____

❏ CMS: _____

❏ Newsletter: _____

❏ Web-Shop: _____

❏ Sonstiges: _____

❏ Inbound-Marketing: _____

❏ Marketing-Automation: _____

❏ Web-Tracking: _____

Zutreffendes bitte ankreuzen

Ihr Vertrieb

Ist Ihr Vertrieb mit der Anzahl und der Qualität der Leads zufrieden?

❏ Ja

❏ Nein – Warum?

_____

_____

_____

_____

Wie lange dauert Ihr durchschnittlicher Vertriebsprozess?

❏ _____ Wochen

❏ _____ Monate

❏ _____ Jahre

Generieren Sie mit Ihren Kunden in der Regel einmalige oder regelmäßige Umsätze?

❏ Einmalig

❏ Regelmäßig

Ihre Vertriebskanäle

❏ Direkt-Vertrieb

– Innendienst / Telesales

– Außendienst

– Account-Manager / Key-Acccount-Manager

– eBusiness

❏ Händler

❏ Großhändler

❏ Partner

❏ Online

Zutreffendes bitte ankreuzen

Wie qualifizieren Sie Interessenten im Vertrieb? – Methode, Kriterien, Auswirkungen

_____

_____

_____

Was passiert, wenn sich ein Interessent noch nicht für den Kauf / Abschluss entscheiden kann / will?

_____

_____

_____

Was passiert, wenn ein Kunde gekauft hat?

_____

_____

_____

Was passiert, wenn ein Interessent nicht kauft oder bei Ihrem Wettbewerb kauft?

_____

_____

_____

«Wunsch-Auftrag» bzw. «Wunsch–Projekt»
Beschreiben Sie Ihren «Wunsch-Auftrag» bzw. Ihr «Wunsch-Projekt».

Bestellung:

_____

_____

_____

Beauftragung:

_____

_____

_____

Lösung – Welches Problem möchte der Kunde mit dem Kauf / der Beauftragung lösen?

_____

_____

_____

Kunde:

_____

_____

_____

Firmengröße (Mitarb./EUR):

_____

Branche:

_____

_____

_____

Auftragsvolumen:

_____

_____

_____

Checkliste Webseite
Wie können Sie Ihre Webseite für die Generierung von Leads optimieren?

Navigation / Struktur

_____

_____

_____

Persona-Ansprache

_____

_____

_____

SEO
On-Page

_____

_____

_____

Off-Page

_____

_____

_____

Farben

_____

_____

_____

Bilder

_____

_____

_____

Texte

_____

_____

_____

Angebote

_____

_____

_____

Kontaktmöglichkeiten

_____

_____

_____

Sonstiges

_____

_____

_____

Checkliste Buyer-Persona in XING

Finden Sie Ihre Persona(s) in XING? (Suchen und Ergebnisse eintragen)

Persona: _____

Selektion:

_____

Anzahl: _____

Persona: _____

Selektion:

_____

Anzahl: _____

Persona: _____

Selektion:

_____

Anzahl: _____

Persona: _____

Selektion:

_____

Anzahl: _____

Persona: _____

Selektion:

_____

Anzahl: _____

Persona: _____

Selektion:

_____

Anzahl: _____

Persona: _____
Selektion:
_____

Anzahl: _____
Persona: _____
Selektion:
_____

Anzahl: _____

Summe: _____

Ihr Claim:
_____

Ich biete:

_____
_____
_____
_____
_____
_____
_____

========================= Meine Themenwelt =========================

_____ _____ _____
_____ _____ _____
_____ _____ _____
_____ _____ _____
_____ _____ _____
_____ _____ _____

Ich suche:
_____
_____
_____
_____
_____
_____

Interessen:
_____
_____
_____
_____

Über mich / Portfolio:

_____
_____
_____
_____
_____
_____

Bilder / Kacheln: _____

In welchen Gruppen finden Sie Ihre Persona(s) in XING?

(Suchen und Gruppen eintragen)

Persona: _____   Gruppe: _____
Persona: _____   Gruppe: _____
Persona: _____   Gruppe: _____
Persona: _____   Gruppe: _____
Persona: _____   Gruppe: _____

A.2   Hersteller-Case-Studies

Wie zuvor beschrieben, können Sie Leadmanagement-Maßnahmen bzw. -Aktivitäten nicht manuell umsetzen. An dieser Stelle finden Sie eine Übersicht von Leadmanagement- bzw. Marketing-Automation-Lösungen. Diese Plattformen helfen Ihnen, u.a. Workflows und Kampagnen zu definieren und Prozesse automatisiert und auswertbar zu betreiben.

Ich habe mit den Herstellern ein Interview geführt und um eine Case-Study für dieses Buch gebeten.

Übersicht der Hersteller-Interviews

Hersteller	Lösung	Webseite
SC-Networks GmbH	Evalanche	www.SC-networks.com
Eloqua-Oracle	Eloqua	www.eloqua.com
Factory 42	HubSpot	www.factory42.com

Fragenkatalog

❑ Welche Lösung bieten Sie für das Leadmanagement an?
❑ Welche Kunden, Kunden-Anforderungen, Branchen usw. sind für Ihre Lösung besonders gut geeignet? B2B / B2C
❑ Wer ist Ihr Wunschkunde? Wer ist Ihre Buyer-Persona?
❑ Haben Sie mit Ihrer Lösung einen Themen- oder Funktionsschwerpunkt?
❑ Welche Leistungen bieten Sie neben Ihrer Lösung an?
❑ Wo waren bei Ihren Kunden bisher die größten Herausforderungen bei der Implementierung von Leadmanagement?
❑ Was sollten Kunden tun, bevor sie sich mit der Auswahl eines Leadmanagement-Systems beschäftigen?
❑ Welche Schnittstellen zu anderen System bieten Sie an?
❑ Wo sehen Sie die Zukunft des Leadmanagements? Wohin geht der Trend? Was wird sich in den nächsten Jahren im Bereich Leadmanagement ändern?
❑ Aus Ihrer Erfahrung: Wie lange dauert es, bis sich die Ausgaben für ein Leadmanagement-Projekt mit Ihrem System amortisieren?
❑ Ihre Top-5-Tipps für Unternehmen, die ein Leadmanagement-System implementieren möchten:
– Was sollten Unternehmen unbedingt tun?
– Was sollten Unternehmen unbedingt vermeiden?
❑ Wie sieht das in der Praxis aus? Beschreibung / Case-Study:
❑ Was sollten Kunden, die sich über Leadmanagement informieren möchten, (außer diesem Buch ☺) auf jeden Fall lesen? → Call-to-action

EVALANCHE – Next Level eMail-Marketing

Vom E-Mail-Marketing zum Leadmanagement

Produkt: EVALANCHE V5
Hersteller: SC-Networks GmbH

Webseite: http://www.sc-networks.com/
Produkt: http://www.sc-networks.com/de/produkt/evalanche-v5
Kostenlose Testversion: http://www.sc-networks.com/de/produkt/demo

Produktbeschreibung:

EVALANCHE V5 - Einfach – Effizient – Erfolgsorientiert

EVALANCHE V5, die E-Mail-Marketing-Automation&Leadmanagement-Software speziell für Agenturen und größere Unternehmen. Eine der modernsten Technologien in Europa und bei über 2000 Unternehmen und Agenturen im Einsatz. Premium-E-Mail-Marketing wird jetzt ergänzt mit leistungsstarken Automatisierungs-, Scoring- und Reporting-Techniken, um hochwertigere Leads generieren, qualifizieren und auswerten zu können. TÜV-zertifizierte Datensicherheit und Softwarequalität – made in Germany!

Einfach	Effizient	Erfolgsorientiert
• Benutzerfreundlich – mit einzigartiger User Experience	• Effektiv – durch optimierte E-Mail-Marketing-Prozesse	• Flexibel – durch standardisierte Webservices
• Intuitiv – durch neueste Interfacetechnologien	• Produktiv – nutzbar ohne Programmierkenntnisse	• Zertifiziert – im Bereich Datensicherheit und Softwarequalität
• Universell – durch neueste CMS-Funktionalität	• Zielgenau – durch viele Individualisierungstechniken	• Kontrolliert – aussagekräftige Statistiken

Die wichtigsten Funktionen im Überblick:

• Ganzheitliches Kampagnen-Management	• Bildpersonalisierung
• Einfache Gestaltungsmöglichkeiten	• Integration von sozialen Netzwerken
• Crossmediale Verteilung	• Artikel-Autosortierung
• Leistungsstarker Versand	• Live-Tracking und Statistiken
• Aussagekräftige Feedbackanalyse	• Multivarianter Kampagnentest
• Leistungsfähiger Webformular-Konfigurator	• Branchenvergleich in Echtzeit
• Dynamisches Anfragemanagement	• Offene Architektur
• Verschiedene Newsletter-Varianten aus einer Quelle	• Kampagnen-Designer
• Dynamisch generierte Landing Pages	• Multivariantes Lead-Scoring
• Vollautomatisierte Bildaufbereitung	• Smart-Profiling und Tagging
• Personalisierung per Mausklick	• Drag&Drop Webformularkonfigurator
• Umfassender Qualitätscheck	• Mobile Live Views
• Mobile- und Desktop-Vorschau	• Enterprise Interactive Dashboard
• Aufmerksamkeitsanalyse mit Eye-Tracking	• Mobile Lead App
	• Multi Customer Management

Detaillierte Information zu diesen Funktionen finden Sie auf unserer Homepage:
http://www.sc-networks.com

Sicherheit und Performance

EVALANCHE ist sieben Tage pro Woche 24 Stunden erreichbar. Basis ist eine Hochleistungs-IT-Infrastruktur – Ihr sicheres Fundament für performantes Arbeiten mit höchstem Schutz Ihrer Daten gegen Zerstörung und Diebstahl.

Sicher und verfügbar

❑ Ausfallsicherer Verbund von Hochleistungsservern
❑ Automatische, zeitgesteuerte Datenbanksicherungen
❑ Verschlüsselte Kommunikation per SSL
❑ Blacklist- und Robinsonlisten-Abgleich

Schutz im Rechenzentrum

❑ Höchster Sicherheitsstandard für Rechenzentren
❑ Neueste Technologien zur Brandvermeidung
❑ Kameraüberwachung, Zugangs- und Zugriffskontrolle
❑ Redundante, unterbrechungsfreie Stromversorgung
❑ Redundante Internetanbindung

Zertifizierung und Whitelist

❑ TÜV-zertifizierte Software
❑ CSA-zertifiziert & in Whitelist
❑ SAP+Salesforce-zertifizierte Schnittstelle
❑ DDV-Mitgliedschaft
❑ Ehrenkodex für rechtskonformes Permission-Marketing
❑ Kooperation mit Serviceprovidern (ISPs)
❑ Blacklist-Monitoring

Fragen zum Einsatz von EVALANCHE für das Leadmanagement

Welche Lösung bieten Sie für Leadmanagement / Marketing-Automation an?
EVALANCHE V5 ist eine Premium-E-Mail-Marketing-Automation-Software inkl. Lead-Nurturing, Lead-Scoring und Lead-Routing. Für ein besseres Leadmanagement. Made in Germany.

Welche Kunden, Kunden-Anforderungen, Branchen usw. sind für Ihre Lösung besonders gut geeignet? B2B / B2C
EVALANCHE eignet sich hervorragend für international tätige B2B/B2C-Unternehmen und Agenturen und wird international von mehr als 2000 Unternehmen eingesetzt. Dazu zählen namhafte Firmen wie Red Bull, Jochen Schweizer, Philipp Plein, Rhätische Bahn, SWR, Chiemsee, Gabor, Sennheiser, AOK Rheinland/Hamburg, ÖKO-TEST, Nitro Snowboards, KUKA Roboter, Michael Page, Deutsche Messe, Hansgrohe, Hansa, WACKER, Harman, KYOCERA Document Solutions, seca, NEC, Phoenix Contact, WAGO, Balluff, Wienerberger, Palfinger, Kapsch, UNIQA Versicherungen, weit über 300 Hotels und mehrere sehr bekannte Tourismusregionen, über 250 Top-Agenturen wie Deutsche Messe Interactive, DCI AG, wdv, interactive tools, GFB & Partner, pixelart, Namics, Nemuk, nextage u.v.m.

Wer ist Ihr Wunschkunde? Wer ist Ihre Buyer-Persona?
Unsere Wunschkunden sind Marketers aus international tätigen Unternehmen und Agenturen, die mit einem Tool wie EVALANCHE selbstständig arbeiten wollen. Daher sind für unsere Buyer-Personas folgende Aspekte sehr wichtig: Easy-to-use, Datenschutz und Datensicherheit, schnelle Erlernbarkeit und kompetenter Professional Service. Ebenso spielt die gegebene Investitionssicherheit in Form von Mandantenfähigkeit, Mehrsprachenunterstützung der Templates sowie eine gute Integrierbarkeit in die bestehende Infrastruktur eine große Rolle bei der Entscheidung zugunsten EVALANCHE.

Haben Sie mit Ihrer Lösung einen Themen- oder Funktionsschwerpunkt?
EVALANCHE V5 kombiniert moderne User Experience mit einer Vielzahl von effektiven Marketing-Automation-Funktionalitäten für ein besseres Leadmanagement. Premium-E-Mail-Marketing wird jetzt ergänzt mit leistungsstarken Automatisierungs-, Scoring- und Reporting-Techniken, um hochwertigere Leads generieren, qualifizieren, validieren und auswerten zu können.

Welche Leistungen bieten Sie neben Ihrer Lösung an?
Im Rahmen unseres Professional Services bieten wir sämtliche Leistungen an, die für den Start und für einen reibungslosen laufenden Betrieb erforderlich sind. Gemeinsam stellen wir mit einer Vielzahl von Partnern verschiedene Leistungspakete bereit für die Leadgenerierung, Content-Marketing als auch umfangreiche Angebote im Rahmen innovativer Marketing-Automation-Taktiken.

Wo waren bei Ihren Kunden bisher die größten Herausforderungen bei der Implementierung von Leadmanagement?
Zu den üblichen Detail-Herausforderungen zählen beispielsweise das Erstellen und Aufbereiten von Content für die Lead-Nurturing-Strecke, die Modellierung der Marketing-Automation-Prozesse oder die Feinjustierung des Lead-Scorings. Das gemeinsame Verständnis von Marketing und Vertrieb, wann ein Lead «Sales-qualifiziert» ist, sorgt immer wieder für unerwartete Überraschungen.

Was sollten Kunden tun, bevor sie sich mit der Auswahl eines Leadmanagement-Systems beschäftigen?

Wir haben einen 10-Punkte-Plan entwickelt, der als Bestandteil eines umfangreichen Whitepapers «Vom eMail Marketing zum Lead Management» eine sehr gute Basisliteratur und einen Leitfaden für ein erfolgreiches Leadmanagement darstellt. Wo Sie das kostenfreie Whitepaper beziehen können, erfahren Sie ganz unten im letzten Absatz.

Welche Schnittstellen zu anderen System bieten Sie an?

EVALANCHE ist offen für die Vernetzung mit Partnersystemen gestaltet. Über konfigurierbare Konnektoren und gesicherte Webservices wie XML / RPC oder SOAP – mit bidirektionaler Synchronisation kann EVALANCHE problemlos Daten mit einer Vielzahl von Anwendungen aktiv austauschen. Neben SAP CRM, salesforce, update.seven, Microsoft Dynamics, Sugar CRM, Magento, Sage, Oxid, contentserv und anderen gibt es mit der EVALANCHE Integration Suite powered by taskcentre eine sehr leistungsfähige Alternative zu unseren Konnektoren. Diese ermöglicht Ihnen, per Drag&Drop komplexe Synchronisationsszenarien zwischen CRM, ERP, CMS, eCommerce und anderen 3rd-Party-Systemen einfach, intuitiv und in kürzester Zeit aufzubauen. Ob Sie nun eine Anbindung an SAP, Microsoft Dynamics, Salesforce, CAS, saleslogix oder sage CRM selbst erstellen möchten, die Flexibilität der Lösung lässt keine Wünsche offen.

Wo sehen Sie die Zukunft des Leadmanagements? Wohin geht der Trend? Was wird sich in den nächsten Jahren im Bereich Leadmanagement ändern?

Leadmanagement und Marketing Automation werden sich im Mittelstand vollends etablieren. Ändern wird sich der Aufgabenbereich des Marketing Managers. Dieser muss zusätzlich in der Lage sein, sämtliche Vertriebsprozesse verstehen zu können.

Aus Ihrer Erfahrung: Wie lange dauert es, bis sich die Ausgaben für ein Leadmanagement-Projekt mit Ihrem System amortisieren?

Je nach Beschaffenheit und Komplexität des Projektes, der Größe des Adressbestandes und der Art des Abschlusses (Abonnent, Tester, Kunde usw.) kann sich ein Projekt bereits nach 3 bis 6 Monaten amortisieren. Schnelldrehende Konsumgüter performen naturgemäß besser als erklärungsbedürftige Dienstleistungen im B2B-Bereich. Da kann die Amortisierung schon auch 12 Monate und länger dauern.

Ihre Top-5-Tipps für Unternehmen, die ein Leadmanagement-System implementieren möchten:

Was sollten Unternehmen unbedingt tun?

Unternehmen aus der EU sollten auf jeden Fall den Datenschutz ernst nehmen und darauf achten, dass die Daten ausschließlich in einem deutschen oder europäischen Rechenzentrum gehostet werden. Viele Anbieter haben zwar aus diesem Grund deutsche Tochterfirmen gegründet, die sich jedoch oft den Datenbestand mit dem Mutterkonzern aus der Nicht-EU teilen oder Zugriff darauf haben. Das ist nach Deutschem Recht aktuell nicht datenschutzkonform und sollte daher entsprechend kritisch betrachtet werden. Weitere spannende Tipps finden Sie in unserem Whitepaper «Vom eMail Marketing zum Lead Management».

Was sollten Unternehmen unbedingt vermeiden?

Unternehmen sollten es vermeiden, zu viel auf einmal zu wollen. Wer noch kein regelmäßiges und prosperierendes E-Mail-Marketing betreibt, sollte erst dieses Thema auf solide Beine stellen, bevor er über Leadmanagement nachdenkt.

Was sollten Kunden, die sich über Leadmanagement informieren möchten, (außer diesem Buch ☺) auf jeden Fall lesen?

Empfehlen können wir das Buch «Kunden machen, was sie wollen» von Herrn Reinhard Janning und den dazugehörigen Blog blog.demandgen.de. Dann das Buch von Norbert Schuster: «Die Inbound-Marketing-Methode» mit der Wasserloch-Strategie®, den Leitfaden von Dr. Schwarz über Marketing Automation, das Portal marconomy.de und unser Whitepaper http://sc-networks.com/de/whitepaper-vom-email-marketing-zum-lead-management

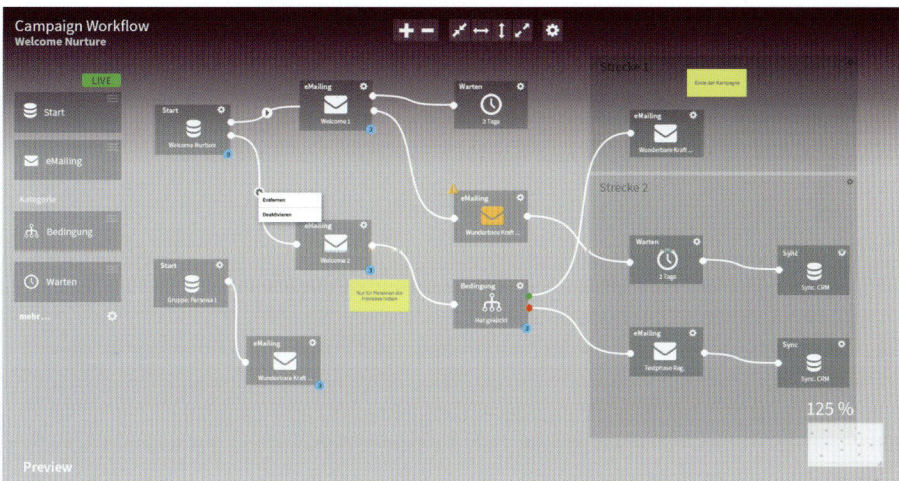

Leadmanagement-Szenario/UseCase

Ursprünglich haben wir EVALANCHE als leistungsstarke E-Mail-Marketing-Lösung entwickelt. Da wir festgestellt haben, dass sich viele Marketingverantwortliche in mittelständischen Unternehmen heute neuen Herausforderungen gegenüber sehen, die wir elegant lösen können, haben wir EVALANCHE um innovative Leadmanagement-Funktionalitäten erweitert. Wir nennen das «Next Level eMail Marketing – Vom eMail Marketing zum Lead Management» und beschreiben das im Detail in unserem gleichnamigen Whitepaper:
http://sc-networks.com/de/whitepaper-vom-email-marketing-zum-lead-management

Diese Funktionen und Lösungsansätze stellen wir Ihnen hier in diesem Szenario vor.

Folgende Fragen und Herausforderungen sehen wir heute immer mehr in den Marketing-Abteilungen:

- ❑ Wie unterstützen wir unseren Vertrieb mit «Sales-ready»-Leads?
- ❑ Klassisches Outbound-Marketing funktioniert immer weniger. Wie werden wir von unseren Wunschkunden gefunden?

❑ Wie konvertieren wir anonyme Webseitenbesucher zu «bekannten» Leads?

❑ Wie entwickeln wir Interessenten bis zur «Vertriebsreife» bzw. bis zum Abschluss?

❑ Wie können wir im Marketing messbar zum Unternehmenserfolg beitragen?

❑ Wie kombinieren wir unsere «klassischen» Marketing-Aktivitäten – wie z. B. Messen – mit Inbound-Marketing-Ansätzen?

❑ Wie definieren wir unsere Wunschkunden und sprechen sie zum richtigen Zeitpunkt mit relevanten Inhalten an?

❑ Wie bewerten wir Leads und ihre Aktivitäten?

❑ Und wie realisieren wir das medien- und kanalübergreifend?

In diesem Szenario gehen wir von einem mittelständischen Unternehmen aus, das beispielsweise im Maschinen-/Anlagenbau-Bereich angesiedelt ist. Wie kann die Marketingabteilung dieses Unternehmens diese Herausforderungen meistern?

Wie von Norbert Schuster hier in diesem Buch schon ausführlich beschrieben, nimmt die Profilierung des «idealen Interessenten» – des Wunschkunden – eine entscheidende Rolle dabei ein. Unser mittelständisches Unternehmen startet seine Leadmanagement-Aktivitäten also mit der Definition ihrer Buyer-Persona. Marketing, Vertrieb und die Service-Abteilung sitzen zusammen und definieren u. a.:

❑ Das Profil des Wunschkunden

❑ Die Schmerzpunkte der Buyer-Persona

❑ Die Begriffe bzw. Kombinationen von Begriffen, mit denen der Wunschkunde nach Lösungen unseres Unternehmens sucht

❑ Themen, die die Buyer-Persona interessieren, und einen Redaktionsplan für den Regelnewsletter, die Webseite bzw. den Blog des Unternehmens und den mehrstufigen Prozess für die Entwicklung der Interessenten (Lead-Nurturing)

❑ Die Touchpoints – also wo bewegt sich die Buyer-Persona und auf welchen Kanälen kann man sie erreichen?

❑ Die Customer-Journey der Buyer-Persona und die Frage, in welchem Stadium des Kaufprozesses, welche Inhalte und Darreichungsformen (Checkliste, eBook, Webinar, Video usw.) sinnvoll sind.

Da die Buyer-Persona unseres Unternehmens sehr «Messe-affin» ist, baut unser Mittelständler als Erstes eine mehrstufige Messe-Kampagne rund um die wichtigste Branchen-Messe auf. Ziele dieser Kampagne sind:

❑ Mehr Messebesucher aus Bestandsadressen und neuen Kontakten generieren.

❑ Die Profile der Messebesucher «schärfen» und mehr über sie erfahren.

❑ Die Kontakte aus der Offline-Aktivität Messe online und automatisiert weiter bearbeiten und sie bis zum Stadium «Sales-ready» bzw. MQL (Marketing qualified Lead) entwickeln.

❑ Da das Unternehmen zwei Lösungsansätze für die Buyer-Persona anbietet, soll durch die Kampagne herausgefunden werden, für welchen Lösungsansatz die Interessenten prädestiniert sind.

❑ Die Interessenten für die zwei unterschiedlichen Lösungsansätze unterschiedlich bewerten (multivariantes Lead-Scoring) und sie entsprechend an den passenden Vertriebsbereich weiterleiten (Lead-Routing).

Die definierten Schmerzpunkte und Themen der Buyer-Persona werden mit den Themen der Messe abgeglichen und ein passender Kampagnenplan entworfen. Mit dem neuen EVALANCHE-Kampagnen-Designer werden der Ablauf, die Inhalte und die Stufen der Kampagne definiert.

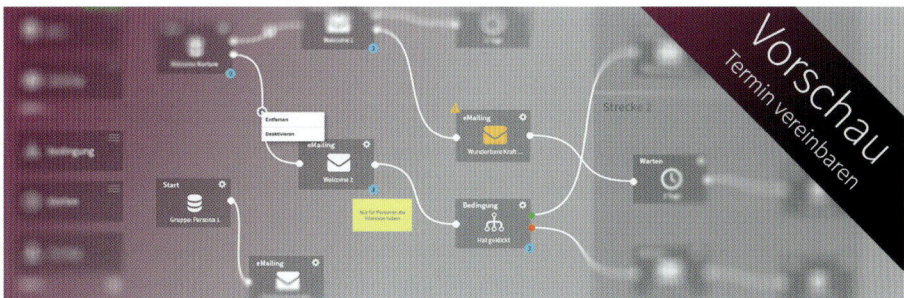

Die Aktivitäten für neue Kontakte machen bisher unbekannte Kontakte auf den Messeauftritt des Unternehmens und die Lösungsansätze aufmerksam. Dazu wird ein «Buyer-Persona-relevanter» Leitfaden erstellt und an unterschiedlichen Touchpoints aufgespielt:

❑ Webseite / Blog des Unternehmens
❑ Social-Media-Kanäle
❑ Fachportale
❑ Presse / Online-PR
❑ Stand-alone-eMailings
usw.

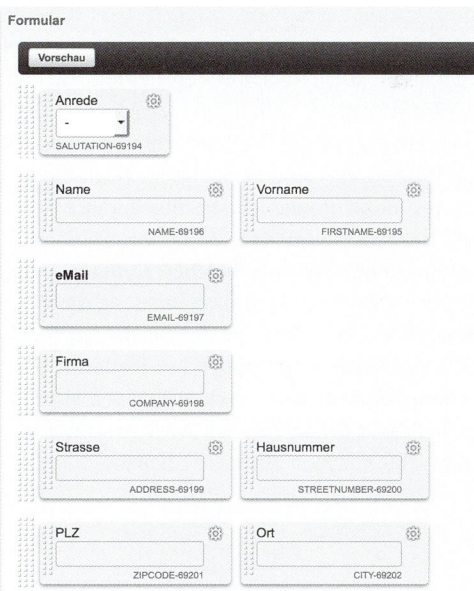

Auf einer mit EVALANCHE erstellten Landing Page können die Interessenten diesen Leitfaden herunterladen, tragen dazu ihre Daten ein und erteilen die Erlaubnis für den Versand (Opt-in). In der zweiten Stufe dieser Neukontakt-Kampagne erhalten sie eine Einladung zur Messe. Um auch die Bestandskunden des Unternehmens für das Up- bzw. Cross-Selling zu erreichen, werden die entsprechenden Kontakte selektiert und erhalten ebenfalls eine Einladung zur Messe.

Beide Adressbestände – die Bestandsadressen und die neuen Kontakte – erhalten mit der Einladung zur Messe das Angebot, dort eine Live-Präsentation der Lösungsansätze zu sehen und sich auf dem Stand ein hochwertiges eBook mit wertvollen Informationen zum Themengebiet der Buyer-Persona zu sichern. Interessenten, die sich daraufhin anmelden, erhalten eine Bestätigungs-E-Mail mit QR-Code, die sie bei ihrem Besuch auf dem Messestand mitbringen.

Um die Kontakte auf der Messe effizient zu erfassen, nutzt das Unternehmen die neue EVALANCHE Lead-App.

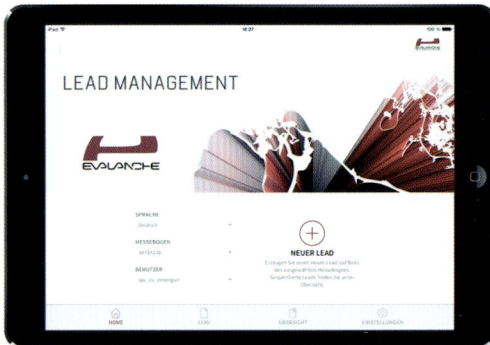

Über eine webbasierende Anwendung wird die Messe-App konfiguriert und die verfügbaren Datenfelder mit den Feldern für die Erfassung weiterer Daten auf der Messe ergänzt. Konkret sollen auf der Messe Fragen nach den Interessen der Leads gestellt werden, die auf die Rolle des Interessenten, für ihn relevante Themen und sein Stadium im Kaufprozess schließen lassen. Nach dieser Konfiguration wird die App aus dem App-Store auf die mobilen Erfassungsgeräte (Tablets) geladen und ist somit für die Erfassung der Besucher auf der Messe bereit.

Erscheinen die eingeladenen Kontakte auf dem Messestand und checken mit dem QR-Code oder einem Scan ihrer Visitenkarte ein, erkennt die EVALANCHE Lead-App die Besucher und ergänzt ihr Profil um das Merkmal «Messestand besucht». Im Gespräch werden vorbereitete Fragen zur Rolle im Entscheidungsprozess (Management, Fachabteilung, Einkauf usw.), zu Interessen, relevanten Themenbereichen, Einsatzszenarien usw. gestellt und der Interessent wird so weiter qualifiziert. Diese neuen Erkenntnisse helfen dem Unternehmen auf zwei Ebenen:

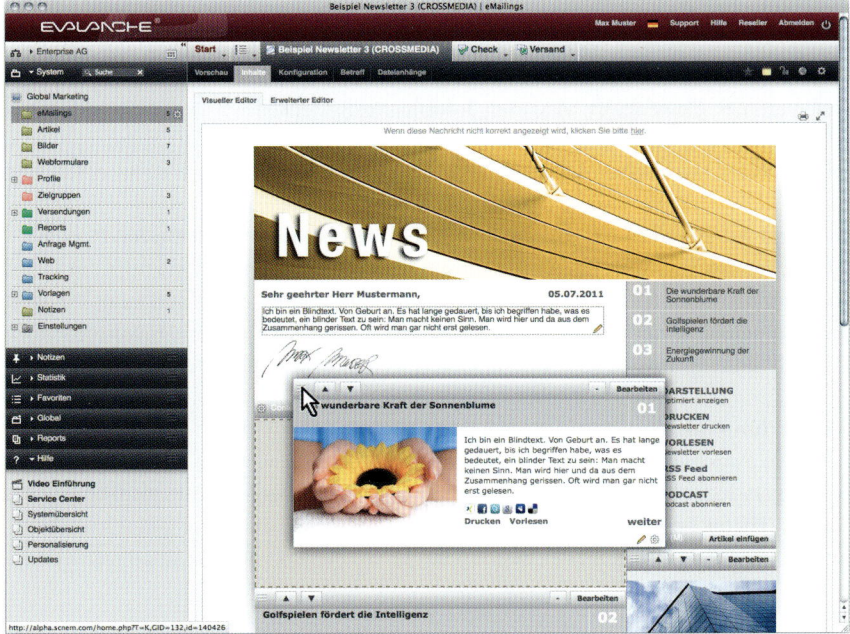

Regelkommunikation Newsletter

Entsprechend der auf der Messe erfassten Daten wird der Interessent passenden Zielgruppen in EVALANCHE zugeordnet. Durch die Profilergänzungen und der Relevanz-Funktion von EVALANCHE werden ihm z.B. relevante Artikel im Newsletter weiter oben angeboten.

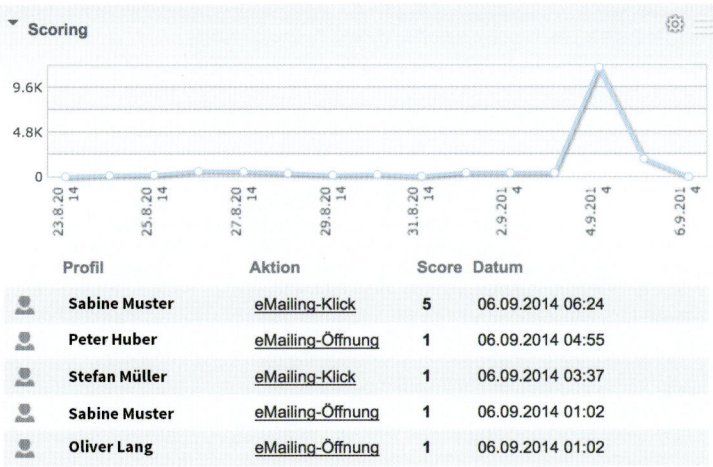

Interessentenentwicklung mit Lead-Nurturing

Die erfassten Informationen sind auch Auslöser für gezielte Nurturing-Kampagnen. Vor der Messe hat das Unternehmen diese Kampagnen für die verschiedenen Interessensschwerpunkte bzw. Buyer-Personas definiert und entsprechende Inhalte und Mehrwerte vorbereitet. Schon während der Messe startet die nächste Kampagnenstufe, die dem Interessenten die auf der Messe angeforderten Inhalte sendet. In der Regel werden diese Inhalte per E-Mail versendet und auf einer Landing Page zum Download angeboten. Sollen diese Inhalte in verschiedenen Ländern und Sprachversionen oder gar als gedruckter Katalog per Postversand versendet werden, bietet EVALANCHE Schnittstellen zu entsprechenden Content- bzw. Marketing-Information-Systemen (z.B. ContentServ Marketing Information System MIM) an, die diesen Prozess unterstützen. Mit den Lead-Nurturing-Kampagnen wird der Interessent mit für ihn relevanten Content-Angeboten bis zur «Vertriebsreife» und der Übergabe an den Vertrieb weiter entwickelt.

Website- und Ad-Personalisierung mit Realtime Decisioning nach Buyer-Persona

Besucht der Interessent nach der Messe die Webseite des Unternehmens oder ein Branchenportal, erkennt ihn EVALANCHE als «bekannten» Interessenten und kann ihm dort entsprechend seinem Profil und Stadium im Kaufprozess entsprechende Inhalte anbieten und so den Nurturing-Prozess des Interessenten weiter entwickeln.

Lead-Bewertung mit multivariantem Lead-Scoring

Bis zu diesem Punkt konnte unser Unternehmen schon einige wichtige Kenntnisse auf der Messe erlangen. Jeder Messebesucher hat mit seinem Besuch des Messestands Interesse am angebotenen Thema bekundet, und mit den Daten auf seiner Visitenkarte und seinen Angaben im Gespräch kann ein explizites Scoring des Interessenten vorgenommen werden.

Explizites Lead-Scoring

Über das explizite Scoring des Unternehmens (Branche, Firmengröße, Land usw.) und der Person (Position, Rolle im Entscheidungsprozess usw.) kann der Interessent z.B. auf einer Skala von A (Branche und Position des Interessenten sind ideal) bis D (Daten der Person sind nicht bekannt oder nicht ideal) eingestuft werden. Das explizite Scoring eines Interessenten stellt aber nur eine Facette der Lead-Bewertung dar.

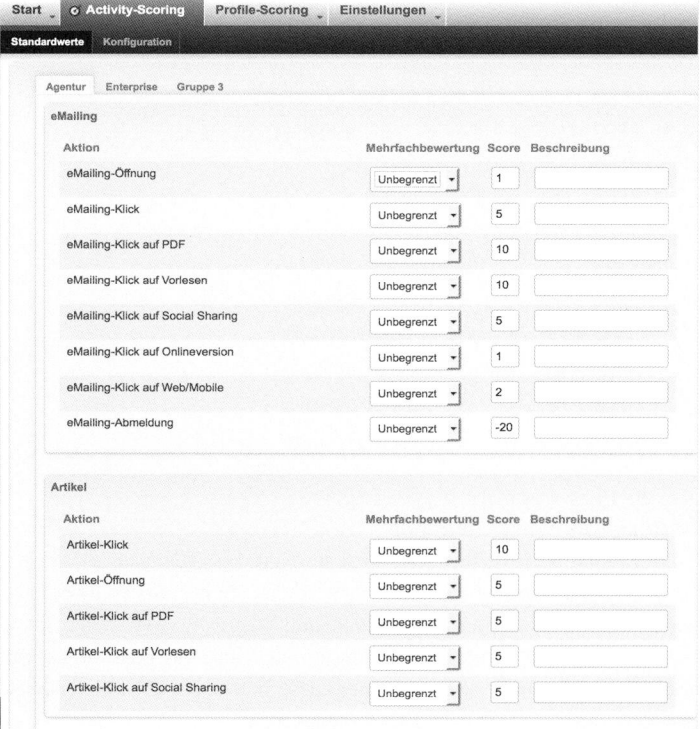

Implizites Lead-Scoring

Neben den Profildaten ist das Verhalten des Interessenten wichtig, um ihn zu qualifizieren und sein Stadium im Kaufprozess zu bestimmen. Diese Facette deckt das implizite Scoring von EVALANCHE ab. Jedem Inhalt (Artikel, Whitepaper, Webinar, Webseitenbesuch usw.) wird dazu in EVALANCHE ein Punktwert zugewiesen. Mit jeder Aktivität des Interessenten sammelt er so Aktivitätspunkte und qualifiziert sich somit quasi selbst.

Über das Multivarianten-Scoring von EVALANCHE kann die Einstufung (explizit/implizit) des Leads sogar für verschiedene Lösungsangebote unseres Unternehmens parallel mit unterschiedlichen Skalen erfolgen. Gibt es in einem Land z.B. gesetzliche Auflagen, die den Kauf eines bestimmten Produktes fördern, kann das Multivarianten-Scoring diesen Sachverhalt abbilden.

Erreicht der Interessent den eingestellten Schwellwert (z.B. explizites Scoring: A und implizites Scoring >100), wird der Interessent automatisch über die CRM-Schnittstelle von EVALANCHE an das CRM (z. B. SAP CRM, Microsoft Dynamics, Sugar CRM, saleforce usw.) und somit zur Bearbeitung an den Vertrieb übergeben (Lead-Routing).

Mit dem Enterprise Interactive Dashboard von EVALANCHE profitiert das beschriebene Unternehmen von Echtzeit-Analysen bis auf Profilebene und kann so assoziativ Werte miteinander verbinden, um beispielsweise Trends erkennen zu können. Es misst nicht nur Kampagnenergebnisse, sondern z.B. auch Öffnungsraten, Downloadraten von Whitepapern und den Erfolg der darauf folgenden Lead-Nurturing-Stufen entlang der Customer-Journey.

So kann das Unternehmen seine Aktivitäten einfach bewerten, sie schnell optimieren und den Wertbeitrag des Marketings direkt messbar machen.

EVALANCHE V5 – Jetzt kostenlos testen – www.evalanche.com

SC-Networks GmbH

SC-Networks ist der Hersteller der Premium-E-Mail-Marketing-Automation-Lösung EVALANCHE. Ein System mit einer Vielzahl von Leadmanagement-Funktionalitäten auf Basis von leistungsstarken Marketing-Automation-Methoden. Made in Germany.

EVALANCHE V5 – Einfach – Effizient – Erfolgsorientiert

EVALANCHE ist eine der modernsten, webbasierten E-Mail-Marketing-Automation-Lösungen auf dem europäischen Markt – mit offener Architektur für internationalen Einsatz und für höchste Produktivitätsanforderungen. Spezialisiert auf zielgruppenorientierte Marketing-Kampagnen, unterstützt Sie EVALANCHE wirkungsvoll bei der Akquisition neuer Kunden sowie beim interaktiven und crossmedialen Dialog mit bestehenden Kunden. EVALANCHE bedeutet: geringe Startinvestitionen bei stets aktueller Technologie auf höchstem Niveau. Alles, was Sie benötigen, ist ein Internetanschluss und ein handelsüblicher Browser.

SC-Networks GmbH
Enzianstr. 2
82319 Starnberg
T +49.8151.555 16-0
F +49.8151.555 16-29
info@sc-networks.com

Oracle – Marketing-Automation «Oracle Eloqua»

Produkt: Oracle Eloqua Marketing Cloud Service
Hersteller: Oracle

Webseite: www.eloqua.de
Produkt-Video: www.eloqua.com/products.html
Kostenlose Testversion: nein

Produktbeschreibung:

Oracle Eloqua Marketing Cloud Service

Oracle Eloqua Marketing Standard Cloud Service ist die flexibelste Marketing-Automationslösung, die es dem Marketing ermöglicht, Aktivitäten so effizient zu erhöhen und zu kanalisieren, dass stetig herausfordernde Umsatzziele, auch für mehrere Produktlinien, erfolgreich erfüllt werden können.

Mit aggressiven Umsatzzielen, mehreren Produktlinien und direktem oder indirektem Vertrieb, den es zu unterstützen gilt, können sich Marketingteams Anforderungen gegenübersehen, deren Erfüllung sehr arbeitsintensiv und anspruchsvoll sein kann.

Der Oracle Eloqua Marketing Standard Cloud Service macht es einfach, die Effizienz und Effektivität von Marketingteams zu steigern, während der Umsatz weiter vorangebracht wird. Mit essenziellen Funktionen zum Tagesgeschäft der Kampagnen zur Nachfragegenerierung ermöglicht Oracle Eloqua Marketing Standard Cloud Service zusätzlich die Automatisierung von sehr zielgerichteten, anspruchsvollen Cross-Sell-/Up-Sell- und Nurture-Kampagnen und ermöglicht so einen stetigen Fluss qualitativer Leads an den Vertrieb.

Nurturing von Leads, bis sie Kaufbereitschaft zeigen, war niemals einfacher. Das einfache Design von anspruchsvollen Multitouch-Multichannel-Kampagnen und Aktionsschritten, Entscheidungsregeln und Personalisierungselementen bietet potenziellen Käufern ein dynamisches Erlebnis, während sie sich durch den Kaufzyklus bewegen, ohne dass manuelle Eingriffe durch das Marketingteam nötig sind.

Weitergehend ermöglichen es die Funktionen des Oracle Eloqua Marketing Standard Cloud Service, dass für Veranstaltungen und Webinare Anmeldungen und Wartelisten verwaltet werden können. Das ist auch für Veranstaltungsserien oder Veranstaltungen mit mehreren Vortragsreihen möglich, ohne dass jeweils mehrere Einladungen, Registrierungsseiten und Formulare entworfen werden müssen.

Die hoch entwickelten Funktionen zum Lead Scoring und Routing stellen sicher, dass die richtigen Leads an den Vertrieb weitergegeben werden –, auch dann, wenn das «richtige Lead» sehr unterschiedlich zu einzelnen Produktlinien oder Territorien bewertet werden muss. Leads können auf Basis demografischer, verhaltensbezogener und sozialer Charakteristiken qualifiziert werden.

Die wichtigsten Funktionen im Überblick:

Kampagnenmanagement	Leadmanagement
• Marketing-Content-Datenbank • E-Mail-Marketing, Landing Pages und Formulare • Dynamischer Content • Lead-Nurturing, Drip Marketing, Multichannel-Kampagnen • Social Apps und Social Sign-On • Events und Webinar-Management • Dedizierte IP-Adresse(n) und Link-Branding	• Benachrichtigungen für den Vertrieb und automatisierte Reports per E-Mail • Echtzeit-Multi-Modell-Lead-Scoring und -Lead-Routing mit Oracle Eloqua Advanced Lead Scoring Service • Standard Single-Sign-On **Marketing-Effektivität** • Dashboards und Reports wie Kampagnen, Leads, Datenbankzustand, Website Analytics, Social und Closed-Loop Reporting
Kontaktmanagement	**Integration**
• Kontakt-/Lead-Datenbank • Segmentierung nach Kontakten, Unternehmen, Opportunities, Kaufhistorie und Aktivitäten • Segmentierung auf Basis externer Datenquellen und Custom Data Objects • Weitreichende Werkzeuge zur Datenbankbereinigung, Entfernung von Doubletten und Normalisierung von Datensätzen	• Standard Datenimport/-export • Unlimitierte Anzahl Apps aus der Oracle Eloqua AppCloud • Snap-In Integration für Oracle Sales Cloud, Oracle CRM On Demand, salesforce.com und Microsoft Dynamics CRM • Maßgeschneiderte Integration von CRM und Drittanbieter-Anwendungen • Zugriff auf Oracle Eloqua Integration API Cloud Service

Detaillierte Information zu diesen Funktionen finden Sie hier:
www.oracle.com/marketingcloud

Auf die Anforderungen des Geschäfts zugeschnitten

Der Oracle Eloqua Marketing Standard Cloud Service bietet die Flexibilität, die benötigt wird, um Anforderungen an Datenmanagement, Lead-Routing, Zugriffsrechte und Integrationen des jeweiligen Unternehmens gerecht zu werden.

Durch die Verwendung der integrierten fortschrittlichen Werkzeuge zur Datenbereinigung und -validierung und die Möglichkeit, Applikationen von Drittanbietern einfach zu integrieren, können Daten angereichert, standardisiert und normalisiert werden, um sicherzustellen, dass die Genauigkeit der Segmentierung und Personalisierung die Ergebnisse des Lead-Scorings drastisch verbessern.

Daten aus anderen Unternehmensanwendungen oder einem Datawarehouse können mithilfe der Datenimport/-export-Funktionen eingebracht werden und zur Personalisierung von E-Mails, Landing Pages und zur Anreicherung von Käuferprofilen herangezogen werden, um so Targeting und Segmentierung erheblich zu verbessern.

Die Anwendung komplexer Regeln und Lead-Scores ermöglicht die Erfassung und die Weiterleitung von Leads an den Vertrieb. Ob nun ein Direktvertrieb, ein Key-Account-Modell oder eine Partnerorganisation in den Vertriebsprozess eingebunden ist: Die ausgefeilten Routingmöglichkeiten erlauben es, Leads akkurat und zeitgerecht dem jeweils zuständigem Vertriebsmitarbeiter zuzuteilen.

Eine flexible, native CRM-Integration, die über die standardisierte Lead- und Aktivitätenerfassung hinausgeht, in Kombination mit einem vollen Zugriff auf das API machen Oracle Eloqua Marketing Standard Cloud Service zu einer offenen Plattform, die einfach in eine Gesamtorganisation integriert werden kann.

Maßgeschneiderte Zugriffsrechte auf Assets und Kontakte ermöglichen die Steuerung nach Rollen, Gruppen und Abteilungen innerhalb eines Unternehmens und gewährleisten dementsprechende Sicherheit im Zugriff auf Kontaktdaten, Assets und Ausführungsmöglichkeiten.

Fragen zum Einsatz von Oracle Eloqua für Leadmanagement / Marketing-Automation

Welche Lösung bieten Sie für Leadmanagement / Marketing-Automation an?
Voll integrierbare Marketing-Automationslösung mit Lead-Scoring- und Lead-Routing-Funktionalitäten.

Welche Kunden, Kunden-Anforderungen, Branchen usw. sind für Ihre Lösung besonders gut geeignet? B2B / B2C
Besonders gut geeignet sind all diejenigen Branchen, deren Produktangebote einen überlegten Kauf nach sich ziehen. Das heißt, all die Produkte, die nicht spontan gekauft werden, sondern einen längeren Entscheidungsprozess umfassen, von der Informationssammlung, den Vergleich bis hin zur eigentlichen Entscheidung. Das trifft in der Regel auf B2B zu, aber auch auf Bereiche im B2C.

Wer ist Ihr Wunschkunde? Wer ist Ihre Buyer-Persona?
Unsere Buyer-Personas sind Marketingentscheider, die Vertriebsleitung und die Geschäftsleitung.

Haben Sie mit Ihrer Lösung einen Themen- oder Funktionsschwerpunkt?
Die Themen- und Funktionsschwerpunkte liegen in der Automatisierung von Kampagnen und im Leadmanagement hinsichtlich Scoring und Routing.

Welche Leistungen bieten Sie neben Ihrer Lösung an?
Best-Practice-Programme und Templates, Erfolgscoaching, Zugang zur Topliners Online Marketing Community, Standard Support, On-Demand-Produktschulung, Oracle University.

Wo waren bei Ihren Kunden bisher die größten Herausforderungen bei der Implementierung von Leadmanagement?
Die größte Herausforderung unserer Kunden bei der Implementierung von Leadmanagement lag bisher im Zustand der bestehenden Datensätze hinsichtlich der Vollständigkeit der Datensätze und der Datenqualität.

Was sollten Kunden tun, bevor sie sich mit der Auswahl eines Leadmanagement-Systems beschäftigen?
Kunden sollten sich in jedem Fall vor der Auswahl eines Leadmanagement-Systems mit dem Zustnd ihrer Datenbank auseinandersetzen. Ein Leadmanagement-System kann nur so gut funktionieren, wie es der Zustand der Datenbank erlaubt.

Welche Schnittstellen zu anderen System bieten Sie an?
Snap-In-Integration von Oracle Sales Cloud, Oracle CRM On Demand, salesforce.om und Microsoft Dynamics CRM. Alle weiteren Systeme können über die API Integration angebunden werden.

Wo sehen Sie die Zukunft des Leadmanagements? Wohin geht der Trend? Was wird sich in den nächsten Jahren im Bereich Leadmanagement ändern?
Das Leadmanagement wird auch in der Zukunft weiterhin an Bedeutung gewinnen. Zum einen erfordern die Entwicklungen in der Kommunikationstechnologie und das Nutzer-

verhalten immer mehr mit zielgerichteten, personalisierten Botschaften zum richtigen Zeitpunkt im richtigen Format zu senden, zum anderen wird es für Unternehmen immer wichtiger, um genau die vorgenannten Anforderungen der Interessenten zu erfüllen, sich sehr genau darüber im Klaren zu sein, wie der ideale Kunde für das jeweilige Unternehmen aussieht, diesen zu identifizieren und mit einer für den Kunden zufriedenstellenden Nutzererfahrung durch den Kaufprozess zu begleiten. Das kann durch ein erfolgreiches Leadmanagement und Lead-Nurturing erreicht werden.

Aus Ihrer Erfahrung: Wie lange dauert es, bis sich die Ausgaben für ein Leadmanagement-Projekt mit Ihrem System amortisieren?
Das hängt vom Ausgangspunkt des Kunden ab. Erfahrungen unserer Kunden zeigen jedoch, dass eine Amortisation durchschnittlich innerhalb von ca. 18 Monaten erfolgt.

Ihre Top-5-Tipps für Unternehmen, die ein Leadmanagement-System implementieren möchten:

Was sollten Unternehmen unbedingt tun?
Zunächst sollte sich das Unternehmen unbedingt über seine langfristige Strategie und die daraus resultierenden Anforderungen im Klaren sein. Marketing und Vertrieb sollten miteinander abstimmen, was die gemeinsamen Erwartungen und Anforderungen an das Leadmangement-System sind, denn dieses System ist ein Schlüsselpunkt in der Zusammenarbeit zwischen Marketing und Vertrieb und sollte den Anforderungen beider Bereiche gerecht werden. Weiterhin sollte der Zustand seiner Datenbanken genau analysiert und hinsichtlich der Kriterien, die in ein Lead-Scoring einbezogen werden sollen, überprüft werden. Sind die Daten, die für das Lead-Scoring relevant sind, überhaupt erfasst? Braucht das Unternehmen ein oder mehrere Modelle und wie sollen Leads vom Marketing an den Vertrieb übergeben werden? Hat das Unternehmen diese Fragen für sich beantwortet, fällt es leichter zu evaluieren, welche Systeme diesen Anforderungen überhaupt entsprechen. Weiterhin sollten Unternehmen offen dafür sein, sich hinsichtlich des Lead- und Kampagnenmanagements weiterzuentwickeln. Denn nur so lassen sich die vollen Möglichkeiten eines entsprechenden Systems ausschöpfen.

Was sollten Unternehmen unbedingt vermeiden?
Unternehmen sollten unbedingt vermeiden, ein Leadmanagement-System ohne Abstimmung zwischen Marketing und Vertrieb einzuführen. Es bedarf beider Seiten, um den erwarteten Erfolg zu erreichen. Weiterhin sollte vermieden werden, Daten ohne vorherige Prüfung auf Qualität und Vollständigkeit einfach in das Leadmanagement-System zu übergeben, um dann hinterher festzustellen, dass die Datensätze, die zur Bewertung der Leads im Lead-Scoring-Modell herangezogen werden sollen, gar nicht vorhanden sind. Ebenso sollte sich ein Unternehmen dessen bewusst sein, dass die Einführung eines Leadmanagement-Systems in der Regel auch Prozessänderungen nach sich zieht, und sollte es daher vermeiden, sich dagegen zu sperren. Ein weiterer wichtiger Punkt ist es, zunächst ein sehr einfaches System zu wählen, das den derzeitigen Anforderungen zwar gerecht wird, aber in seiner Skalierbarkeit nicht auf die langfristige Unternehmensstrategie ausgerichtet ist.

Was sollten Kunden, die sich über Leadmanagement informieren möchten, (außer diesem Buch ☺) auf jeden Fall lesen? → Call-to-action

Weiterführende Informationen zu den Themen Lead-Scoring und Lead-Nurturing finden Sie in den Grande Guides:

http://elq.to/Scoring_DE

http://elq.to/Nurturing_DE

Leadmanagement-Szenario / UseCase

Exact Marketing verstärkt globales Wachstum mit 35% mehr Sales qualifizierter Leads

Modernes Marketing bedeutet Multichannel und Multiscreen und ist gleichzeitig persönlicher. Das «Ein Newsletter für alle»-Modell hat ausgedient und das ist für Kunden die beste Nachricht. Marketing, genauso wie der Vertrieb, konzentrieren sich darauf, Kunden die bestmögliche Erfahrung mit dem Unternehmen und ihnen bereichernde Interaktionen im Eins-zu-eins-Dialog zu bieten.

Die Aktivitäten des Marketings bei Exact waren darauf fokussiert, in der Erwägungsphase Sales qualifizierte Leads (SQLs) mit einem eigenen Demand-Generation-Modell zu schaffen. «Wenn Sie aber in einer echten Konversation mit Ihren Kunden interagieren wollen, müssen Sie jeden ihrer Schritte auf dem Weg kennen lernen – nicht nur, wenn sie Kaufabsicht zeigen, sondern bereits im Stadium der Sensibilisierung», erklärt FRANK GELDOF, Senior Marketing Communications Professional bei Exact.

Herausforderungen

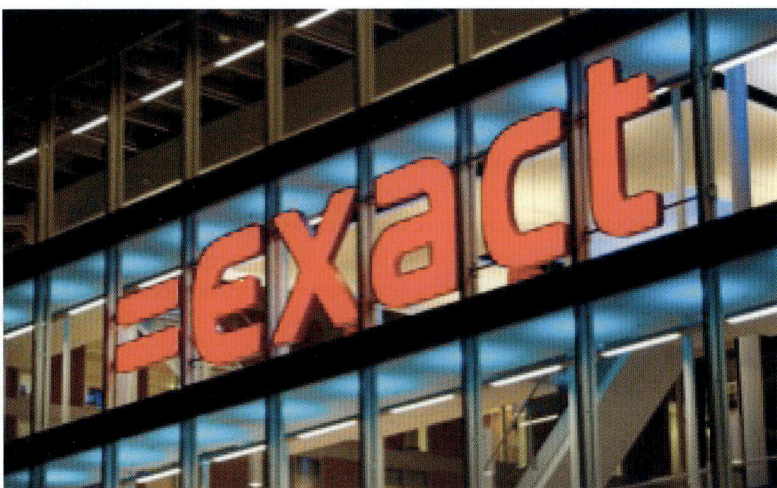

Seit 30 Jahren liefert Exact Unternehmenssoftware und Service an Unternehmen in allen wichtigen Branchen und ermöglicht ihnen so einen Echtzeit-Überblick über ihr gesamtes Geschäft. Exacts eigene unternehmerische Wurzeln und Denke sind das Herz der DNA des Unternehmens und sie verschreiben sich der Entwicklung von Lösungen, die den Handlungsweisen eines Unternehmers gerecht werden. «Wie wir sagen: ‚Wir sind ein Hands-on-

Haufen. Wir arbeiten hart und geben nicht auf, bis wir unsere Kunden lächeln sehen'. Also ist es wichtig, dass unsere Marketingaktivitäten mehr leisten als unsere Vision zu bestätigen, sondern diese auch verkörpern: Praktisch veranlagt und kreativ interagieren wir mit unseren Kunden persönlich und antizipieren deren Bedürfnisse mit den richtigen Botschaften», sagt FRANK. Das wurde eine immer größere Herausforderung, als das Unternehmen sein SaaS-Portfolio auf fünf neue Märkte (die USA, Belgien, Deutschland und Frankreich) mit einer atemberaubenden jährlichen Wachstumsrate von 50% ausdehnte.

Die Natur ihrer Zielgruppe – kleine und mittlere Unternehmen – erforderte einen hoch automatisierten Marketing-Ansatz, um das große Volumen des Leaddurchflusses handhaben und skalieren zu können. Auf der technischen Seite gestalteten sich das Management und die Abstimmung der großen Anzahl von Plattformen und Datenbanknutzern in zentralen und lokalen Teams intern immer schwieriger. «Wenn Sie Informationen an verschiedenen Orten speichern, wissen Sie am Ende nicht mehr, wo die richtigen Daten eigentlich sind», erläutert FRANK. In anderen Worten: So viele Plattformen zu managen, wirft zu viele Fragen auf und liefert zu wenige Antworten.

Dieser Mangel an Genauigkeit brachte Exact bald dazu, nach einem vereinten, nachhaltigen Ansatz zu suchen, in dem alle Informationen für Field Marketer schnell und einfach, zu jedem Zeitpunkt zur Verfügung stehen, gemeinsam mit dem guten Gefühl eine zentrale Datenbank zu haben, die immer auf dem aktuellen Stand ist. «Wir wollten die Struktur, die Ideen und einen 360°-Blick darauf, wie Kunden mit uns interagieren und zum Umsatz in jeder Zielgruppe beitragen», sagt FRANK. «Nach einer vorsichtigen Untersuchung fühlten wir, dass Oracle Marketing Cloud die einzige Lösung war, die sowohl unseren derzeitigen Bedürfnissen gerecht wurde als auch mit uns über die Zeit zu wachsen», unterstreicht FRANK.

Lösung
Exact führte die Oracle Marketing Cloud als zentrales Framework ein, um ihre Marketing-Playbooks zu strukturieren, zu liefern und zu überwachen. Marketing-Playbooks werden von Exact eingesetzt, um jeden Aspekt einer Kampagne zu planen und zu beschreiben: Ziele, Personas, Schlüsselbotschaften, Schmerzpunkte, Vorteile, Kunden-Kaufzyklus. «Oracle Marketing Cloud erlaubt es uns, die Einführung von Playbooks zentralisiert zu orchestrieren, wobei jedes einzelne von ihnen Hunderte Contentteile (Landing Pages, Blogeinträge, Whitepaper, Videoclips usw.) nutzt, um bestimmte Zielgruppen im jeweiligen Land und der jeweiligen Sprache abhängig von ihrer Stufe im Kaufzyklus anzusprechen», sagt FRANK.

Mit der Oracle Marketing Cloud begann das Team, die Performanz seiner Marketing-Playbooks nicht nur hinsichtlich der SQLs (Erwägungsphase), sondern auch hinsichtlich der MQLs (Marketing-qualifizierte Leads – Sensibilisierungsphase) zu messen. Oracle Marketing Cloud verbindet budgetiertes Umsatzwachstum mit allen Marketingaktivitäten, kalkuliert das Marketingbudget und die Anzahl der MQLs und SQLs, die in jedem Land generiert werden müssen. Das System ermöglicht dem Team die Überwachung der Ergebnisse je Zielgruppe und je Land mit Hilfe von KPIs wie:

- ❑ Sales Conversion % (vom SQL zum Abschluss)
- ❑ Durschnittlicher monatlicher Verkaufspreis
- ❑ Kosten je Lead
- ❑ Conversion % von Landing Page zu MQL und SQL
- ❑ Conversion % von MQL zu SQL

Die Oracle Marketing Cloud erlaubt es dem Team, digitale Profile von Datenbankkontakten aufzubauen: Wenn sie im MQL-Fluss angekommen sind, werden Leadscores angewendet, um bewertete SQLs zu gewinnen, die dem Vertrieb zur Nachverfolgung übergegeben werden. Nurturing-Programme helfen dann, qualifizierte Leads zum Abschluss zu bringen.

Ergebnisse

«KPIs ermöglichen es dem Team, den Forecasting-Prozess weiter zu optimieren, und führen zu einer optimalen Kommunikation und Zusammenarbeit zwischen Marketing und Vertrieb in allen Ländern. Nicht zu vergessen, wie einfach es geworden ist, Daten und Berichte mit dem Rest des Unternehmens zu vergleichen», sagt FRANK.

Nach nur 18 Monaten konnte Exact einen Anstieg von 35% in der Anzahl der Sales-qualifizierten Leads verzeichnen. «Die Tatsache, dass wir Einblicke darin haben, wer uns besucht, hilft uns, die richtigen Kunden mit den passenden Interaktionen gezielt anzusprechen, anzuziehen und zu binden», so FRANK. Im Ergebnis sind sowohl Abonnements als auch Conversion-Raten um 10 bis 15% gestiegen.

«Nicht nur die Marketingmitarbeiter ließen sich von der Oracle Marketing Cloud begeistern. Unser Vertriebsteam, unser Content Creation Team und Mitglieder unseres Ökosystems folgten bald. Das hat die Art, wie wir Marketing machen, verändert, aber auch die Art, wie Leute über Marketing denken. Wir lieben es, unsere Erkenntnisse mit anderen in der Oracle Marketing Cloud Topliners Community zu teilen. Wir haben sogar einen internen Wettbewerb, wer den höchsten Topliners Score erreicht», berichtet FRANK.

«Großartige Technologie beflügelt großartigen Kulturwandel: Das ist es, was mit der Oracle Marketing Cloud passiert ist. In den letzten 12 Monaten hat sich unser Marketingteam in eine wahre internationale Organisation gewandelt, mit der Kraft, Dinge zu verändern ... und es zu beweisen.»

Weitere interessante Beiträge und Beispiele unter
https://blogs.oracle.com/oraclemktgcloud-de/

Oracle B.V. & Co.KG
Oracle Marketing Cloud

Moderne Marketer wählen Oracle-Marketing-Cloud-Lösungen, um ideale Kunden zu entwickeln und Umsatz zu steigern. Integrierte Information aus verschiedenen Kanälen, Content und Social Marketing in Verbindung mit Datenmanagement und Dutzenden AppCloud-Applikationen ermöglicht es diesen Unternehmen, Interessenten gezielt anzusprechen, mit ihnen zu interagieren, sie zu konvertieren und zu analysieren. Mithilfe von Marketing-Technologie können sie so ein personalisiertes Kundenerlebnis bieten.

Oracle Deutschland B.V. & Co.KG
Riesstr. 25
80992 München
T +49 (0) 89 1430 2722
marketingcloud_emea_grp@oracle.com

Inbound-Marketing und Leadmanagement mit der HubSpot-Plattform

Produkt: HubSpot
Hersteller: HubSpot, Inc.

Webseite: http://www.factory42.com/hubspot-von-factory42
                              www.hubspot.de
Produkt-Video: http://offers.hubspot.com/demo-video
Kostenlose Testversion: http://offers.hubspot.de/free-trial

Produktbeschreibung:

HubSpot ist eine Inbound-Marketing-Software-Plattform. Die als SaaS-Lösung 100% cloudbasierte All-in-one-Marketing-Software ist flexibel skalierbar und Salesforce-kompatibel, so dass auch eventuell bestehende Vertriebsstrukturen und Datenbanken eingebunden und genutzt werden können.

Über die Plattform können sämtliche Online-Kanäle ausgesteuert und bespielt werden. Homepages, Blogs, Social-Media-Kanäle, E-Mails und Landing Pages sowie Leadmanagement, Marketing-Automation, Analytics, Integration etc. lassen sich von einer einzigen Plattform aus steuern.

Tools zur Lead-Gewinnung

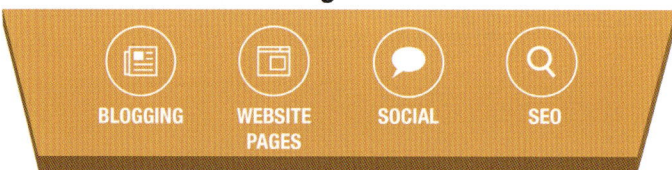

Tools zur Lead-Entwicklung

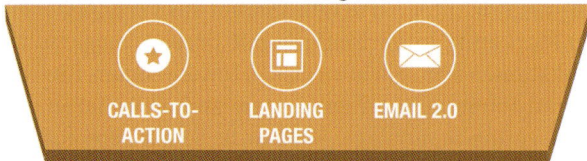

Tools zur Kunden-Gewinnung

Über die Bespielung der verschiedenen Kanäle mit relevanten Inhalten sowie die Auswahl der passenden Keywords hilft HubSpot unter anderem dabei, die Auffindbarkeit im Internet zu erhöhen, ermöglicht eine präzise Fokussierung auf die jeweiligen Zielgruppen bzw. Buyer-Personas und filtert so bereits im Suchstadium interessierte Besucher auf Homepage, Blogs oder Landing Pages.

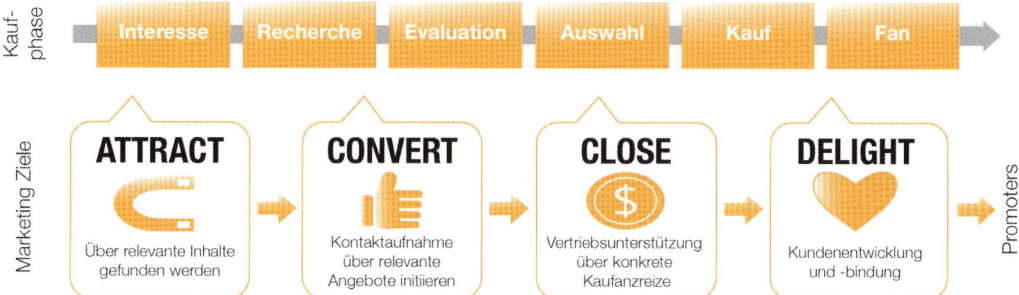

Betreiber der Plattform können dank integriertem Trackingsystem, das über verschiedene Mechanismen aktiviert wird, genau nachvollziehen, über welchen Kanal der Besucher auf die Seite bzw. Landing Page gelangt ist und welchen Weg er weiterhin nimmt.

Um Mehrwert-Inhalte wie z.B. Whitepaper zu erhalten, muss sich der Besucher über ein Formularfeld registrieren. Auf diese Weise werden die spezifischen Informationen an das System zurückgespielt. Über linkhinterlegte Call-to-action-Buttons wird er darüber hinaus zur Interaktion motiviert und über die Seite geleitet.

All diese Touch-Points registriert das System und qualifiziert den Besucher mit jeder Aktivität weiter; so ist es in der Lage, die gesamte Customer-Journey – vom Stranger bis zum Customer / Promoter – abzubilden. Basierend auf diesen Informationen können entsprechende Automatismen in die Kommunikation eingebunden werden (individuelle Inhalte auf Landing Pages – je nach Stadium im Lead-Prozess, automatisierte Thank-you-Mails usw.)

Dasselbe Prinzip greift aus dem HubSpot-System heraus natürlich auch beim Versand von Newslettern und bei der Ansprache über Social-Media-Kanäle. Beide Medien können direkt aus dem System bespielt werden und auch hier arbeitet HubSpot mit interaktiven Call-to-action-Buttons, über die die Leser auf die entsprechenden Seiten / Landing Pages zurückgeleitet werden.

Grundvoraussetzung für das Funktionieren all dieser Mechanismen sind jedoch immer relevante Inhalte (auf allen Kanälen). Diese müssen als so interessant und hilfreich wahrgenommen werden, dass die Zielgruppe bereit ist, die Angebote zur Interaktion anzunehmen, um weitere Informationen zu erhalten und dafür eigene Daten preiszugeben. Erst hierdurch wird ein wirksames Leadmanagement ermöglicht.

Je mehr Informationen der potenzielle Kunde liefert, desto zielgerichteter werden die Marketingmaßnahmen, die dann nicht mehr als störend, sondern als hilfreich auf dem Weg, seine Herausforderungen zu meistern, wahrgenommen werden.

So lassen sich Besucher effektiv in Leads und Leads in Kunden konvertieren.

Die wichtigsten Funktionen im Überblick:

• Blogging	• Marketing-Automatisierung
• SEO	• E-Mails
• Social Media	• Analytics
• Website Designer	• Salesforce-Synchronisation
• Leadmanagement	• Integrationen
• Landing Pages	• Mobil
• Calls-to-Action	

Fragen zum Einsatz von HubSpot für das Leadmanagement / Marketing-Automation:

Welche Lösung bieten Sie für das Leadmanagement / Marketing-Automation an?
HubSpot, das All-in-one-Marketing-Tool.

Welche Kunden, Kunden-Anforderungen, Branchen usw. sind für Ihre Lösung besonders gut geeignet? B2B / B2C
Firmenkunden aus dem B2B-Bereich, die ihre Marketing-Aktivitäten optimieren wollen.

Wer ist Ihr Wunschkunde? Wer ist Ihre Buyer-Persona?
Marketing- und Vertriebsleiter – Entscheider, die ihre Prozesse verknüpfen und den Leadmnagement-Prozess effizienter gestalten wollen.

Haben Sie mit Ihrer Lösung einen Themen- oder Funktionsschwerpunkt?
Inbound-Marketing, Social Media Marketing, Marketing-Automation, Marketing-Vertriebsintegration

Welche Leistungen bieten Sie neben Ihrer Lösung an?
Salesforce Sales & Services
Salesforce Marketing Cloud (inkl. ExactTarget für den B2C-Bereich)

Wo waren bei Ihren Kunden bisher die größten Herausforderungen bei der Implementierung von Leadmanagement?
Inhalte müssen sinnvoll gestaltet sein, so dass sich aus den Inhalten Kampagnen generieren lassen. Oft fehlt es an strategischen Vorüberlegungen, was und wer erreicht werden soll.

Oft ist der Switch von Out- zu Inbound eine Herausforderung. Gerade im B2B-Bereich tun sich viele Firmen noch schwer, vom klassischen Marketing (reine Bewerbung ihrer Produkte) auf Content-Marketing (Anbieten von Inhalten) umzustellen. Dieses ist jedoch für effektives Leadmanagement unerlässlich.

Nur über relevante Inhalte und Informationen lassen sich Leads auf Dauer binden. Eine «hübsche Oberfläche» alleine reicht nicht mehr.

Was sollten Kunden tun, bevor sie sich mit der Auswahl eines Leadmanagement-Systems beschäftigen?
Der Kunde sollte grundsätzlich seine Marketingstrategie ausreichend aufgesetzt und im Zuge dessen auch sein Buyer-Persona-Konzept präzise ausgearbeitet haben.

An den Zielen, die sich aus diesen vorausgehenden Analysen ergeben, können nun die Voraussetzungen für ein passendes Leadmanagement-System festgelegt werden.

Welche Schnittstellen zu anderen System bieten Sie an?

Salesforce

Webmeeting

Wistia

Social Media

Slideshare

Eventbrite

Weitere Schnittstellen können ggf. individuell mit den Kunden abgestimmt werden.

Wo sehen Sie die Zukunft des Leadmanagements? Wohin geht der Trend? Was wird sich in den nächsten Jahren im Bereich Leadmanagement ändern?

Immer mehr Unternehmen werden den Mehrwert von relevanten Inhalten erkennen, mehr Zeit in die präzise Identifikation ihrer potenziellen Kunden investieren und ihre Inhalte an genau dieser Zielgruppe passgenau ausrichten.

Darüber hinaus werden Unternehmen ihre Inhalte zukünftig noch besser auf die verfügbaren Endgeräte abstimmen. Auch hier wird das Wissen über die eigene Zielgruppe und deren präferierte Kanäle zur Informationsbeschaffung zunehmen. Basierend auf diesem Wissen werden auch die Verknüpfungen der verschiedenen Kanäle ausgesuchter.

Die breite Streuung von Informationen (das sogenannte Gießkannenprinzip) wird weiter zurück gehen. Die Verbreitung von Inhalten und Informationen wird spitzer und präziser.

Durch ausgereiftere Customer-Journeys und gezielt gesetzte Interaktionspunkte können die Leads schneller, einfacher und präziser qualifiziert und konvertiert werden.

Aus Ihrer Erfahrung: Wie lange dauert es, bis sich die Ausgaben für ein Leadmanagement-Projekt mit Ihrem System amortisieren?

Ca. 6 Monate.

Ihre Top-5-Tipps für Unternehmen, die ein Leadmanagement-System implementieren möchten:

Was sollten Unternehmen unbedingt tun?

❑ Definieren Sie, was genau Sie mit dem System erreichen wollen.

❑ Definieren Sie Ihre individuelle Buyer-Persona so exakt wie möglich.

❑ Überlegen Sie sich, wie Ihr Qualifizierungsprozess aussehen sollte und wann die Leads vom Marketing an den Vertrieb übergeben werden.

❑ Analysieren Sie die relevanten Inhalte für Ihre Zielgruppe.

❑ Haben Sie Ausdauer – es braucht eine gewisse Anlaufphase, bis die implementierten Maßnahmen greifen.

Was sollten Unternehmen unbedingt vermeiden?

❑ Richten Sie sich nicht ausschließlich nach den Quartalszahlen.

❑ Starten Sie in keinem Fall ohne Strategie. Ohne Strategie wird das System keinen Nutzen für Sie entfalten.

❑ Wählen Sie kein System, das Sie nicht selbst pflegen können.

❑ Vernachlässigen Sie die Pflege nicht – jedes Tool ist nur so gut wie die Menschen, die es bedienen.

❑ Entscheiden Sie sich nicht einfach für das teuerste System, legen Sie Ihre Anforderungen fest und entscheiden Sie danach.

Was sollten Kunden, die sich über Leadmanagement informieren möchten, (außer diesem Buch ☺) auf jeden Fall lesen? → Call-to-action
Lesen Sie mehr dazu auf unserer Website: http://www.factory42.com/hubspot-von-factory42 oder kontaktieren Sie BJÖRN THOMAS direkt (bthomas@factory42.com).

Oder informieren Sie sich auf dem HubSpot-Blog: http://blog.hubspot.de/marketing

factory42 GmbH – Cloud Software Solutions
factory42 GmbH ist Beratungsunternehmen zu Cloud-Computing-Lösungen für Marketing, Vertrieb, Professional Services und Support. factory42 GmbH implementiert Cloud-basierte Unternehmenssoftware, entwickelt individuelle Softwarelösungen und sorgt für eine Integration mit ERP-Backend-Systemen.

Einen besonderen Schwerpunkt bilden die Prozessintegration für Marketing, Vertrieb und Service sowie die Realisierung von 360°-Kundenmanagement-Lösungen auf der Basis der Salesforce-CRM-Plattform.

Die Software-Entwicklung realisiert für unsere Kunden anspruchsvolle, individuelle Lösungen und legt besonderen Wert auf höchste Qualität, Benutzerfreundlichkeit und ansprechendes Interface-Design.

factory42 GmbH ist Salesforce Gold Partner und Partner von Radian6, HubSpot, Skyvva, Magic Software und ExactTarget.

factory42 GmbH
Rosenheimer Straße 145b
81671 München
T +49.89.878 0 676 - 0
F +49.89. 878 0 676 - 99
info@factory42.com

Success Story factory42: HubSpot-Optimierung bei HLP

Mit dem Blog sachlich und fachlich überzeugen

Der IT-Lösungsanbieter HLP aus Eschborn ist fokussiert auf die beiden Bereiche «Intranet» und «Ideenmanagement». Um Website-Besucher mit unabhängigen Fachinformationen zu versorgen und die Reaktionen nachvollziehen zu können, unterhält HLP zwei Blogs auf HubSpot-Basis. Für die Umsetzung eines ansprechenden Designs und die reibungslose Bedienbarkeit der Lösung sorgte der Münchner Cloud- und Inbound-Marketing-Spezialist factory42.

«Es ist uns wichtig, als ein Unternehmen wahrgenommen zu werden, das sich gerne mit Partnern, Kunden und Interessenten fachlich austauscht», betont Heike Heger, Leiterin Corporate Communications bei HLP. «Denn HLP möchte neben den rein produktbezogenen Informationen zu unseren Lösungen HLP Ideenmanagement und HLP Allstar Intranet auch fachlich überzeugen. Schließlich sind wir seit 1997 aktiv und haben in allen Aspekten umfassendes Know-how zu unseren Themen angesammelt.»

Doch ein hohes Maß an Fachwissen will auch ansprechend vermittelt sein. Darum beschloss HLP Anfang 2013, mit zwei Unternehmens-Blogs an die Öffentlichkeit zu gehen, um das interessierte Fachpublikum mit Blog-Beiträgen zu beiden Kernkompetenzbereichen regelmäßig und unabhängig zu informieren.

Nach Sichtung der relevanten Blog-Plattformen standen Wordpress und HubSpot zur Auswahl. Die Entscheidung fiel zugunsten von HubSpot, da diese US-amerikanische Kommunikationsplattform über die reine Blog-Umgebung hinaus umfassende Möglichkeiten für das Inbound-Marketing bietet: Ein Unternehmen kann nachvollziehen, wie intensiv sich die Benutzer der Site mit den Inhalten beschäftigen, und die Nutzer durch Call-to-action-Buttons zur Interaktion motivieren. «Uns ging es vorrangig um die Professionalität des Inbound-Marketings», so Corporate-Communications-Leiterin Heger. «Mit Wordpress wäre dies ebenfalls umsetzbar, doch müsste man diverse Schnittstellen verwenden und Zusatzlösungen heranziehen. HubSpot hingegen bietet uns die komplette Inbound-Marketing-Funktionalität aus einem Guss.»

Dank HubSpot verfügt HLP heute über ein fachlich aufgesetztes Vorgehen, um Interessenten für das eigene Unternehmen zu interessieren: Es gibt Informationen und einen ausgearbeiteten Mehrwert-Content wie zum Beispiel ein Whitepaper, das dazu animiert, sich mit der Materie tiefer zu beschäftigen und bei Rückfragen vielleicht auch Kontakt aufzunehmen. «Mit HubSpot», erläutert Heike Heger, «haben wir die Chance nachzuverfolgen, wie die Aktivitäten auf den Blogs sich entwickeln und wie intensiv die Beiträge genutzt werden. Im CRM-System wiederum können wir legal erworbene Informationen für uns bewerten – auch unter der Prämisse, ab wann ein Leser vielleicht enger mit dem Unternehmen in Kontakt kommen möchte.»

Effektives Inbound-Marketing

Doch der Weg zu dieser eleganten Umsetzung des Inbound-Marketing-Ansatzes war nicht ohne Tücken. Denn die Lösung des US-amerikanischen Anbieters gab Abläufe vor, die den Anforderungen von HLP nicht immer entsprachen. So gab es zum Zeitpunkt der ersten Implementierung weder eine deutsche Version der Plattform, noch entsprach das Website-Layout vollständig den Vorstellungen von Heike Hegers Team. Und auch der geplante Parallelbetrieb zweier Unternehmensblogs war im HubSpot-Standard nicht vorgesehen.

Deshalb entschied sich HLP nach gründlicher Webrecherche, den Münchener Hub-Spot-Partner factory42 zu Rate zu ziehen. Ziel war es, die HubSpot-Lösung funktional und optisch an den Wünschen von HLP auszurichten, um die beiden Blogs für deutsch-sprachige Besucher wie auch für HLP selbst vollwertig nutzbar zu machen.

«Wenn ein Besucher Pflichtfelder in einem Formular nicht ausgefüllt hatte, erschien ein Hinweis per Popup-Fenster, aber eben auf Englisch», erinnert sich HEIKE HEGER. «Dies ist in unserem Umfeld zwar nicht kritisch, aber der Außenwirkung und Benutzerführung doch abträglich.» Auf Anfrage von factory42 hin teilte HubSpot zunächst mit, dass eine Umstel-lung auf deutsche Popups nicht möglich sei. Daraufhin erarbeitete der Münchener Dienst-leister einen Workaround und änderte das Web-Layout per CSS (Cascading Style-Sheet) so ab, dass die Hinweise auf Deutsch erschienen. Auf das Drängen von factory42 hin hatte HubSpot später übrigens doch ein Einsehen und ermöglichte eine optionale Sprachauswahl.

Auch die Anpassung der Schriftarten an die Corporate Identity (CI) war HLP zunächst verwehrt, bietet HubSpot doch nur ein festgelegtes Set an Fonts. In enger Zusammenarbeit mit HubSpot erstellte factory42 deshalb einen weiteren Workaround: Das CSS wurde mit Hilfe des HubSpot-Supports so angepasst, dass sich die Hausschrift von HLP integrieren ließ. Später hat HLP allerdings zu Templates aus dem HubSpot Marketplace gewechselt. «Viele Templates sind optisch ausgereift und lassen sich hervorragend mit den eigenen Vorstellungen verbinden», so HEIKE HEGER. «Die Verwendung erleichtert in jedem Fall die HubSpot-Einführung und gibt bereits im Vorfeld einen guten Einblick in Gestaltungs-elemente und Darstellungsformen.»

Thematisch getrennte Blogs
HLP informiert zu den Bereichen Ideenmanagement und Intranet mit Hilfe zweier separa-rater Themen-Blogs. Die technische Umsetzung bereitete HubSpot Probleme, da mehr als ein einzelner Unternehmens-Blog offensichtlich nicht im Default angeboten war. So verursachte z.B. die Ergänzung des Intranet-Blogs um den zweiten Blog zum Thema Ideenmanagement Fehler in den automatisch generierten URLs – die Autorenseiten wur-den auf dem Ideenmanagement-Blog nicht angezeigt. Deshalb legte factory42 die URLs im Backend manuell an, so dass alle Verbindungen Frontend-seitig wieder korrekt darge-stellt wurden.

Auch an anderen Stellen musste factory42 immer wieder eingreifen, um Unebenheiten der amerikanischen Lösung auszubügeln. So hatten z.B. Formularfelder anfangs in ver-schiedenen Browsern unterschiedliche Höhen, und auf dem Blog wie auch in E-Mails wurden Bildgrößen nicht automatisch angepasst, was die optische Einheitlichkeit beein-trächtigte. Auch konnten Benutzer zunächst Kommentarfelder der Formulare im Firefox-Browser nicht befüllen.

In all diesen Fällen wussten die Experten von factory42 Rat und behoben die Fehler – meist durch weitere CSS-Anpassungen, mitunter auch per Workaround oder durch enge Zusammenarbeit mit dem HubSpot-Support, etwa im Fall des Firefox-Bugs. Diese Kor-rekturen machten die Website optisch ansprechender und zugleich leichter benutzbar – wichtige Verbesserungen für eine erfolgreiche Inbound-Marketing-Site, können doch selbst kleine Irritationen schnell dazu führen, dass ein Interessent den Kontaktversuch vorzeitig abbricht.

Beim Newsletter wiederum gab es für Abonnenten, die sich vom HLP-Newsletter abgemeldet hatten, keine Möglichkeit einer erneuten Anmeldung. Hier schuf factory42

– ebenfalls in enger Kooperation mit HubSpot – die Möglichkeit, sich auf individuellen «Subscribers Preference Pages» per Resubscribe-Link schnell und unkompliziert selbst wieder anzumelden. So bleibt dieser wichtige Kommunikationskanal nun auch für wankelmütige Nutzer stets geöffnet.

Blog-Nutzung wie auch Blog-Nutzen stark gestiegen

Dank dieser und weiterer Verbesserungen konnte HLP letztlich im November 2014 das bestehende Blog-Angebot um den zweiten Fachblog zum Thema Ideenmanagement erweitern, ohne Beeinträchtigungen des optimalen Inbound-Marketing-Ablaufs befürchten zu müssen. Vom Ergebnis ist HEIKE HEGER sehr angetan: «Die Nutzung des Blogs ist stark angestiegen, Kontakthistorien können wir nun detailliert nachvollziehen und Interessenten besser einschätzen. Das hilft uns bei Marketing- und Vertriebsaktivitäten sehr, etwa bei der Vorbereitung unserer Fachforen.»

Auch mit der Umsetzung durch factory42 zeigt sich HEIKE HEGER zufrieden: «Das Team von factory42 hat eine hohe Kundenorientierung gezeigt und über das normale Maß hinausgehende Lösungen für unsere Fragestellungen gefunden», resümiert die HLP-Projektleiterin. «Dabei sind wir sehr schnell und stringent vorangekommen, und auch menschlich hat es sehr gut gepasst.»

Als hilfreich erwies sich, dass HLP selbst IT-Lösungsanbieter ist und sich die beiden Partner damit auf Augenhöhe unterhalten konnten: «Zum Thema Frontend-Design und inhaltlicher Ausrichtung haben wir klare Vorstellungen und den entsprechenden Input mitgebracht», so HEIKE HEGER. Für die HubSpot-Anbindung hingegen habe HLP einen Spezialisten gebraucht: «Bei einer innovativen Lösung wie HubSpot leistet der Kunde immer Pionierarbeit. Hier kann ein Dienstleister wie factory42 punkten, indem er Problemstellungen analysiert, an den Hersteller zurückspielt und bis zu deren Umsetzung immer am Ball bleibt. factory42 hat dabei unsere Wünsche immer mit einem hohen Maß an Eigeninitiative verwirklicht – da fühle ich mich als Kunde ernst genommen.»

HEIKE HEGERs Fazit: «Wir würden ein solches Projekt jederzeit wieder mit factory42 durchführen.» So überrascht es nicht, dass ein Anschlussprojekt bereits in Arbeit ist: Dieses Jahr will HLP zwei Produktseiten auf HubSpot-Basis neu aufbauen, so dass sie im Sinne des Inbound-Marketings als Landing Pages fungieren. Auch dafür setzt HLP wieder auf die HubSpot-Kompetenz von factory42.

Die beiden Themen-Blogs von HLP sind zu finden unter http:/blog.hlp.de

HLP Informations GmbH

Seit 1997 unterstützt HLP seine Kunden in der erfolgreichen Umsetzung ganzheitlicher IT-Projekte. Hierbei geht es vorrangig um die Einführung von Softwarelösungen für Mitarbeiterportale / (Social) Intranets und Innovations- und Ideenmanagement. Mit der SAP AG, e-Spirit und Atlassian verbinden uns langjährige und intensive Partnerschaften, die bereits in zahlreichen Projekten Anklang fanden. Die Technologien haben sich in den vergangenen Jahren stark verändert – geblieben ist unser Auftrag: Wir helfen Fachabteilungen und/oder IT-Bereichen bei der erfolgreichen Umsetzung von kleinen und großen Projektanforderungen.

HLP Informations GmbH
Hauptstraße 129
65760 Eschborn/Ts.
T +49 6196 9599 0
F +49 6196 9599 200
info@hlp.de

Literaturverzeichnis

ANDERSON, CH.: *The Long Tail.* Nischenprodukte statt Massenmarkt – Das Geschäft der Zukunft. München: Hanser Verlag, 2009.

BODNAR, KIPP; COHEN, JEFFREY L.: *The B2B Social Media Book.* Become a Marketing Superstar by Generating Leads with Blogging, LinkedIn, Twitter, Facebook, Email, and More. John Wiley & Sons, 2012.

GLADWELL, M.: *Tipping Point.* Wie kleine Dinge Großes bewirken können. München: Goldmann Verlag, 2002.

GODIN, S.; KLAR, CH.: *Permission Marketing.* Kunden wollen wählen können. Wie Sie aus Fremden Freunde machen und wie Freunde zu treuen Kunden werden. München: FinanzBuch, 2001.

HALLIGAN, B.: *Inbound Marketing.* Get Found Using Google, Social Media, and Blogs. John Wiley & Sons, 2009.

HANDLEY, A.: *Content Rules.* How to Create Killer Blogs, Podcasts, Videos, Ebooks, Webinars (and More) That Engage Customers and Ignite Your Business. John Wiley & Sons, 2010.

LECINSKY, J.: *Winning the Zero Moment of Truth – ZMOT.* New York: Vook, 2011.

SCHÜLLER, A.: *Touchpoints.* Auf Tuchfühlung mit dem Kunden von heute. Managementstrategien für unsere neue Businesswelt. Offenbach: GABAL Verlag, 2012.

SCHÜLLER, A.: *Kunden auf der Flucht?* – Wie Sie loyale Kunden gewinnen und halten. Zürich: Orell Füssli Verlag, 2012.

SCHUSTER, N.: *Die Inbound-Marketing-Methode* – So werden Sie von potenziellen Kunden im Internet gefunden und generieren mehr und bessere Interessenten. Books on Demand, 2012.

SCHUSTER, N.: *Twittern für Manager.* So setzen Sie Twitter erfolgreich im Business ein. Books on Demand, 2010.

SCHWARZ, T.; SCHÜLLER, A.: *Leitfaden WOM-Marketing.* Online & offline neue Kunden gewinnen durch Empfehlungsmarketing, Viral Marketing, Social Media Marketing, Advocating und Buzz. Waghäusel: marketing-BÖRSE, 2010.

SCHWARZ, T.: *Leitfaden Online-Marketing.* Das kompakte Wissen der Branche. Waghäusel: marketing-BÖRSE, 2007.

Glossar

A/B-Test   Der Begriff beschreibt eine Testmethode, um z.B. zwei Varianten von z.B. zielgruppenspezifischen Ansprachen gegeneinander zu testen und so zu optimieren. Die Erweiterung ist der «Multivariablen-Text».

B.A.N.T.-Kriterien   Mit den B.A.N.T.-Kriterien qualifiziert der Vertrieb Interessenten. BANT ist ein Akronym für die englischen Begriffe «Budget» (Budget), «Authority» (Autorität, Handlungsvollmacht), «Need» (Bedarf) und «Time» (Zeit).

Blog   Internet-Tagebuch. Eine Wortkreuzung aus World Wide Web und Log.

Bloggen   Das Betreiben eines Blogs und das regelmäßige Publizieren von Blog-Artikeln.

Buyer-Persona-Profil   Buyer-Persona ist ein Käufermodell. Mit einem Buyer-Persona-Profil kann man z.B. einen Wunschkunden profilieren. Dabei wird immer eine Person bzw. ein Ansprechpartner im Wunschkunden-Unternehmen profiliert.

Call-to-action   Als Call-to-action (CTA) wird im Marketing eine Handlungsaufforderung bezeichnet, die klar und eindeutig beschreibt, wie und wo z.B. der Download eines Whitepapers initiiert werden kann.

Click-Through-Rate (CTR)   Die Click-Through-Rate (CTR oder Klickrate) ist eine Kennzahl, die die Anzahl der Klicks auf z.B. ein Banner oder einen Link in einer E-Mail im Verhältnis zu den gesamten Aussendungen darstellt.

Content-Marketing   Der Begriff beschreibt eine Marketing-Technik, mit der ein Anbieter relevante und attraktive Inhalte erstellt und platziert, um von potenziellen Kunden gefunden zu werden und die angebotenen Inhalte gegen z.B. eine E-Mail-Adresse und ein Opt-in zu tauschen.

Conversion Rate   Die Conversion Rate oder auch Konvertierung bezeichnet die messbare Erreichung des Ziels einer Marketingaktivität. Im Sinne von Inbound-Marketing misst diese Zahl z.B. das Verhältnis von Webseitenbesuchern und Anzahl der Personen, die ein Webformular auf einer Landing Page ausgefüllt und abgeschickt haben.

Closed-Loop-Reporting / Closed-Loop-Marketing   Der «geschlossene Kreislauf», der mit diesem Begriff beschrieben wird, bezieht sich auf ein Reporting, das alle Aktivitäten von der Leadgenerierung bis zum Abschluss erfasst und somit eine Zuordnungen aller Kanäle und Maßnahmen zum Vertriebserfolg ermöglicht.

Customer-Journey   Der Begriff «Customer-Journey» (Kundenreise) beschreibt die einzelnen Phasen bzw. Kontaktpunkte (Touchpoints), die ein Interessent im Entscheidungs- und Kaufprozess durchläuft.

Dekoratives Marketing   Ein Marketing, das sich überwiegend auf das äußere Erscheinungsbild des Unternehmens beschränkt (Flyer, Broschüren & Co.).

Ego-Posting Kommunikationsverhalten, das überwiegend auf den Postings aus der Ego-Perspektive basiert und das eigene Unternehmen, die Produkte bzw. Dienstleistungen und Aktionen in den Vordergrund stellt.

E-Mail-Marketing Der Begriff beschreibt die Nutzung von E-Mails zu Marketingzwecken. Üblicherweise versteht man darunter Newsletter-Marketing (periodischer E-Mail-Versand an eine Gruppe von Empfängern, die den Newsletter abonniert haben). Der Überbegriff «E-Mail-Marketing» umfasst aber auch andere Formen des E-Mail-Versands wie z.B. «Stand alone»-Newsletter.

Empfehlungsmarketing Empfehlungsmarketing, auch Mundpropaganda oder im Englischen «word of mouth» genannt, versucht mit der Referenz bzw. Empfehlung von zufriedenen Kunden neue Interessenten zu generieren.

Facebook Soziales Netzwerk mit mehr als einer Milliarde Mitgliedern vom gleichnamigen US-Unternehmen.

Google+ Das soziales Netzwerk von Google.

Hashtag # Hashtags werden in Twitter verwendet, um in Tweets Schlagwörter zu kennzeichnen. Z.B. #Event09.

Inbound-Marketing Eine Methode, die darauf abzielt, von potenziellen Kunden gefunden zu werden, diese zu Leads zu konvertieren und sie zu Kunden zu entwickeln.

Kaltakquisition Ansprache von Unternehmen, zu denen bisher noch kein Kontakt bzw. keine Geschäftsbeziehung bestand. Die Ausführung erfolgt meist per Telefon, kann aber auch durch einen Besuch des Unternehmens am seinem Standort oder Messestand durchgeführt werden.

Kano-Modell Mit dem Kano-Modell analysiert man die Anforderungen, Erwartungen und Wünsche von Kunden (Kundenerwartungsanalyse). Entwickelt wurde es von Prof. Noriaki Kano.

Käufermarkt Eine Marktsituation, in der das Angebot die Nachfrage übersteigt.

Keyword oder **Schlüsselwort** Keywords sind die Schlüsselwörter bzw. Kombinationen von Schlüsselwörtern, die jemand in eine Suchmaschine eingibt, um Informationen über ein Thema oder ein Produkt zu bekommen.

Keyword-Strategie Ein langfristiges Bemühen, die relevanten Keywords zu finden, die potenzielle Kunden für die Suche benutzen, und die Optimierung der eigenen Webseiten und Medien auf diese Keywords.

Keyword Stuffing Der Begriff beschreibt den Versuch, durch sinnloses Platzieren von Keywords («Vollstopfen») auf einer Webseite die Suchmaschinen auszutricksen, um eine bessere Platzierung zu erreichen. Dieses Vorgehen wird in der Regel von Suchmaschinen als Spam gewertet und entsprechend abgestraft.

Konvertierung   Ein Vorgang, der aus einem anonymen Webseitenbesucher einen «bekannten» Interessenten macht.

Landing Page   Speziell eingerichtete Webseite, die zielgruppenoptimiert anspricht und auf eine Aktion hinführt.

Lead   Ein Interessent, der sich für ein Produkt oder eine Dienstleistung interessiert.

Lead-Konvertierung (im Internet)   Ein Webseitenbesucher trägt seine Daten (z.B. Name und E-Mail-Adresse) in ein Formular ein, akzeptiert die Datenschutzbestimmungen und bestätigt seine Eingaben mit einem Mausklick auf den Anforderungs-Button.

Leadmanagement   Der Begriff umfasst Methoden, Systeme und Prozesse, die eingesetzt werden, um Interessenten zu gewinnen und sie zu Kunden zu entwickeln. Wichtige Bestandteile der Methode sind auch die Messbarkeit und das Reporting der Aktivitäten und die Verbindung zu anderen Systemen wie z.B. CRM-Lösungen.

Lead-Nurturing   Der Begriff beschreibt Maßnahmen bzw. Kampagnen, die einem Interessenten die richtigen Informationen zum richtigen Zeitpunkt anbieten, um ihn bis zur Kaufentscheidung zu entwickeln.

Lead-Scoring   Eine Methode zur Bewertung von Interessenten / Leads.

Lead-Routing   Der Begriff beschreibt die Übergabe von Leads vom Marketing an den Vertrieb.

LinkedIn.com   LinkedIn ist mit weltweit mehr als 150 Millionen Mitgliedern eines der größten Online-Berufsnetzwerke.

Long Tail   Der Begriff «The Long Tail» (englisch = «der lange Schwanz») baut auf einer Theorie von Malcom Gladwell auf, nach der man bedingt durch die große Reichweite des Internets auch mit einem Nischenangebot ausreichend Gewinne realisieren kann. Übertragen auf eine Keyword-Strategie bedeutet der Begriff, dass man auch mit Kombinationen von Schlüsselwörtern (z.B. «hydraulik pumpe zapfwellengetriebe münchen») noch ausreichend Besucher für eine Webseite generieren kann.

Marketing-Vertriebs-Alignment   Die Zusammenarbeit von Marketing und Vertrieb und die gemeinsame Definition Wunschkunden und Kriterien für das Leadmanagement.

Microblogging   Bloggen in Kurzform.

Meta Description   Die Meta Description beschreibt den Inhalt der Seite in den Suchergebnis-Listen der Suchmaschinen.

OnPage SEO   OnPage SEO bezeichnet die Maßnahmen, die sich auf die Platzierung und Darstellung Ihrer Webseiten-Inhalte für Suchmaschinen beziehen.

OffPage SEO Unter der OffPage-Optimierung versteht man alle Maßnahmen zur Optimierung einer Webseite, die nicht direkt vom Seitenbetreiber beeinflusst werden können. Beispiel von OffPage-Optimierung ist die Generierung von Inbound- bzw. Back-Links, um damit die eigene Platzierung in den Suchmaschinen zu optimieren.

Outbound-Marketing Der Begriff beschreibt Aktivitäten (z.B. telefonische Kaltakquisition oder Mailing) eines Unternehmens, die aktiv potenzielle Interessenten ansprechen. Ziel ist es, Aufmerksamkeit für das Angebot des Unternehmens zu wecken und eine Bestellung oder Interessenbekundung auszulösen.

Progressive Profiling Eine Methode, um Informationen eines Interessenten stufenweise in den verschiedenen Kontaktstufen bzw. Touchpoints der Customer-Journey zu erlangen.

QR-Code Ein QR-Code ist ein 2D-Code, der in Form eines Quadrates durch schwarze Punkte dargestellt wird. Mit einem QR-Code kann man Zahlen und Buchstaben mit einer Kapazität von über 4200 alphanumerischen Zeichen (Zahlen, Buchstaben und Sonderzeichen) verschlüsseln und z.B. eine URL darstellen. Scannt man so einen QR-Code mit einem Smartphone mit der passenden App, wird der Benutzer direkt zur Webseite geleitet.

RSS-Feed RSS ist ein Format, das entwickelt wurde, um Nachrichten und andere Web-Inhalte auszutauschen bzw. zu abonnieren. Mit einem RSS-Feed kann man z.B. die Artikel eines Blogs abonnieren und mit einem RSS-Reader lesen und verwalten.

SEO (Search Engine Optimization) Suchmaschinenoptimierung, um eine Webseite im Suchmaschinen-Ranking auf eine gute Platzierung zu bringen.

Service Level Agreement (SLA) Eine Vereinbarung zwischen Auftraggeber und Auftragnehmer. Auch Dienstgütevereinbarung oder Dienstleistungsvereinbarung.

Social Media Der Begriff Social Media oder auch soziale Netzwerke bezeichnet die Technologien und Internetplattformen, die es Anwendern erlaubt, sich auszutauschen, Inhalte zu teilen und diese zu bewerten.

Split-Test Testmethode, um z.B. zwei Varianten von z.B. zielgruppenspezifischen Ansprachen gegeneinander zu testen und so zu optimieren.

Tiny URL Verkürzte Webadresse, die auf die Ursprungsadresse verlinkt, z.B. http://bitly.com.

Touchpoint Kontaktpunkt, an dem der Kontakt zwischen Interessent bzw. Kunden und einem Unternehmen zustande kommt. Siehe auch *Customer-Journey*.

Twitter Micro-Blogging-Service, mit dem man Nachrichten mit einer Länge von 140 Zeichen versenden kann.

Verkäufermarkt Eine Marktsituation, in der die Nachfrage größer als das Angebot ist.

Virales Marketing   Informationen über ein Produkt oder einen Service werden wie ein Virus von Mensch zu Mensch übertragen bzw. empfohlen.

Wasserloch-Strategie®   Mit der Wasserloch-Strategie® sorgen Unternehmen und Selbstständige dafür, dass sie von Wunschkunden gefunden werden.

Web 2.0   Schlagwort, das neue Technologien und Nutzungsformen des Internets beschreibt. Inhalte werden von den Benutzern erzeugt, verteilt, empfohlen und bewertet.

Webseiten-Optimierung   Aktivitäten zur Optimierung der eigenen Webseite, um in den Suchergebnisse der potenziellen Kunden möglichst weit oben platziert zu sein.

Wunschkunden   Ein Kundentypus, der für ein Unternehmen ideal als Interessent und Kunden ist. Siehe auch *Buyer-Persona*.

XING.com   XING ist ein Business-Netzwerk mit über 11 Millionen Mitgliedern.

YouTube   Video-Portal, das es den Benutzern erlaubt, Videos anzusehen und hochzuladen.

ZMOT   Vierstufiges Kaufmodell, das Google aus den Erkenntnissen eines Suchmaschinenanbieters entwickelt hat.

Stichwortverzeichnis